QIANXUDIANCHI HANGYE
HUANJING GUANLI

铅蓄电池行业环境管理

第二版

孙晓峰　董　捷　程言君　主编

化学工业出版社

·北京·

内容简介

本书共 17 章，分别从项目建设、生态设计、工艺优化、过程控制、末端治理、风险防控、职业卫生、制度建设等方面介绍了铅蓄电池行业的环境管理要求，旨在使读者全方位掌握铅蓄电池行业环境管理知识，在实际工作中推动我国铅蓄电池行业健康、稳定、持续发展。

本书具有较强的系统性、可操作性和实践性，可用于国家和地方生态环境、工业、卫生等管理部门对铅蓄电池企业的监督管理，可供从事环境污染与控制、生态设计、环境污染风险管控等的工程技术人员、科研人员和管理人员参考，也可供高等学校环境科学与工程、生态工程及相关专业师生参阅。

图书在版编目（CIP）数据

铅蓄电池行业环境管理 / 孙晓峰，董捷，程言君主编. —2 版. —北京：化学工业出版社，2022.3（2023.6 重印）
ISBN 978-7-122-40406-0

Ⅰ.①铅…　Ⅱ.①孙…　②董…　③程…　Ⅲ.①铅蓄
电池-电气工业-环境管理-研究　Ⅳ.①X773②TM912.1

中国版本图书馆 CIP 数据核字（2021）第 257244 号

责任编辑：刘兴春　刘　婧　　　　　　　　文字编辑：白华霞
责任校对：王　静　　　　　　　　　　　　装帧设计：王晓宇

出版发行：化学工业出版社（北京市东城区青年湖南街 13 号　邮政编码 100011）
印　　装：北京科印技术咨询服务有限公司数码印刷分部
787mm×1092mm　1/16　印张 22¾　字数 523 千字　2023 年 6 月北京第 2 版第 2 次印刷

购书咨询：010-64518888　　　　　　　　　售后服务：010-64518899
网　　址：http://www.cip.com.cn
凡购买本书，如有缺损质量问题，本社销售中心负责调换。

定　　价：138.00 元　　　　　　　　　　　　　　　　版权所有　违者必究

—————— 《铅蓄电池行业环境管理》（第二版）——————

编写人员名单

主　　编　孙晓峰　董　捷　程言君

副 主 编　高　山　曹国庆　赵　键

参编人员（按姓氏笔画排序）

王　靖　王海见　方　哲　孙　慧　孙晓峰　李　纯

宋继轩　赵　键　秦承华　耿航芳　钱　堃　高　山

黄修竹　曹国庆　董　捷　程言君　薛鹏丽

前言

随着汽车、摩托车、电动自行车、通信、网络、太阳能以及风能等产业的快速发展，我国铅蓄电池行业呈迅猛发展态势，我国已成为全球铅蓄电池生产、消费和出口大国。在行业快速发展的同时，环境保护问题也逐渐凸显。2009年起，我国铅蓄电池行业不断出现"血铅"事件，严重威胁了人民群众的身体健康，直接影响了社会的稳定，引起了党中央和国务院的高度重视。为规范行业环境管理，引导行业技术进步和可持续发展，2015年我们编写了《铅蓄电池行业环境管理》，该书出版后在铅蓄电池行业获得了较为广泛的应用。

近年来，随着《电池工业污染物排放标准》（GB 30484—2013）、《电池行业清洁生产评价指标体系》（国家发展和改革委员会、环境保护部、工业和信息化部 2015年 第36号公告）、《排污许可证申请与核发技术规范 电池工业》（HJ 967—2018）等一系列政策、法规和标准的颁布实施，铅蓄电池企业积极推行清洁生产，铅蓄电池行业技术水平和污染治理水平得以快速发展。在此背景下，根据铅蓄电池行业发展水平及国家相关环保需求，对原版《铅蓄电池行业环境管理》进行了修订。本书与第一版相比，全书的总体结构没有太大的变动，除了更新行业数据外主要在以下几方面进行了调整：

① 从环境保护法律、行政法规、部门规章、标准等方面系统梳理了铅蓄电池行业环境保护要求；

② 对"生产过程环境管理""污染防治设施管理"等章节的结构进行了较大的调整，尤其是对"环境监测技术要求"一节进行了较大的变更和补充。

③ 增加了"土壤污染防治要求"和"绿色制造及评价"章节。

④ 结合国家排污许可制度和铅蓄电池企业排污许可证核发情况，修改了"排污许可制度"一章。

本书从项目建设、生态设计、工艺优化、过程控制、末端治理、风险防控、职业卫生、制度建设等方面介绍了铅蓄电池行业的环境管理要求，力图使读者全方位掌握铅蓄电池行业环境管理知识，在实际工作中推动我国铅蓄电池行业健康、稳定、持续发展，可用于国家和地方生态环境、工业、卫生等管理部门对铅蓄电池企业的监督管理，可供从事环境污染与控制、生态设计、环境污染管控等的工程技术人员、科研人员和管理人员参考，也可供高等学校环境科学与工程、生态工程及相关专业师生参阅。

本书由北京市科学技术研究院资源环境研究所、安徽理士电池技术有限公司、轻工业化学电源研究所、沈阳蓄电池研究所、钢研纳克检测技术股份有限公司、日本杰士汤浅（GS YUASA）、中国环境监测总站相关技术和管理人员共同完成。本书由孙晓峰、董捷、程言君任主编，具体编写分工如下：第1章、第14章、附件由孙晓峰、程言君编写；第2章、第3章、第7章由孙晓峰、董捷、曹国庆、赵键编写；第4章由孙晓峰、耿航芳编写；

第 5 章由孙晓峰、耿航芳、黄修竹编写；第 6 章由孙晓峰、程言君、高山编写；第 8 章由孙晓峰、高山、孙慧、方哲、秦承华编写；第 9 章、第 13 章由薛鹏丽、曹国庆编写；第 10 章由高山、赵键编写；第 11 章由程言君、王海见、孙晓峰编写；第 12 章由董捷、王靖、宋继轩编写；第 15 章由李纯、程言君编写；第 16 章由钱堃编写；第 17 章由孙晓峰、宋继轩编写。全书最后由孙晓峰统稿并定稿。

在本书编写、出版过程中，行业内的骨干电池和设备企业为本书提供了大量数据、图片和资料，在此一并表示诚挚的谢意。本书的出版得到了化学工业出版社的高度重视和支持，责任编辑和其他相关工作人员为此书的出版付出了辛勤的劳动，在此表示衷心的感谢。

限于编者时间和编写水平，书中不足和疏漏之处在所难免，敬请读者批评指正。

编者

2021 年 9 月

前言（第一版）

铅蓄电池从发明至今已有一百多年的历史，其在化学电源中一直占有绝对优势。一百余年来，铅蓄电池在理论研究方面，在产品种类及品种、产品电气性能等方面都得到了长足的进步，不论是在交通、通信、电力、军事还是在航海、航空等经济领域，铅蓄电池都发挥了重要作用。

近年来，随着汽车、摩托车、电动自行车、通信、网络、太阳能以及风能等产业的快速发展，我国铅蓄电池行业呈迅猛发展态势，已成为全球铅蓄电池生产、消费和出口大国。在行业快速发展的同时，环境保护问题也逐渐凸显，产业结构不合理、生产工艺装备落后、污染治理设施简陋、职业卫生防护意识淡薄、环境管理水平差等诸多问题制约了行业的健康持续发展。而这种只顾经济不顾环境保护的发展模式，导致了"血铅"事件的频发，并引发了多起群体性事件。2009 年起，我国铅蓄电池行业不断出现"血铅"事件，严重威胁了人民群众的身体健康，直接影响了社会的稳定，引起了党中央和国务院的高度重视。

近年来，国家加强了铅蓄电池行业环境管理，先后出台了《重金属污染综合防治"十二五"规划》、《关于加强铅蓄电池及再生铅行业污染防治工作的通知》（环发〔2011〕56号）、《铅蓄电池行业现场环境监察指南》（环办〔2011〕122 号）、《铅蓄电池行业准入条件》（2012 年 第 18 号）、《关于开展铅蓄电池和再生铅企业环保核查工作的通知》（环办函〔2011〕325 号）、《电池工业污染物排放标准》（GB 30484—2013）等一系列政策、法规和标准。

在国家环境保护法律法规、政策标准的引导下，铅蓄电池企业积极推行清洁生产，铅蓄电池行业技术水平和污染治理水平得以快速发展。在这种背景下，如何进一步实现铅蓄电池行业可持续发展，推行和强化环境管理将成为重中之重。本书从项目建设、产品设计、生产环节、末端治理、企业搬迁、职业安全等方面全方位指导铅蓄电池企业规范环境管理，还可用于国家和地方环保、工业、卫生等管理部门对铅蓄电池企业的监督管理，也可作为铅蓄电池及环境保护研究人员的参考用书。

参与本书编写的有我国长期从事电池行业环境保护政策标准研究的专家，有长期从事铅蓄电池研发和行业管理的教授，也有长期工作在生产一线的专业技术人员，这样的作者群确保了本书的质量和水平。本书由中国轻工业清洁生产中心、轻工业环境保护研究所、江苏华讯环境科技有限公司、轻工业化学电源研究所、中国环境科学研究院相关技术和管理人员共同完成。

在本书编写过程中，天能集团蒋玉良、胡军峰、赵剑，浙江大学林由，杭州泰北科技有限公司谢建立，江苏二环环保科技有限公司吴旭敏，日本杰士汤浅（GS YUASA）黄修竹也为本书提供了技术支持，在此表示感谢。

本书的编写和出版得到环保公益性行业科研项目——国家重点污染物环保标准簇框架

设计及示范研究（201209052）的支持和协助，在此表示感谢。在本书组稿、出版过程中，行业内的骨干电池和设备企业为本书提供了大量数据、图片和资料，在此一并表示诚挚的谢意。

限于作者水平和编写时间，书中不足和疏漏之处在所难免，敬请读者批评指正。希望本书能有效指导铅蓄电池企业开展环境管理，推动我国铅蓄电池行业健康、稳定、持续发展。

编者
2015 年 1 月

目录

第3章
铅蓄电池产业链及生产工艺情况

第4章
铅蓄电池行业环境政策法规标准

第5章
发达国家铅蓄电池行业环境管理　　055

第6章
铅蓄电池行业建设项目环境管理　　066

第7章
铅蓄电池行业生产过程环境管理

083

第 8 章
铅蓄电池行业污染防治设施管理

119

第 9 章
铅蓄电池行业环境风险防控管理

158

第 10 章
铅蓄电池行业职业卫生防护管理

177

第 11 章
土壤污染防治要求

207

第 12 章
绿色制造及评价

220

第 13 章
排污许可制度　　　　　　　　　　　　　　256

第 14 章
清洁生产审核制度　　　262

第 15 章
生产者责任延伸制度　　　283

第 16 章
环境信息披露制度

第 17 章
企业环境管理体系

第1章

环境管理概论

1.1
环境管理概念

环境管理是指依据国家的环境政策、法律、法规和标准，坚持宏观综合决策与微观执法监督相结合，从环境与发展综合决策入手，运用各种有效管理手段，调控人类的各种行为，协调经济、社会发展同环境保护之间的关系，限制人类损害环境质量的活动以维护区域正常的环境秩序和环境安全，实现区域社会可持续发展的行为总体。其中，管理手段包括法律、经济、行政、技术和教育五个手段。

1.1.1　法律手段

法律手段是环境管理的一种强制性手段，依法管理环境是控制并消除污染，保障自然资源合理利用，并维护生态平衡的重要措施。环境管理一方面要靠立法，把国家对环境保护的要求全部以法律形式固定下来，强制执行；另一方面还要靠执法。环境管理部门要协助和配合司法部门对违反环境保护法律的犯罪行为进行打击，协助仲裁；按照环境法规、环境标准来处理环境污染和环境破坏问题，对严重污染和破坏环境的行为提起公诉，甚至追究法律责任；也可依据环境法规对危害人民健康、财产，污染和破坏环境的个人或单位给予批评、警告、罚款或责令赔偿损失等。我国自 20 世纪 80 年代开始，从中央到地方颁布了一系列环境保护法律、法规。目前，已初步形成了由国家宪法、环境保护基本法、环境保护单行法规和其他部门法中关于环境保护的法律规范等组成的环境保护法体系。

1.1.2　经济手段

经济手段是指利用价值规律，运用价格、税收、信贷等经济杠杆，控制生产者在资源开发中的行为，以便限制损害环境的社会经济活动，奖励积极治理污染的单位，促进节约和合理利用资源，充分发挥价值规律在环境管理中的杠杆作用。方法主要包括对直接向环境排放应税污染物的企业事业单位和其他生产经营者，按照污染物的种类、数量和浓度征收环境税；对违反环境保护规定造成污染的单位和个人进行处罚；对排放污染物损害人体健康或造成财产损失的排污单位，责令对受害者赔偿损失；要求从事资源开发的单位或个人为其行为后果承担经济责任，以缴纳补偿费的形式补偿开发行为对生态环境造成的不良影响；开展排污权交易，通过市场自由交易排污权从治理成本低的企业流向治理成本高的企业，有利于整个社会以最低成本实现污染物总量减排；环境管理部门对积极防治环境污染而在经济上有困难的企业、事业单位发放环境保护补助资金；推行押金制度，鼓励具有潜在污染性商品的生产者和使用者安全地处置相关商品；对积极开展"三废"综合利用、减少排污量的企业给予减免税和利润留成的奖励；推行开发、利用自然资源的征税制度等。

1.1.3　行政手段

行政手段主要指国家和地方各级行政管理机关，根据国家行政法规所赋予的组织和指挥权力，制定方针、政策，建立法规，颁布标准，进行监督协调，对环境资源保护工作实施行政决策和管理。行政手段主要包括环境管理部门定期或不定期地向同级政府机关报告本地区的环境保护工作情况，对贯彻国家有关环境保护方针、政策提出具体意见和建议；组织制定国家和地方的环境保护政策、规划和工作计划，并把这些计划和规划报政府审批，使之具有行政法规效力；运用行政权力对某些区域采取特定措施，如划分自然保护区、重点污染防治区域、环境保护特区等；对一些污染严重的单位要求限期治理，甚至勒令其关、停、并、转、迁；对易产生污染的工程设施和项目采取行政制约的方法，如审批开发建设项目的环境影响评价文件，审批新建、扩建、改建项目的"三同时"设计方案，发放与环境保护有关的各种许可证，审批有毒有害化学品的生产、进口和使用；管理珍稀动植物物种及其产品的出口、贸易事宜；对重点城市、地区、流域的防治工作给予必要的资金或技术帮助等。

1.1.4　技术手段

技术手段是指借助那些既能提高生产效率，又能把对环境污染和生态破坏控制到最小限度的技术以及先进的污染治理技术等来达到保护环境目的的手段。运用技术手段，实现环境管理的科学化，包括制定环境质量标准、污染物排放标准、污染防治技术政策和技术规范等；通过环境监测、环境统计方法，根据环境监管资料以及有关的其他资料对本地区、本部门、本行业污染状况进行调查；编写环境公报和环境统计年报；组织开展环境影响评价工作；交流推广无污染、少污染的清洁生产工艺及先进治理技术装备；组织环境科研成果和环境科技情报的交流等。许多环境政策、法律、法规的制定和实施都涉及许多科学技术问题，所以环境问题解决的好坏，在极大程度上取决于科学技术。没有先进的科学技术就不能及时发现环境问题，而且即使发现了也难以控制。例如，兴建大型工程、围湖造田、施用化肥和农药，常常会产生负面环境效应，就说明人类没有掌握足够的知识，没有科学地预见到人类活动对环境的副作用。

1.1.5 宣传教育

宣传教育是环境管理不可缺少的手段。环境宣传既是普及环境科学知识，又是一种思想动员。通过报纸、杂志、电影、电视、广播、展览、专题讲座、文艺演出等各种文化形式广泛宣传，使公众了解环境保护的重要意义和内容，提高全民族的环境意识，激发公民保护环境的热情和积极性，把保护环境、热爱大自然、保护大自然变成自觉行动，形成强大的社会舆论，从而制止浪费资源、破坏环境的行为。《中华人民共和国环境保护法》规定：各级人民政府应当加强环境保护宣传和普及工作，鼓励基层群众性自治组织、社会组织、环境保护志愿者开展环境保护法律法规和环境保护知识的宣传，营造保护环境的良好风气。教育行政部门、学校应当将环境保护知识纳入学校教育内容，培养学生的环境保护意识。新闻媒体应当开展环境保护法律法规和环境保护知识的宣传，对环境违法行为进行舆论监督。

可以通过专业的环境教育培养各种环境保护的专门人才，提高环境保护人员的业务水平；还可以通过基础的和社会的环境教育提高社会公民的环境意识，来实现科学管理环境，提倡社会监督的环境管理措施。例如，把环境教育纳入国家教育体系，从幼儿园、中小学抓起加强基础教育，搞好成人教育以及对各高等学校非环境专业学生普及环境保护基础知识等。

1.2
环境管理主体和职责

环境管理的主体，广义地说是指环境管理活动中的参与者和相关方。环境问题的产生源自人类社会经济活动，人类社会经济活动的主体可以分为三个方面，即政府、企业、公众，因此环境管理的主体也是这三者。各方职责介绍如下。

1.2.1 政府职责

政府是环境管理中的主导力量。政府包括中央和地方各级行政机关以及立法、司法机关。政府是整个社会行为的领导和组织者，是各国政府间冲突的协调者。政府在环境管理中的职责包括：第一，健全生态环境法律机制，完善生态环境法律法规政策标准，让环境管理在立法与执法方面得到保证；第二，加强管理部门的监管力度，提高环境监测、信息、科技、宣教和综合评估的能力，在执法能力和执法效率等方面也要有所突破和发展；第三，做好充分的环境保护宣传教育工作，利用网络、媒体、杂志等平台的丰富性和大众性，向公民普及环保知识，宣传环保的重要性和必要性，呼吁公众积极参与环境保护行动，使其从思想上和行动上支持、践行环保。

1.2.2 企业职责

企业是社会物质财富积累的主要贡献者，是自然资源的消耗者，是产品的生产者和供应者，也有可能是废弃产品的回收者和再利用者。企业在环境管理中的职责包括：制订自身的环境目标、规划，开展生态设计，推行清洁生产和循环经济，通过执行 ISO14000 环境管理体系，实行绿色营销，发展企业绿色安全和健康的文化等。

1.2.3 公众职责

公众包括个人和各种社会群体。公众是环境管理的最终推动者和直接受益者。公众在人类社会生活的各个领域和方面发挥着最终的决定作用。公众能否有效地约束自己的行为，推动和监督政府和企业的行为，是公众主体作用体现与否的关键。《中华人民共和国环境保护法》规定：公民应当增强环境保护意识，采取低碳、节俭的生活方式，自觉履行环境保护义务。

1.3
环境管理制度

1.3.1 环境管理框架

从整体上看，中国的环境管理制度已基本形成，已远不是单项制度"构件"的简单堆砌，而是一座由新老制度构成的结构初具规模的"大厦"。我国环境管理框架如图 1-1 所示。

1.3.2 环境管理制度概述

自 1973 年召开第一次全国环境保护会议至今，我国在积极探索环境管理办法中，找到了具有中国特色的环境管理八项制度，即环境保护目标责任制、综合整治与定量考核、污染集中控制、限期治理、排污许可制度、环境影响评价制度、"三同时"制度和排污收费制度。随着环境管理工作的深入开展，目前又形成了一些新的管理制度，例如总量控制和减排目标责任制、淘汰落后产能、区域限批、危险化学品环境管理、环境保护综合名录等。

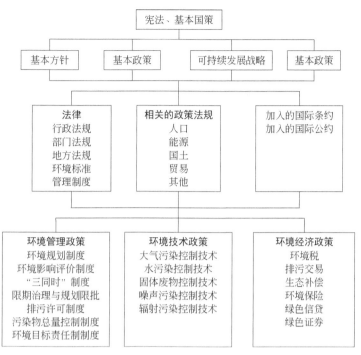

图 1-1　我国环境管理框架

部分环境管理制度说明如下。

（1）环境保护目标责任制

环境保护目标责任制，是通过签订责任书的形式，具体落实地方各级人民政府和有污染的单位对环境质量负责的行政管理制度。这一制度明确了一个区域、一个部门乃至一个单位环境保护的主要责任者和责任范围，理顺了各级政府和各个部门在环境保护方面的关系，从而使改善环境质量的任务能够得到层层落实。这是我国环境环保体制的一项重大改革。环境保护目标责任制产生至今，经过不断充实和发展，逐步形成了下列特点：

① 有明确的时间和空间界限，一般以一届政府的任期为时间界限，以行政单位所辖地域为空间界限；

② 有明确的环境质量目标、定量要求和可分解的质量指标；

③ 有明确的年度工作指标；

④ 有配套的措施、支持保障系统和考核奖惩办法；

⑤ 有定量化的监测和控制手段。

这些特点归结起来，说明这项制度具有明显的可操作性，便于发挥功能，能够起到改善环境质量的重大作用。

（2）城市环境综合整治定量考核

城市环境综合整治，就是在市政府的统一领导下，以城市生态理论为指导，以发挥城市综合功能和整体最佳效益为前提，采用系统分析的方法，从总体上找到制约和影响城市生态系统发展的综合因素，理顺经济建设、城市建设和环境建设的相互依存又相互制约的辩证关系，用综合的对策整治、调控、保护和塑造城市环境，为城市人民群众创建一个适宜的生态环境，使城市生态系统良性发展。

城市环境综合定量考核是我国在总结近年来开展城市环境综合整治实践经验的基础上形成的一项重要制度，它是通过定量考核对城市政府在推行城市环境综合整治中的活动予以管理和调整的一项环境监督管理制度。

（3）污染集中控制

污染集中控制是在一个特定的范围内，为保护环境所建立的集中治理设施和所采用的管理措施，是强化环境管理的一项重要手段。污染集中控制应以改善区域环境质量为目的，依据污染防治规划，按照污染物的性质、种类和所处的地理位置，以集中治理为主，用最小的代价取得最佳效果。污染集中控制在各地实行的时间并不长，但它已经显示出强大的生命力，主要表现在以下几个方面。

① 有利于集中人力、物力、财力解决重点污染问题。集中治理污染是实施集中控制的重要内容。根据规划对已经确定的重点控制对象进行集中治理，有利于调动各方面的积极性，把分散的人力、物力、财力集中起来，重点解决最敏感或者难度大的污染问题。

② 有利于采用新技术，提高污染治理效果。实行污染集中控制使污染治理由分散的点源治理转向社会化综合治理，有利于采用新技术、新工艺、新设备，提高污染控制水平。

③ 有利于提高资源利用率，加速有害废物资源化。实行污染集中控制，可以节约资源、能源，提高废物综合利用率。例如，集中控制废水污染，可把处理过的没有毒害的污水用于农田灌溉；集中治理大气污染，可同时从节煤、节电着眼等。

④ 有利于节省防治污染的总投入。集中控制污染比起分散治理污染节省投资，节省设施运行费用，节省占地面积，减少管理机构、人员，解决了有些企业缺少资金或技术，难以承担污染治理责任，或虽有资金但缺乏建立环保治理设施的场地，或虽有污染治理设施却因管理不善达不到预期效果等问题。

⑤ 有利于改善和提高环境质量。集中控制污染是以流域、区域环境质量的改善和提高为直接目的的，其实行结果必然有助于环境质量状况在相对短的时间内得到较大改善。

（4）限期治理制度

限期治理是以污染源调查、评价为基础，以环境保护规划为依据，突出重点，分期分批地对污染危害严重、群众反映强烈的污染物、污染源、污染区域采取的限定治理时间、治理内容及治理效果的强制性措施，是人民政府为了保护人民的利益对排污单位采取的法律手段。

限期治理污染与治理污染计划不同，限期治理决定是一种法律程序，具有法律效能，而治理计划则只是一种经济管理手段，完不成也不负法律责任。为了完成限期治理任务，限期治理项目应按基本建设程序无条件地纳入本地区、本部门的年度固定资产投资计划之中，在资金、材料、设备等方面予以保证。

（5）排污收费制度（环境保护税）

排污收费制度，是指一切向环境排放污染物的单位和个体生产经营者，按照国家的规定和标准，缴纳一定费用的制度。《中华人民共和国环境保护税法》自2018年1月1日起施行，这意味着我国实行了近40年的排污收费制度已经退出历史舞台。环境保护税法的总体思路是由"费"改"税"，即按照"税负平移"原则，实现排污费制度向环保税制度的平稳转移。《中华人民共和国环境保护税法》将"保护和改善环境，减少污染物排放，推进生态文明建设"写入立法宗旨，明确"直接向环境排放应税污染物的企业事业单位和其他生产经营者"为纳税人，确定大气污染物、水污染物、固体废物和噪声为应税污染物。

（6）排污许可制度

当前，排污许可制度已成为污染源环境管理的核心制度，为助力打好污染防治攻坚战的重要基础。通过排污许可制度的完善能够推进行业污染物产生、处理、排放的有效和规范化管理，对推进行业环境管理系统化、科学化、法制化、精细化、信息化具有重要意义。近年来，在党中央、国务院的领导下，排污许可制度改革成效显著，排污许可制度体系已基本建立，正按行业、分时序逐步实现排污许可管理全覆盖。

（7）环境影响评价制度

环境影响评价制度是贯彻预防为主的原则，防止新污染、保护生态环境的一项重要的法律制度。环境影响评价是指对可能影响环境的重大工程建设、规划或其他开发建设活动，事先进行调查、预测和评估，为防止环境损害而制定的最佳方案。近年来，生态环境部门积极推动环评制度改革，取消了生态环境部环评机构资质行政许可等审批权，同步建立了信用管理的新机制，并通过加强环境影响报告书（表）复核、从业单位和人员信息公开等措施，实现了放管结合，震慑了环评违法违规行为，有力维护了环评制度的效力。

（8）"三同时"制度

"三同时"制度是新建、改建、扩建项目和技术改造项目以及区域性开发建设项目的污染防治设施必须与主体工程同时设计、同时施工、同时投产的制度。

"三同时"制度与环境影响评价制度相辅相成，是防止新污染和破坏的两大"法宝"，是我国预防为主方针的具体化、制度化。

"三同时"制度是在我国出台最早的一项环境管理制度，是中国的独创，是在我国社会主义制度和建设经验的基础上提出来的，是具有中国特色并行之有效的环境管理制度。

第 2 章

铅蓄电池行业现状及发展趋势

2.1
铅蓄电池行业发展迅速

2.1.1 铅蓄电池简介

铅蓄电池又称铅酸蓄电池。它的电极由铅和铅的氧化物构成，电解质是硫酸的水溶液或胶体电解质。

1859 年，蓄电池由普兰特（G. Plante）发明至今已有一百多年的历史。铅蓄电池自发明后，在化学电源中一直占有绝对优势。这是因为其价格低廉、原材料易于获得，使用上有较好的安全性和可靠性，适用于大电流放电及广泛的环境温度范围。

一百多年来，铅蓄电池在理论研究、产品种类及品种、产品电气性能等方面都得到了长足的进步，不论是在交通、通信、电力、军事，还是在航海、航空各个经济领域，铅蓄电池都起到了不可缺少的重要作用。

铅蓄电池产品历史悠久，技术成熟，在功率特性、高低温性能、组合一致性、回收再利用和价格等方面具有优势。同时，铅蓄电池也是化学电池中市场份额最大、使用范围最广的电池产品，在内燃机起动、大规模储能等应用领域尚无成熟替代产品。所以，虽然近年来锂离子电池等产业发展迅速，在短期内铅蓄电池也不能被其他电池产品所取代。

2.1.2 铅消耗情况

中国的工业化和城市化进程积极带动了铅的消费。2000 年我国精炼铅消费量为 66 万吨,2004 年超过美国成为全球最大的精铅消费国。根据安泰科数据,2018 年我国精炼铅消费量为 497.7 万吨,占世界精炼铅消费量的 42.4%。2019 年中国铅消费量 492.4 万吨,2020年铅消费量 484.5 万吨。

中国铅的主要用途是生产铅蓄电池,用于铅蓄电池的铅消费量占铅总消费量的比例大约为 82%;其他消费领域还包括铅合金及铅材料、氧化铅、铅盐等。中国汽车、通信、光伏和风力发电、电力、交通、电动自行车等行业的快速发展,促进了铅蓄电池产业的持续发展,中国成为全球最大的铅蓄电池生产国和出口国。2017 年中国铅消费产值为 886.24亿元,同比增长 29.98%。2017 年,我国生产铅蓄电池耗铅约 415 万吨,占全国铅总耗量的 83%,占全球铅消费总量的 44%。2001~2018 年我国精炼铅消费量如表 2-1 所列。

表 2-1　2001~2018 年我国精炼铅消费量　　　　　　单位:万吨

年份	2001	2002	2003	2004	2005	2006
中国消费量	76	95.7	116.8	143.5	196.5	222.8
世界消费量	658.1	585.9	699.8	720.7	765.8	805.3
年份	2007	2008	2009	2010	2011	2012
中国消费量	252	313	390.6	421.3	466.2	467.3
世界消费量	814.7	871.2	888.57	932.9	1000.7	1049.9
年份	2013	2014	2015	2016	2017	2018
中国消费量	428.7	407.1	372.2	486.7	493.7	497.7
世界消费量	1121.1	1099.3	1093.9	1112.3	1171.2	1159

2017 年,我国铅下游消费结构如图 2-1 所示。

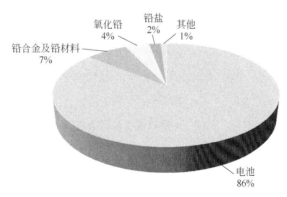

图 2-1　2017 年我国铅下游消费结构

2.1.3 生产经营情况

根据 Report Buyer 发布的报告,全球的铅蓄电池生产继续从发达国家向发展中国家转移。中国的铅蓄电池产量全球份额从 2010 年的 35%增至 2017 年的 45%，占全球的比重最大；其次是美国，产量占比约为 32%；日本位居第三，占比接近 13%。全球铅蓄电池产量区域分布情况如图 2-2 所示。

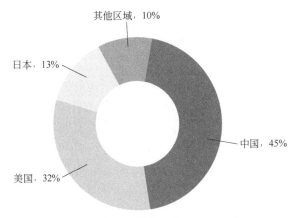

图 2-2　全球铅蓄电池产量区域分布

铅蓄电池为世界上产量最大的电池产品，生产量占全部电池总量的 50%，占充电电池的 70%，即便是欧美日等世界上最发达的国家和地区，至今也仍大量生产和使用铅蓄电池。在铅蓄电池产品结构中，起动型铅蓄电池占比最大，达到 48%；其次是动力型铅蓄电池，占比为 28%；备用与储能型铅蓄电池占比为 15%。全球铅蓄电池产品结构如图 2-3 所示。

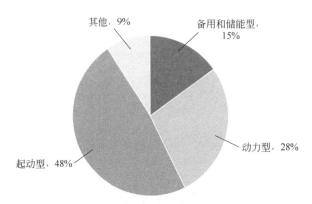

图 2-3　全球铅蓄电池产品结构

2019 年我国铅蓄电池行业销售市场规模约 1639.7 亿元，同比 2018 年的 1722.8 亿元下降了 4.82%。我国铅蓄电池行业销售市场规模变化情况如图 2-4 所示。

据国家统计局统计数据显示，我国铅蓄电池产量从 2010 年的 14417×10⁴kVA·h 增长至 2019 年的 20249×10⁴kVA·h。2014 年铅蓄电池产量最大，达 22070×10⁴kVA·h。之后受到锂离子电池的冲击，产量有所波动。铅蓄电池产量变化情况如表 2-2 和图 2-5 所示。

按照应用领域划分，我国的铅蓄电池主要分为备用电源电池、储能电池、起动电池和动力电池四大类。备用电源电池主要用于通信基站备用电源、不间断电源（UPS）、应急照

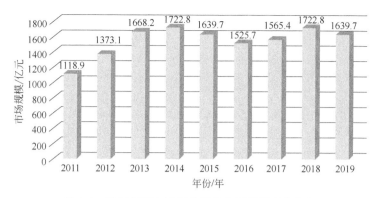

图 2-4　我国铅蓄电池行业销售市场规模变化情况

表 2-2　铅蓄电池产量及销售额变化情况

年份/年	产量/(10^4kVA·h)	比上年增长/%	销售额/亿元
2009	11930	32.20	840
2010	14417	17.34	1009
2011	14229	−1.30	996
2012	17486	22.89	1224
2013	20503	17.25	1435
2014	22070	7.64	1545
2015	21000	−4.78	1470
2016	20513	−2.20	18617
2017	20779	1.30	17616
2018	18122	−12.78	1691
2019	20249	11.73	—

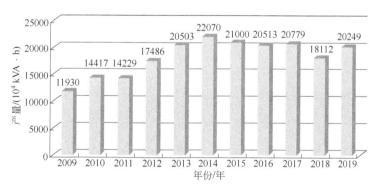

图 2-5　铅蓄电池产量变化情况

明电源及其他备用电源的蓄电池；储能电池适用于太阳能发电设备和风力发电机，以及其他可再生能源的储能用蓄电池；起动电池主要应用于汽车、摩托车等燃油发动机起动、点火和照明的蓄电池；动力电池主要应用于电动自行车、电动特种车（电动游览车、高尔夫车、巡警车、叉车等）、低速电动乘用车、混合电动车等电动车辆作为动力。其中汽车起动用蓄电池是铅蓄电池最主要用途，与汽车产量和保有量息息相关。

近年来，我国汽车产量及保有量均大幅增长，例如 2017 年汽车产量超过 2900 万辆，汽车保有量超过 2.1 亿辆，位居全球第一。在庞大需求带动下，我国起动用铅蓄电池市场产销两旺。2017 年产量为 7811.4×10⁴kVA·h，同比上升 7.00%。起动用铅蓄电池产量变化情况如图 2-6 所示。

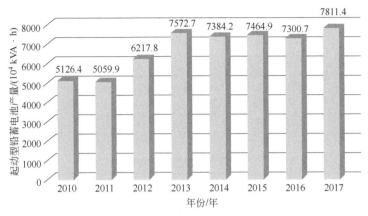

图 2-6　起动用铅蓄电池产量变化情况

2.2
企业呈区域性发展态势

2017 年，我国各省份铅蓄电池产量分布情况如图 2-7 所示，其中浙江、河北、湖北、江苏、安徽、广东、山东排名靠前的七个省产量占全国总产量的 79.47%。

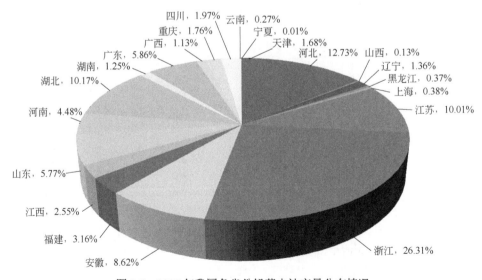

图 2-7　2017 年我国各省份铅蓄电池产量分布情况

2.3
行业呈集团化发展趋势

激烈的市场竞争和环保政策压力加速铅蓄电池行业整合、兼并重组的进程，规模效应将在行业优势企业中发挥作用。随着《关于加强铅蓄电池及再生铅行业污染防治工作的通知》（环发〔2011〕56 号）、《铅蓄电池行业规范条件（2015 年本）》（工业和信息化部 2015 年第 85 号公告）等文件的颁布实施，铅蓄电池行业环境准入门槛逐渐提高，加快了产业升级、行业整合的速度，形成了规模小、不达标企业的退出机制，促进了专业化、区域性规模企业逐步壮大。一大批国内优秀的铅蓄电池品牌迅速崛起，逐渐成为铅蓄电池行业中的翘楚。

在备用电源电池和储能电池用途领域，市场分布在电信、光伏与风力发电、新能源以及工业制造等行业领域，主要骨干企业包括理士国际、南都电源、雄韬股份、圣阳股份、双登集团等。在起动电池用途领域，市场主要在新车市场和维护市场，行业集中度相对较高，主要骨干企业包括中国动力、骆驼股份、江森自控和杰士汤浅等。在动力电池用途领域，市场主要在电动自行车、低速电动车等，行业集中度相对较高，主要骨干企业包括天能动力和超威电池等。

2.4
铅蓄电池应用前景分析

2.4.1 起动铅蓄电池市场

2.4.1.1 汽车起动市场

汽车起动电池是铅蓄电池最传统、最大的应用领域。近年来，新能源汽车产业快速发展，根据 2019 年工信部发布的《新能源汽车产业发展规划（2021—2035）》（征求意见稿），提出目标为至 2025 年新能源汽车新车销量占比达 25%左右。新能源汽车其主要动力电源采用锂离子电池，但仍需配置铅蓄电池作为辅助电源。近几年燃油汽车年产量小幅下降，但汽车保有量仍逐年持续增加，汽车起动电池市场仍处于稳定的增长期。

2019 年，全国新注册登记机动车 3214 万辆，机动车保有量 3.48 亿辆。截至 2019 年年底，小型载客汽车保有量达 2.2 亿辆，与 2018 年年底相比增加了 1926 万辆，增长 9.37%。

其中，私家车（私人小微型载客汽车）保有量达 2.07 亿辆，首次突破 2 亿辆，近五年年均增长 1966 万辆。截至 2019 年年底，全国新能源汽车保有量达 381 万辆，占汽车总量的 1.46%，与 2018 年年底相比增加了 120 万辆，增长 46.05%。其中，纯电动汽车保有量 310 万辆，占新能源汽车总量的 81.19%。新能源汽车增长量连续两年超过 100 万辆，呈快速增长趋势。

据公安部统计，截至 2020 年 6 月全国机动车保有量达 3.6 亿辆，未来我国汽车保有量仍呈上升趋势，持续增长的汽车销量和存量为汽车起动电池的发展提供了良好的市场环境。

2.4.1.2 摩托车起动市场

我国是世界摩托车第一生产国和消费国，摩托车产销量占世界产销量的 50% 以上，同时我国摩托车保有量也居世界第一，接近全球摩托车保有量的 1/3。经过多年的蓬勃发展，我国摩托车行业在 2012 年迎来拐点，此后摩托车产销量整体呈现下降趋势，至 2018 年产销量分别下降为 1557.8 万辆、1557.1 万辆。2019 年，随着"国四标准"切换逐步完成及电动摩托车高速发展，中国摩托车产销呈现稳中有升的发展态势，其中摩托车产量达 1736.7 万辆，同比 2018 年增长 11.5%，摩托车销售量达 1713.3 万辆，同比 2018 年增长 10%。截至 2020 年 6 月，全国摩托车保有量达 6889.6 万辆，摩托车起动电池市场依然较大。

2.4.2 动力铅蓄电池市场

2.4.2.1 电动自行车电池

随着我国电动自行车行业的稳步发展，电动自行车保有量稳步上升。截至 2019 年年末，我国电动自行车社会保有量约 2.5 亿辆。2019 年，中国电动自行车产量为 2707.69 万辆，同比增长 6.1%。中国电动自行车产量统计情况如图 2-8 所示，中国电动自行车社会保有量统计情况如图 2-9 所示。

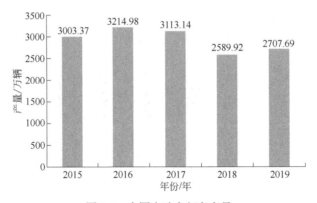

图 2-8 中国电动自行车产量

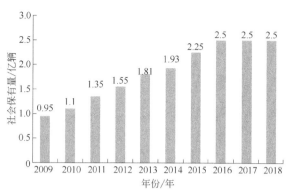

图 2-9 中国电动自行车社会保有量

据全球性咨询公司"弗若斯特沙利文"预测,中国电动两轮车 2019～2023 年的市场复合年增长率将提升至 7.22%,市场规模将达到 1089.9 亿元,两轮电动车目前仍处于蓝海阶段。目前,我国 90%左右电动自行车采用铅蓄电池作为动力,但《电动自行车安全技术规范》(GB 17761—2018)强制性国家标准已于 2019 年 4 月 15 日正式实施,电动自行车企业均积极进行车型升级,加快了电动自行车锂电化步伐。

2.4.2.2 特种电动车和低速纯电动乘用车电池

我国低速纯电动场馆车、高尔夫车、旅游观光车、警务车等特种电动车,电动叉车、牵引车等电动工程车,已形成 10 万辆以上的生产规模,铅蓄电池在该应用领域市场份额高达 95%以上,未来仍是主导配套电池产品。

各种时速 50km 左右、续航里程 100km 左右的城市代步低速、短途 4 轮纯电动车已形成规模市场。低速电动汽车又称微型电动汽车和短途乘用车,目前基本采用动力铅蓄电池为动力电源。这类新型城市代步车价格低廉,每辆不足 3 万元,已越来越受到中低端消费群体的青睐。

随着行业规范化迎来健康发展,低速电动车用铅蓄电池成为新的增长点。目前使用铅蓄电池的低速电动车主要集中在山东、河南等省份。2014 年以来,地方行业规范陆续出台,行业规范性有所提升,例如 2014 年 6 月 12 日山东省发布了山东省汽车行业标准《小型纯电动车》(Q/3700SDQ 0001—2014)以及《山东省小型电动车生产企业准入条件》;2014 年 3 月河南省洛阳市发布《洛阳市低速四轮电动车生产及管理暂行办法》。2015 年山东省生产小型电动汽车 34.7 万辆,同比增长约 53.7%,产量连续三年增长超过 50%。

随着低速电动汽车安全性、舒适性的提高以及铅蓄电池生产、回收体系环保工作进一步优化,低速电动汽车将得以进一步发展,并将给铅蓄电池释放巨大的市场空间。

我国低速电动汽车市场需求量如图 2-10 所示,我国低速电动汽车市场保有量如图 2-11 所示。

2.4.3 工业铅蓄电池市场

工业铅蓄电池主要应用于通信后备电源、电力后备拉闸电源、太阳能及风力发电的储能电池和铁路用电池等。

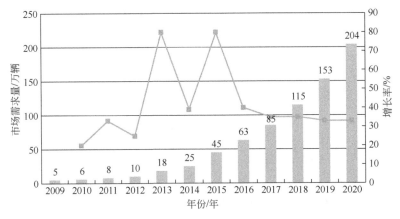

图 2-10　我国低速电动汽车市场需求量

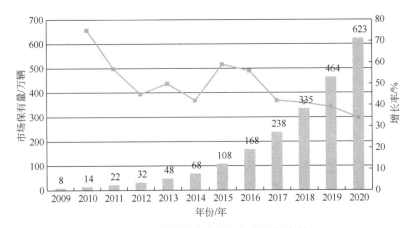

图 2-11　我国低速电动汽车市场保有量

2.4.3.1　备用电源

（1）通信电力用电池需求

铅蓄电池在通信行业主要用作移动基站的备用电源，在电力行业主要用作发电厂、变电所的控制保护和动力直流供电系统的备用电源和储能电源，其产品类别是阀控式密封免维护固定型铅蓄电池。因此，通信电力用铅蓄电池的市场需求与通信电力行业的发展前景、投资力度密不可分。通信行业是目前发展最快、最具创新活力的领域之一。"十三五"期间，国家继续加强"宽带中国"建设力度，推进基础通信网络建设，加快推进全光纤网络城市和 4G 网络建设。2015 年网络建设投资超过 4300 亿元，2016～2017 年累计投资不低于 7000 亿元，以推进光纤到户进程，扩大移动通信覆盖范围，提升移动宽带速率。国内通信业对阀控式密封铅蓄电池的需求稳定增长。此外，电力系统变电站备用电源，可充电照明灯具、可充电电扇等应急类电器产品对铅蓄电池的需求也较为旺盛。

（2）UPS 电源需求

UPS 电源系统按其应用领域可分为信息设备用 UPS 电源系统和工业动力用 UPS 电源系统两个大类别。信息设备用 UPS 电源系统主要应用于信息产业、IT 行业、交通、金融行业、航空航天工业等计算机信息系统、通信系统、数据网络中心等的安全保护领域，其作为计算机信息系统、通信系统、数据网络中心等的重要外设，在保护计算机数据，保证电网电压和频率的稳定，改进电网质量，防止瞬时停电和事故停电对用户造成的危害等方面起到重要的作用。工业动力用 UPS 电源系统主要应用于工业动力设备、电力、钢铁、有色金属、煤炭、石油化工、建筑、医药、汽车、食品、军事等领域，其作为电力自动化工业系统设备、远方执行系统设备、高压断路器的分合闸、继电保护、自动装置、信号装置等的交、直流不间断电源设备，质量直接关系到电网的安全运行，是发电设备和输变电设备的"心脏"。2018 年，全球 UPS 市场规模达 75.6 亿美元，同比增长 2.4%，2015～2018年全球 UPS 市场基本维持在 2%左右增幅稳健成长。中国 UPS 行业较海外市场发展更为迅速，2018 年国内 UPS 市场规模为 68.1 亿元，同比增长 10.3%。从全球占比来看，UPS 的主要消费市场仍是经济发达的国家和地区，国内 UPS 市场仍有较大的增长空间。

知识要点

UPS（Uninterruptible Power System/Uninterruptible Power Supply），即不间断电源，是将蓄电池（多为免维护铅蓄电池）与主机相连接，通过主机逆变器等模块电路将直流电转换成市电的系统设备。主要用于给单台计算机、计算机网络系统或其他电力电子设备提供稳定、不间断的电力供应。当市电输入正常时，UPS 将市电稳压后供应给负载使用，此时的 UPS 就是一台交流市电稳压器，同时它还向机内电池充电；当市电中断（事故停电）时，UPS 立即将电池的直流电能，通过逆变零切换转换的方法向负载继续供应220V 交流电，使负载维持正常工作并保护负载软、硬件不受损坏。UPS 设备通常对电压过高或电压过低都能提供保护。

2.4.3.2 储能技术

电化学储能是应用范围最为广泛、发展潜力最大的储能技术。截至 2020 年年底，全球已投运储能项目累计装机规模达到 191.1GW，同比增长 3.4%。电化学储能项目累计装机规模达到 14.2GW，同比增长 49.6%。其中，锂离子电池的累计装机规模最大，达到了13.1GW，电化学储能和锂离子电池的累计规模均首次突破 10GW 大关。

截至 2020 年年底，中国已投运储能项目累计装机规模为 35.6GW，占全球市场总规模的 18.6%，同比增长 9.8%，涨幅比 2019 年同期增长 6.2 个百分点。电化学储能项目累计装机规模为 3269.2MW，同比增长 91.2%。

"十四五"期间是储能探索和实现市场"刚需"应用、系统产品化和获取稳定商业利益的重要时期，2021～2025 年电化学储能规模将以 57.4%的复合增长率增长，到 2025 年累计投运规模有望达到 35.52GW。

知识要点

2019 年，受补贴退坡刺激及海上风电发展提速的双重影响，我国风电新增容量达到历史第二高水平，达到 2890 万千瓦，相较于 2018 年增长 37%。风力发电累计装机容量21005 万千瓦，同比增长 14.0%。

2019 年，全国新增光伏发电装机 3011 万千瓦，同比下降 31.6%，其中集中式光伏新增装机 1791 万千瓦，同比减少 22.9%；分布式光伏新增装机 1220 万千瓦，同比增长 41.3%。光伏发电累计装机达到 20430 万千瓦，同比增长 17.3%，其中集中式光伏 14167 万千瓦，同比增长 14.5%；分布式光伏 6263 万千瓦，同比增长 24.2%。

2.5
绿色发展水平有序提升

近年来，随着国家环境监管力度日趋严格和企业环保意识的日益增强，清洁生产技术装备在铅蓄电池行业得以快速应用推广。目前，铅蓄电池清洁生产技术包括但不限于以下内容。

① 实施厂区综合改造，实行雨污分流、清污分流，建设初期雨水收集池、事故应急池。

② 实施原辅材料替代，降低或消除铅蓄电池镉含量，减少有毒有害物质排放。

③ 实施工艺改造，如铅蓄电池行业进行拉网、连轧连铸、内化成等技术改造，降低原辅材料消耗量，减少污染物排放。

④ 加强自动化改造，如自动铸焊、自动包片等，提高废气集气效率，减少废气无组织排放。

⑤ 采用旋风除尘、布袋除尘、滤筒、水幕等多级处理技术，降低废气有组织排放量。

⑥ 涉铅等重金属行业洗浴废水、洗衣废水纳入重金属废水处理系统；在化学沉淀法等工艺基础上采用超滤/反渗透等工艺进行重金属废水深度处理及回用。

⑦ 重金属污染物在线监测技术逐步应用推广。

⑧ 根据《关于印发生产者责任延伸制度推行方案的通知》（国办发〔2016〕99 号）等文件要求，各地积极构建废旧铅蓄电池规范化回收体系。回收体系的构建对加快铅蓄电池行业转型升级，推进供给侧结构性改革，落实生产者责任延伸制，以及实现产业绿色循环可持续发展，推进生态文明建设具有十分重要的意义。

第3章

铅蓄电池产业链及生产工艺情况

3.1
铅蓄电池产业链

　　铅蓄电池行业的上游行业主要是铅冶炼和铅贸易，下游行业则包括交通运输、通信、电力等领域。随着铅蓄电池回收体系的建立和完善，铅蓄电池产业链将形成良性的"资源—产品—再生资源"的闭环结构，将成为资源节约型的循环发展产业。铅蓄电池产业链如图 3-1 所示。

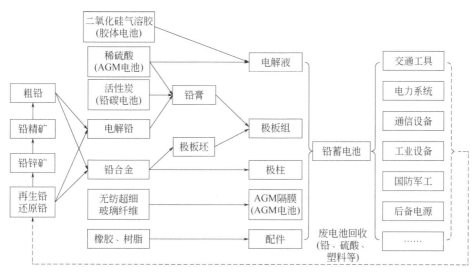

图 3-1　铅蓄电池产业链

3.2
铅蓄电池生产工艺

铅蓄电池的正极活性物质是 PbO_2，负极活性物质是海绵状 Pb，电解液是 H_2SO_4 水溶液。在电化学中该体系表示为：

$$(-)Pb/H_2SO_4/PbO_2(+)$$

铅蓄电池生产工艺及产污点如图 3-2 和图 3-3 所示。

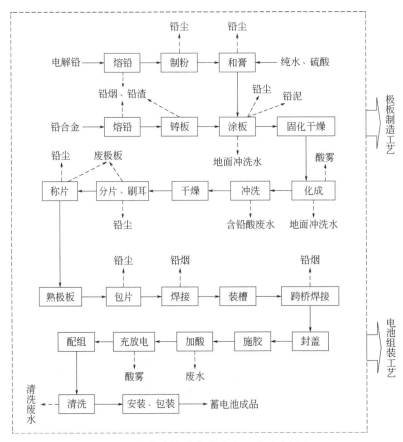

图 3-2　铅蓄电池外化成生产工艺及产污点

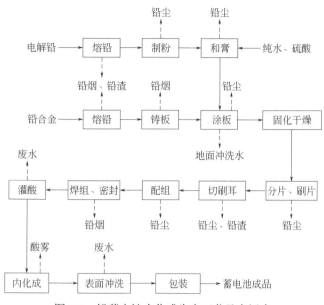

图 3-3　铅蓄电池内化成生产工艺及产污点

3.3
铅蓄电池行业环境问题

3.3.1　提升产品绿色制造水平

近年来，随着环保核查、规范条件等工作的推进，铅蓄电池行业准入门槛提高，落后产能被淘汰，基本实现了机械化制造，技术水平得到了有效提升。集中供铅重力浇铸板栅生产技术、连铸连轧和拉网式板栅生产技术、内化成、自动铸焊、自动注胶等自动化设备的应用推广，大幅提高了生产效率并减少了环境污染和对职工健康的安全威胁。

未来，铅蓄电池企业应进一步提高生产绿色化水平，通过提升技术水平进一步降低铅损耗率。为判断铅蓄电池企业铅原料消耗和污染物排放是否正常，可参考表 3-1 的数据。

表 3-1　铅蓄电池产品耗铅量

项目	起动用铅蓄电池	电动助力车用铅蓄电池	固定型铅蓄电池	牵引型铅蓄电池	小型阀控密封铅蓄电池	摩托车铅蓄电池
规格型号	12V-36Ah～12V-200Ah	12V-10Ah～12V-32Ah	2V-100Ah～12V-3000Ah	D-250Ah～D-1200Ah	6-FM-0.7Ah～6-FM-24Ah	6-MFQ-3.5Ah～6-MFQ-18Ah
耗铅量 /[t/(10^{4}kVA·h)]	140～155	210～235	190～215	220～245	210～230	185～200

在产品绿色设计方面，提高比容量和比功率、提高循环寿命以及提高快速充电能力仍将是阀控密封铅蓄电池的研发趋势。目前，铅蓄电池行业主要向新材料、新结构和综合技术等方向发展。新材料电池包括陶瓷隔板电池和泡沫石墨铅蓄电池。其中陶瓷隔板电池的隔膜材料有新突破，循环寿命长，充放电效率高；泡沫石墨铅蓄电池采用泡沫石墨代替铅板栅，在板栅材料方面有新突破，相对原板栅用铅量减少70%。新结构电池包括双极性铅蓄电池和双极耳卷绕式电池。其中双极性铅蓄电池可减少用铅量50%，寿命延长，容量提高；双极耳卷绕式电池能量密度高，高低温性能好，可实现超高倍率放电。采用综合技术的电池包括超级电池和铅碳电池。其中超级电池是指电池与超级电容内联，兼顾容量和功率特性；铅碳电池在负极采用碳替代铅，在负极材料上有新的突破，循环寿命延长，可快速充电，质量轻，无硫酸盐化。

3.3.2 提升污染治理技术水平

污染治理设施是确保铅蓄电池企业污染物达标排放的关键。近年来，随着技术进步和企业环保意识的提高，多数铅蓄电池企业建立了完善的污染治理设施，但仍有企业存在环境违法的现象，主要问题表现在以下几个方面。

① 部分地区执行更严格的污染物排放标准，企业未能及时进行提标改造；由于铅具有累积性污染的特性，企业应采取有效措施逐步降低污染物排放量。铅蓄电池产品污染物排放量可参考表3-2。

表 3-2　铅蓄电池产品污染物排放量

项目	单位	生产类型	国际先进	国内先进	国内较好	一般
大气铅烟（尘）	kg/(10^4kVA·h)	铅蓄电池	0.400～0.600	0.450～0.650	0.650～1.150	1.150～1.850
		组装	—	0.090～0.130	0.130～0.190	0.190～0.265
废水铅排放量	kg/(10^4kVA·h)	铅蓄电池	0.080～0.110	0.080～0.110	0.110～0.150	0.150～0.200
		组装	—	0.013～0.018	0.018～0.025	0.025～0.035

② 部分企业排风罩控制风速低，不能有效收集作业岗位产生的铅烟或铅尘；管线存在漏风情况，导致产生无组织排放。

③ 部分企业仅关注污染物排放浓度，大气污染物排放速率存在超标情况；单位产品基准排水量大，导致水污染物排放浓度折算后超标。

④ 废水、废气排放口设置不规范，图形标志不完善。

⑤ 环保设施运行不规范。部分企业环保设施运行维护记录不齐全，如废气处理设施没有详细的检查记录（如压力差）和维修（如更换布袋）等运行记录；废水处理设施没有加药量、排泥量、废水排放定期监测等相关记录。

3.3.3 提高环境精细管理能力

近年来，电池行业产业结构逐渐优化，技术装备水平大幅提升，环境管理能力也日益加强。2017年至今，根据《中国制造2025》与《关于开展绿色制造体系建设的通知》（工信厅节函〔2016〕586 号）等文件要求，铅蓄电池企业积极参与绿色工厂创建。目前，共有 25 家铅蓄电池企业被评为国家绿色工厂。在绿色工厂评价过程中发现铅蓄电池企业环境精细化管理水平仍有提高的空间，主要表现在以下几个方面。

① 企业在厂房建设方面应从建筑材料、建筑结构、绿化及场地、再生资源及能源利用等方面进行建筑的节材、节能、节水、节地及再生能源利用。

② 企业在生产工艺装备升级换代的同时，应关注电机、风机、水泵等辅助、附属设备的节能效果。

③ 企业应有效执行环境影响评价制度，避免超产能生产。部分企业表面上符合环评规定，然而通过生产现场、销售额、利润额、原辅材料（铅、硫酸等）消耗量、能耗、水耗等进行综合判断，可以判断部分企业存在实际产量超过环评批复的现象。

④ 企业应重视能源管理，加强能源管理体系建设，进一步优化环境管理体系，结合铅蓄电池行业特点，完善突发性环境污染事故应急、环保设施运行维护等制度。

⑤ 企业应进一步加强危险化学品的规范管理，降低火灾、爆炸和中毒事故的发生概率。企业应重点关注危险化学品贮存、使用、标识、应急、培训等环节。

⑥ 企业应加强环境信息公开水平。企业应按《企业环境报告书编制导则》（HJ 617—2011）相关规定编写年度环境报告书，应公开重金属排放等重要环境信息。

⑦ 企业应加强绿色供应链管理。企业应按照《绿色制造　制造业企业绿色供应链管理　导则》（GB/T 33635—2017）等标准文件的要求，从绿色供应链管理战略、供应商管理、生产、销售与回收、绿色信息平台建设、绿色信息披露等方面加强绿色供应链建设。对于供应商管理，企业应重点关注原生铅、再生铅、极板、硫酸等供应商的环境行为；对于回收管理，企业应积极履行生产者责任延伸制度，推动废铅蓄电池规范化回收利用，提高企业再生铅使用比例。

⑧ 企业应加强污染物达标排放评价，应确保企业污染物排放符合《电池工业污染物排放标准》（GB 30484—2013）或地方标准要求。目前，受监测能力等因素限制，多数企业没有开展全指标监测。铅蓄电池企业废水主要开展化学需氧量和总铅的监测，废气主要开展铅及其化合物的监测，其他污染物指标监测率均偏低，企业厂界环境噪声监测频次也偏低。企业应按《排污许可证申请与核发技术规范　电池工业》（HJ 967—2018）相关规定开展污染物监测工作。

3.3.4　加强危险废物规范管理

3.3.4.1　危险废物贮存环节不规范

含铅废物属于危险废物，也是铅蓄电池行业的特征污染物，如不能对其进行规范管理，可能在贮存、运输、处理处置等环节造成环境污染。危险废物管理主要存在以下问题：

① 部分企业不能按铅尘、铅渣、铅泥、废电池、废极板等对危险废物进行分类收集、贮存和统计；

② 部分企业危险废物贮存设施不符合《危险废物贮存污染控制标准》（GB 18597—2001）相关规定，如防渗层渗透系数不符合规定，未按《环境保护图形标志——固体废物

贮存（处置）场》（GB 15562.2—1995）相关规定设置警示标志等；

③ 部分企业不能提供详细的危险废物转移联单、危险废物运输处理处置协议、处理单位资质证书等相关文件。

部分企业不规范的危险废物贮存场所如图 3-4 所示。

(a)　　　　　　　　　　　　　(b)

图 3-4　不规范的危险废物贮存场所

3.3.4.2　危险废物运输环节不规范

危险废物运输是铅蓄电池行业主要风险源之一。目前，铅蓄电池企业对危险废物运输管理力度不够，存在一定问题：

① 部分与再生铅项目距离较近的企业未执行危险废物转移联单制度；
② 部分企业危险废物转移联单过于笼统，没有按不同废物进行分类管理；
③ 部分企业未采取有效包装措施对危险废物进行包装；
④ 部分危险废物运输单位提供的车辆不符合危险废物运输要求；
⑤ 部分危险废物运输单位的车辆驾驶员和押运人员无证上岗等。

某企业不规范的危险废物运输车辆如图 3-5 所示。

3.3.5　落实清洁生产审核制度

根据《关于深入推进重点企业清洁生产的通知》（环发〔2010〕54 号）、《关于加强铅蓄电池及再生铅行业污染防治工作的通知》（环发〔2011〕56 号）、《铅蓄电池行业规范条件（2015 年本）》（工业和信息化部　2015 年第 85 号公告）等规定，铅蓄电池企业应每两年开展一轮清洁生产审核。目前，绝大多数铅蓄电池企业已完成一至两轮清洁生产审核。总体而言，清洁生产审核促进了铅蓄电池企业技术进步，提高了行业环境管理水平，但仍存在很多问题，主要表现在以下几个方面。

图 3-5　某企业不规范的危险废物运输车辆

① 地方政府和企业对清洁生产审核重视程度不够，审核周期短（如部分企业从清洁生产审核工作启动至验收结束，仅数周之隔，清洁生产审核缺乏真实性和有效性），审核程序不规范，审核方法不科学，清洁生产审核结论与企业实际情况不符。

② 目前，环保核查要求铅蓄电池企业应达到清洁生产二级及以上水平。部分企业虽然提供了达到二级水平相关证明文件（如地方清洁生产审核评估文件），但从企业技术装备、管理水平等方面进行综合分析，发现其二级水平的真实性不可信。

③ 咨询机构和企业对国家、地方、行业相关法律法规、政策标准不熟悉，导致清洁生产审核依据不明确。

④ 多数企业清洁生产审核程序不规范，存在审核报告数据不真实、现状评估缺少数据分析、水平衡测试不规范、缺少铅平衡测试分析等诸多问题。

⑤ 企业资源能源消耗数据不齐全，审核缺少必要的数据分析。

⑥ 企业资源能源计量系统不完善，不能有效开展物料、水、能源、铅平衡测试工作，不能有效分析铅等关键物质流动状况。

⑦ 企业环境管理制度不完善，存在环境风险隐患。

⑧ 清洁生产方案缺乏行业特点，无重金属减排针对性方案；中/高费方案实施率低。

⑨ 夸大清洁生产方案实施后的环境效益、经济效益和社会效益。

⑩ 持续清洁生产工作敷衍了事，不符合国家、行业重金属污染防治工作的要求。

⑪ 缺少必要的宣传教育，导致企业管理层和员工缺乏对清洁生产的认知。

3.3.6　优化职业卫生防护措施

近年来，铅蓄电池企业逐步重视职业卫生防护工作，投入资金开展职业病危害防护设施改造，如改进吸尘管道、增设辅助用室、加装冷风循环系统等。规范化的铅蓄电池企业基本遵循了国家有关建设项目职业病防护设施与主体工程同时设计、同时施工、同时投入生产和使用的原则，各类项目车间选址、总平面布置、卫生防护设施等基本符合《工业企业设计卫生标准》（GBZ 1—2010）卫生学要求。但部分企业仍有进一步完善的空间，主要表现在以下几个方面。

① 部分铅作业岗位铅烟、铅尘浓度不稳定，其原因可能包括：a. 部分局部排风系统排风罩控制风速低，不能有效收集作业岗位产生的铅烟或铅尘；b. 制粉车间熔铅炉密闭罩不严密，漏风面积大，造成铅烟逸散；c. 组装车间岗位设置密度过大，导致车间空气对流不畅，影响各岗位产生的铅烟、铅尘排出等。

② 存在噪声超标的情况，其原因可能为：车间内存在噪声较大的机器，如在操作位工作台旁安装的通风除尘装置的电动机组，制粉车间的熔铅炉和铸粒机，以及铸板车间的和膏机等，其在工作过程中均可产生噪声。

③ 部分企业在车间内设有茶水室，不符合《铅作业安全卫生规程》（GB 13746—2008）中"铅作业场所禁止吸烟、烤煮食物、饮食等"的规定。

④ 企业均设置了职业卫生管理机构，配备了专职人员，基本建立了职业卫生规章制度和操作规程、职业卫生档案和劳动者健康监护档案，制定了"职业安全卫生管理制度"，但部分作业人员未按要求佩戴口罩、耳塞，未穿工作服等，职业卫生管理制度落实有待进一步加强。

3.3.7　加强电池园区风险防控

近年来，我国逐步形成了电池产业园区的发展模式，如长兴、界首、高邮等地均形成了规模较大的铅蓄电池产业园。在重金属污染防治等工作的推动下，电池园区基础设施建立基本健全，如实行雨污分流、建立园区集中污水处理设施等。但仍有进一步优化空间，主要表现在以下几个方面。

① 区域环境容量有限，电池园区应严格项目准入门槛，园区铅污染物排放应采用减量置换原则。

② 园区基础设施建设需完善。如部分园区尚未实现集中供热，园区监控中心大数据平台需要完善，企业在线监测数据等信息未接入电池园区监控中心。

③ 园区应急处置能力需进一步提高。目前，园区环境应急体系建设不够完善，没有专业的环境应急队伍，缺乏应急装备和物资。园区和企业、企业和企业之间共同应对突发事件处理处置体系还未建成，所以企业在应对突发环境事件时，处理处置相对独立。

④ 园区监测能力有待加强。监测部门不能及时、有效地为园区提供技术支撑，尚未建立与园区配套的第三方监测机构。

3.3.8　规范废旧电池回收体系

随着铅蓄电池市场需求的增加，电池报废量也随之逐年增长。目前，废铅蓄电池收集利用不当引起的环境污染问题已经引起我国政府和社会公众的高度重视。国家陆续颁布了《关于印发〈废铅蓄电池污染防治行动方案〉的通知》（环办固体〔2019〕3 号）、《关于印发〈铅蓄电池生产企业集中收集和跨区域转运制度试点工作方案〉的通知》（环办固体〔2019〕5 号）等文件及相关环境保护标准。目前，我国废铅蓄电池收集利用仍存在以下几方面问题有待解决。

① 非法收集利用废铅蓄电池已形成产业链。废铅蓄电池流向非法小冶炼企业将造成

环境污染；合法企业废铅蓄电池处理能力大量闲置。应加强部门间联动，严厉打击非法犯罪行为。

② 严格执行再生铅行业规范条件和环保标准，并且避免低水平重复建设；加快再生铅行业的技术改造、兼并重组，扩大生产规模，采用先进的工艺技术和装备。

③ 废铅蓄电池相关法律法规亟须修订完善。积极推动生产者责任延伸制，依托销售网点建立收集网络。

第 4 章

铅蓄电池行业环境政策法规标准

4.1
环境保护法律

加强环境保护、防治环境污染是我国的一项基本国策。《中华人民共和国宪法》第二十六条规定，国家保护和改善生活环境和生态环境，防治污染和其他公害。

我国主要环境保护法律如下。

① 环境保护综合法：《中华人民共和国环境保护法》。

② 环境保护单行法：《中华人民共和国水污染防治法》《中华人民共和国大气污染防治法》《中华人民共和国土壤污染防治法》《中华人民共和国固体废物污染环境防治法》等。

③ 环境保护相关法：是指涉及环境保护的一些自然资源保护和其他有关部门法律，如《中华人民共和国水法》《中华人民共和国清洁生产促进法》等。

部分法律条文如表 4-1 所列。

表 4-1　部分法律条文

序号	法律	部分法律条文
1	《中华人民共和国环境保护法》	禁止将不符合农用标准和环境保护标准的固体废物、废水施入农田。施用农药、化肥等农业投入品及进行灌溉，应当采取措施，防止重金属和其他有毒有害物质污染环境
2	《中华人民共和国循环经济促进法》	对废电器电子产品、报废机动车船、废轮胎、废铅酸电池等特定产品进行拆解或者再利用，应当符合有关法律、行政法规的规定

序号	法律	部分法律条文
3	《中华人民共和国土壤污染防治法》	禁止向农用地排放重金属或者其他有毒有害物质含量超标的污水、污泥，以及可能造成土壤污染的清淤底泥、尾矿、矿渣等； 禁止将重金属或者其他有毒有害物质含量超标的工业固体废物、生活垃圾或者污染土壤用于土地复垦
4	《中华人民共和国固体废物污染环境防治法》	对危险废物的容器和包装物以及收集、贮存、运输、处置危险废物的设施、场所，必须设置危险废物识别标志。 产生危险废物的单位，必须按照国家有关规定制定危险废物管理计划，并向所在地县级以上地方人民政府环境保护行政主管部门申报危险废物的种类、产生量、流向、贮存、处置等有关资料
5	《中华人民共和国水污染防治法》	排放有毒有害水污染物的企业事业单位和其他生产经营者，应当对排污口和周边环境进行监测，评估环境风险，排查环境安全隐患，并公开有毒有害水污染物信息，采取有效措施防范环境风险。 禁止利用无防渗漏措施的沟渠、坑塘等输送或者存贮含有毒污染物的废水、含病原体的污水和其他废弃物。 含有毒有害水污染物的工业废水应当分类收集和处理，不得稀释排放
6	《中华人民共和国大气污染防治法》	排放前款规定名录中所列有毒有害大气污染物的企业事业单位，应当按照国家有关规定建设环境风险预警体系，对排污口和周边环境进行定期监测，评估环境风险，排查环境安全隐患，并采取有效措施防范环境风险。 企业事业单位和其他生产经营者应当按照国家有关规定和监测规范，对其排放的工业废气和本法第七十八条规定名录中所列有毒有害大气污染物进行监测，并保存原始监测记录。其中，重点排污单位应当安装、使用大气污染物排放自动监测设备，与生态环境主管部门的监控设备联网，保证监测设备正常运行并依法公开排放信息
7	《中华人民共和国清洁生产促进法》	新建、改建和扩建项目应当进行环境影响评价，对原料使用、资源消耗、资源综合利用以及污染物产生与处置等进行分析论证，优先采用资源利用率高以及污染物产生量少的清洁生产技术、工艺和设备。 产品和包装物的设计，应当考虑其在生命周期中对人类健康和环境的影响，优先选择无毒、无害、易于降解或者便于回收利用的方案。 使用有毒、有害原料进行生产或者在生产中排放有毒、有害物质的企业应当实施强制性清洁生产审核

注：1.《有毒有害水污染物名录（第一批）》规定，铅及铅化合物、镉及镉化合物为有毒有害水污染物。

2.《有毒有害大气污染物名录（2018 年）》规定，铅及其化合物为有毒有害大气污染物。

4.2
环境保护行政法规

　　环境保护行政法规是由国务院制定并公布或经国务院批准有关主管部门公布的环境保护规范性文件。与铅蓄电池行业相关的环境保护行政法规包括《建设项目环境保护管理条例》《危险化学品安全管理条例》等。部分法规条文如表4-2所列。

表 4-2　部分法规条文

序号	法规	部分法律条文
1	《建设项目环境保护管理条例》	建设产生污染的建设项目，必须遵守污染物排放的国家标准和地方标准；在实施重点污染物排放总量控制的区域内，还必须符合重点污染物排放总量控制的要求。 国家根据建设项目对环境的影响程度，按照相关规定对建设项目的环境保护实行分类管理。 建设项目需要配套建设的环境保护设施，必须与主体工程同时设计、同时施工、同时投产使用。 编制环境影响报告书、环境影响报告表的建设项目竣工后，建设单位应当按照国务院环境保护行政主管部门规定的标准和程序，对配套建设的环境保护设施进行验收，编制验收报告。 编制环境影响报告书、环境影响报告表的建设项目，其配套建设的环境保护设施经验收合格，方可投入生产或者使用；未经验收或者验收不合格的，不得投入生产或者使用
2	《危险化学品安全管理条例》	使用危险化学品的单位，其使用条件（包括工艺）应当符合法律、行政法规的规定和国家标准、行业标准的要求，并根据所使用的危险化学品的种类、危险特性以及使用量和使用方式，建立、健全使用危险化学品的安全管理规章制度和安全操作规程，保证危险化学品的安全使用

4.3
环境保护部门规章

4.3.1　产业结构调整指导目录

《产业结构调整指导目录（2019年本）》（中华人民共和国国家发展和改革委员会令　第29号）与铅蓄电池行业相关的要求如表4-3所列。

表 4-3　《产业结构调整指导目录（2019年本）》与铅蓄电池行业相关的要求

类别	相关要求
鼓励类	新型结构（双极性、铅布水平、卷绕式、管式等）密封铅蓄电池、铅碳电池； 铅蓄电池自动化、智能化生产线； 废旧动力蓄电池回收利用技术装备：自动化拆解技术装备、自动化快速分选成组技术装备
限制类	铅酸蓄电池生产中铸板、制粉、输粉、灌粉、和膏、涂板、刷板、配酸灌酸、外化成、称板、包板等人工作业工艺； 采用外化成工艺生产铅酸蓄电池
淘汰类	铅蓄电池生产用开放式熔铅锅、开口式铅粉机； 管式铅蓄电池干式灌粉工艺； 开口式普通铅蓄电池、干式荷电铅蓄电池； 含镉高于0.002%的铅蓄电池； 含砷高于0.1%的铅蓄电池

4.3.2 建设项目环境影响评价分类管理名录

《建设项目环境影响评价分类管理名录》(环境保护部令 第 44 号)对铅蓄电池制造项目的规定如表 4-4 所列。

表 4-4　《建设项目环境影响评价分类管理名录》对铅蓄电池制造项目的规定

项目类别		环评类别		
		报告书	报告表	登记表
78	电气机械及器材制造	有电镀或喷漆工艺且年用油性漆量(含稀释剂)10t 及以上的;铅蓄电池制造	其他(仅组装的除外)	仅组装的

4.3.3 国家危险废物名录

《国家危险废物名录(2021 年版)》(生态环境部令 第 15 号)于 2020 年 11 月 25 日发布,自 2021 年 1 月 1 日起实施。名录中与铅蓄电池行业相关的规定如表 4-5、表 4-6 所列。

表 4-5　《国家危险废物名录(2021 年版)》与铅蓄电池行业相关的规定

废物类型	行业来源	废物代码	危险废物	危险特性
HW31 含铅危险废物	电池制造	384-004-31	铅蓄电池生产过程中产生的废渣、集(除)尘装置收集的粉尘和废水处理污泥	T
	非特定行业	900-052-31	废铅蓄电池及废铅蓄电池拆解过程中产生的废铅板、废铅膏和酸液	T、C
HW48 有色金属冶炼废物	常用有色金属冶炼	321-029-48	铅再生过程中集(除)尘装置收集的粉尘和湿法除尘产生的废水处理污泥	T

表 4-6　《国家危险废物名录(2021 年版)》豁免管理清单中铅蓄电池行业相关规定

废物类别/代码	危险废物	豁免环节	豁免条件	豁免内容
生活垃圾中的危险废物	家庭日常生活或者为日常生活提供服务的活动中产生的废铅蓄电池	全部环节	未集中收集的家庭日常生活中产生的生活垃圾中的危险废物	全过程不按危险废物管理
		收集	按照各市、县生活垃圾分类要求,纳入生活垃圾分类收集体系进行分类收集,且运输工具和暂存场所满足分类收集体系要求	从分类投放点收集转移到所设定的集中贮存点的收集过程不按危险废物管理
900-052-31	未破损的废铅蓄电池	运输	运输工具满足防雨、防渗漏、防遗撒要求	不按危险废物进行运输

4.4
环境保护标准

4.4.1 国家标准

4.4.1.1 电池工业污染物排放标准

《电池工业污染物排放标准》（GB 30484—2013）于 2013 年 12 月 27 日颁布，2014 年 3 月 1 日实施。该标准规定了电池工业企业水污染物和大气污染物排放限值、监测和监控要求，以及标准的实施与监督等相关规定。铅蓄电池行业水污染物直接排放限值如表 4-7 所列。

表 4-7 水污染物直接排放限值 单位：mg/L，pH 值除外

污染物		标准限值	
		新建企业排放限值	特别排放限值
总铅		0.5	0.1
总镉		0.02	0.01
COD_{Cr}		70	50
SS		50	10
总磷		0.5	0.5
总氮		15	15
氨氮		10	8
pH 值		6～9	6～9
基准排水量 /[m³/(kVA·h)]	极板制造+组装	0.20	0.15
	极板制造	0.18	0.13
	组装	0.025	0.02

注：1. 地方排放标准严于国家标准时，应执行地方标准。

2. 地方可根据区域环境和管理要求，制定更严格的排放标准。

3. 总铅、总镉属于第一类污染物，应在车间或车间处理设施排放口进行监控。铅蓄电池企业各车间生产废水、车间内洗浴废水、洗衣废水等按含铅废水统一处理，其废水处理设施排放口可视为车间处理设施排放口。

4. 以水污染物实测浓度作为判定排放是否达标的依据。

5. 环境敏感区执行特别排放限值。

知识要点

《建设项目环境影响评价分类管理名录》（环境保护部令 第 44 号）第三条对"环境敏感区"的范围做出了明确规定，主要包括：

---

① 自然保护区、风景名胜区、世界文化和自然遗产地、海洋特别保护区、饮用水水源保护区;

② 基本农田保护区、基本草原、森林公园、地质公园、重要湿地、天然林、野生动物重要栖息地、重点保护野生植物生长繁殖地、重要水生生物的自然产卵场、索饵场、越冬场和洄游通道、天然渔场、水土流失重点防治区、沙化土地封禁保护区、封闭及半封闭海域;

③ 以居住、医疗卫生、文化教育、科研、行政办公等为主要功能的区域,以及文物保护单位。

此外,在国土开发密度已经较高、环境承载能力开始减弱,或环境容量较小、生态环境脆弱,容易发生严重环境污染问题而需要采取特别保护措施的地区,应执行特别排放限值。执行特别排放限值的地域范围、时间,由国务院环境保护行政主管部门或省级人民政府规定。

铅蓄电池行业大气污染物排放限值及企业边界大气污染物浓度限值如表4-8所列。

表4-8　大气污染物排放限值及企业边界大气污染物浓度限值　　单位:mg/m^3

污染物	新建企业排放限值	企业边界大气污染物浓度限值
硫酸物	5	0.3
铅及其化合物	0.5	0.001
颗粒物	30	0.3

注:1. 地方排放标准严于国家标准时,应执行地方标准。

2. 地方可根据区域环境和管理要求,制定更严格的排放标准。

3. 部分地区除监测大气污染物排放浓度外,仍需监测排放速率。

4. 产生大气污染物的生产工艺和装置必须设立局部或整体气体收集系统及集中净化处理装置,净化后的气体由排气筒排放,所有排气筒高度应不低于15m。

5. 生产设施应采取合理的通风措施,不得故意稀释排放。与《大气污染物综合排放标准》(GB 16297—1996)相比,虽然《电池工业污染物排放标准》(GB 30484—2013)取消了排放速率的要求,但通过严格控制企业边界大气污染物浓度,可以达到控制排放总量的目的。

4.4.1.2　工业企业厂界环境噪声排放标准

《工业企业厂界环境噪声排放标准》(GB 12348—2008)于2008年8月19日颁布,2008年10月1日实施。该标准规定了工业企业和固定设备厂界噪声排放限值及测量方法,部分要求如表4-9所列。

表4-9　工业企业厂界环境噪声排放限值　　单位:dB(A)

边界处声环境功能区类型	时段	
	昼间	夜间
0	50	40
1	55	45
2	60	50
3	65	55
4	70	55

4.4.1.3　电池行业清洁生产评价指标体系

《电池行业清洁生产评价指标体系》（国家发展和改革委员会、环境保护部、工业和信息化部　2015 年第 36 号公告）于 2015 年 12 月 31 日颁布实施。该指标体系规定了电池企业清洁生产的一般要求。指标体系将清洁生产指标分为六类，即生产工艺及设备要求、资源和能源消耗指标、资源综合利用指标、产品特征指标、污染物产生（控制）指标和清洁生产管理指标。

铅蓄电池部分评价指标如表 4-10 所列。

表 4-10　铅蓄电池评价指标项目、权重及基准值

序号	一级指标	一级指标权重	二级指标		单位	二级指标权重	Ⅰ级基准值	Ⅱ级基准值	Ⅲ级基准值
1	生产工艺及设备要求	0.2	铅粉制造			0.1	铅锭冷加工造粒技术		熔铅造粒技术
2			和膏			0.05	自动全密封和膏机		
3			涂膏			0.05	自动涂膏技术与设备/灌浆或挤膏工艺		
4			板栅铸造			0.1	车间、熔铅锅封闭；采用连铸辊式、拉网式板栅和卷绕式电极等先进技术		车间、熔铅锅封闭；采用集中供铅重力浇铸技术
5			化成			0.1	内化成		外化成
						0.15	车间封闭；酸雾收集处理；废酸回收利用		车间封闭；酸雾收集处理；外化成槽封闭
						0.1	能量回馈式充电机		电阻消耗式充电机
6			极板分离			0.1	整体密封；采用机械化分板刷板（耳）工艺		
7			组装			0.15	采用机械化包板、称板设备；采用自动烧焊机或铸焊机等自动化生产设备		
8			配酸和灌酸（配胶与灌胶）			0.1	密闭式自动灌酸机（灌胶机）		
9	资源和能源消耗指标	0.2	*取水量	起动型铅蓄电池	m³/(kVA·h)	0.4	0.08	0.10	0.12
				动力用铅蓄电池			0.09	0.10	0.11
				工业用铅蓄电池			0.13	0.15	0.17
				组装			0.02	0.022	0.025
10			*综合能耗	起动型铅蓄电池	kgce/(kVA·h)	0.4	4.5	4.8	5.3
				动力用铅蓄电池			4.2	4.8	5.0
				工业用铅蓄电池			3.8	4.2	4.5
				组装			1.8	2.2	2.4

序号	一级指标	一级指标权重	二级指标		单位	二级指标权重	Ⅰ级基准值	Ⅱ级基准值	Ⅲ级基准值
11	资源和能源消耗指标	0.2	铅消耗量	起动型铅蓄电池	kg/(kVA·h)	0.2	18	19	20
				动力用铅蓄电池			21	22	24
				工业用铅蓄电池			20	21	22
12	资源综合利用指标	0.1	水重复利用率		%	1	85	75	65
13	产品特征指标	0.1	*产品镉含量		mg/L	1	20		
14	污染物控制指标	0.2	*废水产生量	起动型铅蓄电池	m³/(kVA·h)	0.2	0.07	0.09	0.11
				动力用铅蓄电池			0.08	0.09	0.10
				工业用铅蓄电池			0.11	0.13	0.15
				组装			0.015	0.02	0.022
15			*废水总铅产生量	起动型铅蓄电池	g/(kVA·h)	0.3	0.2	0.26	0.32
				动力用铅蓄电池			0.25	0.27	0.3
				工业用铅蓄电池			0.3	0.4	0.45
				组装			0.03	0.04	0.05
16			*废气总铅控制量	铅蓄电池	g/(kVA·h)	0.5	0.06	0.1	0.12
				组装			0.02	0.04	0.05

注：带*的指标为限定性指标。

4.4.1.4 环保设施运行技术规范

《铅酸蓄电池环保设施运行技术规范 第 1 部分：铅尘、铅烟处理系统》（GB/T 32068.1—2015）、《铅酸蓄电池环保设施运行技术规范 第 2 部分：酸雾处理系统》（GB/T 32068.2—2015）、《铅酸蓄电池环保设施运行技术规范 第 3 部分：废水处理系统》（GB/T 32068.3—2015）于 2015 年 10 月 9 日发布。三项标准结合铅蓄电池行业实际情况，较为系统地规定了废气、废水处理系统的设计、施工、验收和运行要求。三项标准部分技术内容如表4-11 所列。

4.4.1.5 铅作业安全卫生规程

《铅作业安全卫生规程》（GB 13746—2008）于 2008 年 12 月 23 日颁布，2009 年 12 月 1 日实施。该标准对铅蓄电池行业的部分规定如下。

表 4-11　环保设施运行技术规范部分技术内容

序号	标准名称	部分技术内容
1	铅酸蓄电池环保设施运行技术规范　第 1 部分：铅尘、铅烟处理系统	铅酸蓄电池工业除尘器可选用袋式除尘器、滤筒除尘器、电除尘器、湿式除尘器、高效过滤器、重力沉降器和旋风除尘器。 集气罩一般形式有侧吸、上吸、下吸及密封开口吸。对于铅烟一般应采取侧吸、下吸、密封开口吸，对于铅尘应采用下吸、侧吸及密封开口吸
2	铅酸蓄电池环保设施运行技术规范　第 2 部分：酸雾处理系统	酸雾收集装置的吸罩的结构形状应适应废酸雾的收集，对于充电化成工位以封闭式为宜，基本原则是对收集装置封闭的空间形成微负压，降低排风量，避免废气外溢。 酸雾收集后，经酸雾净化器进行处理，净化装置吸收液为稀碱液（2%～8%的 NaOH）
3	铅酸蓄电池环保设施运行技术规范　第 3 部分：废水处理系统	污水处理设施主要包括污水调节池、生化池、中和沉淀池、斜板沉淀池、过滤器、超滤器、反渗透装置、浓水反渗透装置、防腐泵、阀门及相应的连接管路等

① 熔铅锅应设置密闭式排风净化装置。无法密闭时，铅液表面应加覆盖层。

② 铸球（条）机、分片机、灌粉工作台、自动焊机和手工焊台、装配工作台等应设置局部排风净化装置。

③ 球磨机应整体密闭，并设置收尘净化装置。

④ 铅粉的收集和输送设备应密闭，其进、出料口应设置局部排风净化装置。

⑤ 和膏工序应采用湿法，湿法以外的方法应设置局部排风净化装置。

⑥ 化成酸槽应设置局部排风净化装置。

⑦ 熔铅锅应设置自动控温或超温报警装置。

⑧ 装填过铅粉、铅膏的极板，吊装搬运时应设置铅粉收集装置。

4.4.1.6　工作场所有害因素职业接触限值

《工作场所有害因素职业接触限值　第 1 部分：化学有害因素》（GBZ 2.1—2019）于 2019 年 8 月 27 日发布，2020 年 4 月 1 日实施。该标准规定了工作场所职业接触化学有害因素的卫生要求、检测评价及控制原则。该标准与铅蓄电池行业相关的规定如表 4-12 所列。

表 4-12　工作场所空气中化学有害因素职业接触限值

中文名	化学文摘号（CAS 号）	OELs/(mg/m³)			临界不良健康效应
		MAC	PC-TWA	PC-STEL	
铅尘	7439-92-1（Pb）	—	0.05	—	中枢神经系统损害；周围神经损害；血液学效应
铅烟		—	0.03	—	

注：OELs 为职业接触限值；MAC 为最高容许浓度；PC-TWA 为时间加权平均容许浓度；PC-STEL 为短时间接触容许浓度。

4.4.1.7　职业性慢性铅中毒诊断标准

《职业性慢性铅中毒的诊断》（GBZ 37—2015）于 2015 年 12 月 15 日发布，2016 年 5 月 1 日实施。该标准规定了职业性慢性铅中毒的诊断原则、诊断分级和处理原则。诊断分级如表 4-13 所列。

表 4-13　诊断分级

分级	标准
轻度中毒	血铅≥2.9μmol/L（600μg/L），或尿铅≥0.58μmol/L（120μg/L），且具有下列一项表现者： ① 红细胞锌原卟啉（ZPP）≥2.91μmol/L（13.0μg/gHb）（见 WS/T 92）； ② 尿-δ-氨基-γ-酮戊酸≥61.0μmol/L（8000μg/L）（见 WS/T 92）； ③ 有腹部隐痛、腹胀、便秘等症状。 络合剂驱排后尿铅≥3.86μmol/L（800μg/L）或 4.82μmol/24h（1000μg/24h）者，可诊断为轻度铅中毒
中度中毒	在轻度中毒的基础上，具有下列一项表现者： ① 腹绞痛； ② 贫血； ③ 轻度中毒性周围神经病，参见《职业性慢性化学物中毒性周围神经病的诊断》（GBZ/T 247—2013）
重度中毒	在中度中毒的基础上，具有下列一项表现者： ① 铅麻痹； ② 中毒性脑病

4.4.1.8　废铅酸蓄电池回收技术规范

《废铅酸蓄电池回收技术规范》（GB/T 37281—2019）于 2019 年 3 月 25 日发布，2019 年 10 月 1 日实施。该标准规定了社会流通领域废铅酸蓄电池的收集、贮存、运输、转移等环节的运行技术及管理要求。部分技术要求如表 4-14 所列。

表 4-14　《废铅酸蓄电池回收技术规范》部分技术要求

环节	技术要求
收集	废电池应处于独立状态，带有连接线（条）的应将连接线（条）拆除
暂时贮存	具有独立的集中场地和足够的贮存空间。 地面应进行耐酸防渗处理。 配备相应的废电池存放装置、耐酸塑料容器以及用于收集废酸的装置
运输	运输车辆应做简单防腐防渗处理，配备耐酸存储容器。 运输前完整电池应在托盘上码放整齐，并用塑料薄膜包装完善，破损废电池及电解液应单独存放在耐酸存储器中，不得混装
集中贮存	贮存规模应与贮存场所的容量相匹配，贮存场所面积应不小于 500m²，废电池贮存时间不应超过 1 年。 贮存场所应划分装卸区、暂存区、完整废电池存放区和破损废电池存放区，并做好标识。 贮存场所应有废水收集系统，以便对搬运过程废电池溢出的液体进行收集
转移	废电池转移过程应采用符合《道路运输危险货物车辆标志》（GB 13392—2005）、《危险货物运输车辆结构要求》（GB 21668—2008）要求的危险货物车辆运输，并应严格按照最新版《危险废物转移联单管理办法》的相关要求执行

4.4.2　地方标准

4.4.2.1　上海市铅蓄电池行业大气污染物排放标准

上海地方标准《铅蓄电池行业大气污染物排放标准》（DB 31/603—2012）规定了铅蓄电池生产企业（含生产设施）大气污染物排放限值、监测和监控要求，以及标准的实施与监督等相关规定。具体指标如表 4-15 所列。

表 4-15　排气筒污染物排放限值及企业边界无组织排放监控浓度限值

序号	污染物	最高允许排放浓度 /(mg/m³)	最高允许排放速率 /(kg/h)	无组织排放监控浓度限值 /(mg/m³)
1	铅及其化合物	0.1	0.0025	0.001
2	硫酸雾	5	1.1	0.3
3	颗粒物	20	0.5	0.3

4.4.2.2　天津市铅蓄电池工业污染物排放标准

天津市地方标准《铅蓄电池工业污染物排放标准》（DB 12/856—2019）于 2019 年 1 月 9 日颁布，2019 年 2 月 1 日实施。该标准规定了铅蓄电池生产企业（含生产设施）水污染物、大气污染物排放限值、监测和控制要求，以及标准实施与监督等相关规定。标准部分规定如表 4-16～表 4-18 所列。

表 4-16　水污染物排放限值

序号	污染物	排放限值/(mg/L，pH 值除外)			污染物排放监控位置
		一级	二级	三级	
1	pH 值（无量纲）	6～9	6～9	6～9	企业废水总排放口
2	化学需氧量	30	40	150	
3	悬浮物	10	10	50	
4	总氮	10	15	40	
5	氨氮（以 N 计）①	1.5（3.0）	2.0（3.5）	30	
6	总磷（以 P 计）	0.3	0.4	2.0	
7	总铅	0.05	0.1	0.3	车间或车间处理设施排放口
8	总镉	0.005	0.01	0.02	

① 每年 11 月 1 日至次年 3 月 31 日执行括号内的排放限值。

表 4-17　单位产品基准排水量限值

序号	生产工艺类型	单位产品基准排水量/[m³/(kVA·h)]	污染物排放监控位置
1	极板制造+组装	0.15	企业废水总排放口
2	极板制造	0.13	
3	组装	0.02	

表 4-18　大气污染物排放限值及企业边界无组织排放小时浓度限值

序号	污染物	最高允许排放浓度/(mg/m³)	无组织排放小时浓度限值/(mg/m³)
1	铅及其化合物	0.3	0.001
2	硫酸雾	5	0.3
3	颗粒物	10	0.3

同时，本标准还提出了大气污染物有组织和无组织排放控制要求，具体规定如下。

① 有组织废气污染控制要求。各生产工序产生的废气必须收集、处理达标后方可排放；熔铅、板栅、制粉、和膏、分片、称片、叠片、组装等工序产生的含铅废气，应采用符合《空

气过滤器》（GB/T 14295—2019）要求的高效空气过滤器或其他更先进的除尘设施进行处理。

② 无组织废气污染控制要求。所有涉铅生产工序应集中布置在独立、封闭的车间内。厂房设置机械排风，维持负压运行，排风需经过废气处理装置处理。

③ 污染治理设施运行与管理要求。企业应加强对污染治理设施的运行管理和定期维护，并做好记录，保留台账备查。

4.4.2.3　江苏省铅蓄电池工业大气污染物排放限值

江苏省地方标准《铅蓄电池工业大气污染物排放限值》（DB 32/3559—2019）于 2019年 2 月 12 日颁布，2019 年 4 月 1 日实施。该标准规定了铅蓄电池生产企业（含生产设施）大气污染物的排放控制要求、监测要求以及运营管理与监控、实施与监督等内容。标准部分规定如表 4-19、表 4-20 所列。

表 4-19　排气筒污染物排放限值

序号	污染物	排放限值/(mg/m³)	单位产品基准排气量/[m³/(10⁴kVA·h)]		监控位置
1	铅及其化合物	0.35	极板制造+组装	$2.81×10^6$	车间或车间处理设施排气筒
			极板制造	$1.97×10^6$	
			组装	$8.42×10^5$	
2	硫酸雾	5	—	—	
3	颗粒物	20	—	—	

注：1. 单位产品基准排气量仅适用于极板制造和组装工段的铅及其化合物排放计算。

2. 单位产品基准排气量不作为达标排放的判定依据，只作为计算大气污染物基准排气量排放浓度的依据。

表 4-20　企业边界无组织排放监控浓度限值

序号	污染物	监控浓度限值/(mg/m³)	监控位置
1	铅及其化合物	0.001	按照《大气污染物综合排放标准》（GB 16297—1996）和《大气污染物无组织排放监测技术导则》（HJ/T 55—2017）的规定执行
2	硫酸雾	0.3	

4.4.2.4　山东省铅酸蓄电池全生命周期污染防治技术规范

山东省地方标准《铅酸蓄电池全生命周期污染防治技术规范》（DB37/T 1931—2018）于 2018 年 8 月 17 日颁布，2018 年 9 月 17 日实施。该标准规定了山东省境内铅酸蓄电池的设计、生产、销售、使用、收集、转移、贮存、再生处理等全生命周期污染防治的技术要求。以生产工艺过程污染控制技术为例，该标准部分技术要求如表 4-21 所列。

表 4-21　生产工艺过程污染控制技术要求

序号	工序	技术要求
1	极板生产（涂膏式铅酸蓄电池）	极板生产过程应使用自动温控熔铅锅。 制粉工序应采用全自动密封式铅粉机，熔铅炉除进料口外应封闭，并与铅烟处理设施连接；铅粉机从铅粒到铅粉的加工过程应封闭并与铅尘处理设施连接；铅粉的输送过程应密闭；鼓励采用机械冷切造粒，减少铅尘、铅烟。 合金工序熔铅锅除进料口外应封闭，并与铅烟处理设施连接；鼓励使用铅减渣剂，产生的铅渣应定点收集存放，及时回收。

序号	工序	技术要求
1	极板生产（涂膏式铅酸蓄电池）	铸板工序应设在封闭车间内并使用自动温控铸板机；板栅重力浇铸应采用集中供铅技术；铸板机配套的熔铅炉加料口在不加料时应封闭，并与铅烟处理设施连接；鼓励采用拉网、连铸连轧等扩展式板栅制造技术以及低温熔铅等铅带制造技术；产生的不合格板栅和边角料应定点收集存放，全部回用。
		和膏工序（含加料）鼓励采用智能型密闭负压和膏机，进粉及和膏过程应封闭并与铅尘、硫酸雾收集处理装置连接；外泄的铅膏应及时回收处置。
		涂板工序应采用自动涂板机并配备废液自动收集系统；外泄的铅膏应及时回收处置，废水应收集处理。
		极板分片工序应设在封闭车间内并采用自动分片机；分片机、打磨机应封闭，配备负压集气罩，并与铅尘处理设施连接；产生的废极板、废极耳应及时回收
2	组装	鼓励采用极板自动称片及叠片设备，称片机、叠片机应配备集气罩，并与铅尘处理设施连接。
		组装工序鼓励采用自动烧焊或多工位铸焊（四工位以上）自动化装配线生产工艺与设备，铸焊机或烧焊机应配备集气罩并与铅烟处理设施连接。废极板应集中收集处置
3	成品制造	制水工序产生的浓水应尽量回收利用，剩余部分应收集处理后达标排放。
		供酸工序地面应进行防腐处理，应采用自动配酸、密闭式酸液输送和自动灌酸，并配备废液自动收集系统。
		化成工序应在封闭车间内并采用内化成工艺；车间内应配备硫酸雾收集处理装置；电池清洗工序废水应收集处理后回用

4.4.3 行业标准

4.4.3.1 排污许可证申请与核发技术规范 电池工业

《排污许可证申请与核发技术规范 电池工业》（HJ 967—2018）于 2018 年 9 月 23 日颁布实施。该标准规定了电池工业排污许可证申请与核发的基本情况填报要求、许可排放限值确定、实际排放量核算、合规判定的技术方法，以及自行监测、环境管理台账与排污许可证执行报告等环境管理要求，提出了电池工业污染防治可行技术要求。该标准对铅蓄电池行业的部分要求介绍如下。

① 废气铅及其化合物年许可排放量如表 4-22 所列。

表 4-22 铅蓄电池企业废气中铅及其化合物排放绩效　单位：g/(kVA·h)

序号	企业类型	废气中铅的排放绩效
1	极板制造+组装	0.1
2	极板制造	0.06
3	组装	0.04

② 铅蓄电池工业废气治理可行技术如表 4-23 所列。

表 4-23 铅蓄电池工业废气治理可行技术

污染源	主要污染物	可行技术
铅蓄电池	铅及其化合物	袋式除尘；静电除尘；袋式除尘与湿式除尘组合工艺；两级湿式除尘、滤筒除尘；高效过滤除尘的组合工艺
	硫酸雾	物理捕集过滤法；化学喷淋吸收；物理捕集过滤+化学喷淋组合工艺

③ 铅蓄电池工业排污单位无组织排放环节及控制要求如表 4-24 所列。

表 4-24　铅蓄电池排污单位无组织排放控制要求

序号	生产单元	无组织排放控制要求
1	原料系统	原料的运输、贮存和备料等过程应采取措施防止物料扬撒，不应露天堆放原料及中间产品
2	板栅铸造	封闭车间内进行，产生烟尘的部位设局部负压设施，收集的废气进入废气处理设施
3	分片、刷片	保持在局部负压条件下生产
4	灌粉（管式电极）	采用自动挤膏机或封闭式全自动负压灌粉机
5	极板化成	在封闭车间内，配备硫酸雾收集处理装置
6	称片、包片	保持在局部负压条件下生产
7	焊接	保持在局部负压条件下生产

4.4.3.2　废铅蓄电池处理污染控制技术规范

《废铅蓄电池处理污染控制技术规范》（HJ 519—2020）于 2020 年 3 月 26 日颁布实施。该标准规定了废铅蓄电池收集、贮存、运输、利用和处置过程的污染控制要求，部分要求如表 4-25 所列。

表 4-25　废铅蓄电池收集、运输和贮存的部分要求

环节	要求
收集	铅蓄电池生产企业应采取自主回收、联合回收或委托回收模式，通过企业自有销售渠道或再生铅企业、专业收集企业在消费末端建立的网络收集废铅蓄电池，可采用"销一收一"等方式提高收集率。再生铅企业可通过自建，或者与专业收集企业合作，建设网络收集废铅蓄电池。 收集企业可在收集区域内设置废铅蓄电池收集网点，建设废铅蓄电池集中转运点，以利于中转
运输	废铅蓄电池运输企业应执行国家有关危险货物运输管理的规定，具有对危险废物包装发生破裂、泄漏或其他事故进行处理的能力。运输废铅蓄电池应采用符合要求的专用运输工具。公路运输车辆应按《道路运输危险货物车辆标志》（GB 13392—2005）的规定悬挂相应标志；铁路运输及水路运输时，应在集装箱外按《危险货物包装标志》（GB 190—2009）的规定悬挂相应标志。满足国家交通运输、环境保护相关规定条件的废铅蓄电池，豁免运输企业资质、专业车辆和从业人员资格等道路危险货物运输管理要求。 废铅蓄电池运输企业应制定详细的运输方案及路线，并制定事故应急预案，配备事故应急及个人防护设备，以保证在收集、运输过程中发生事故时能有效防止对环境的污染。 废铅蓄电池运输时应采取有效的包装措施，破损的废铅蓄电池应放置于耐腐蚀的容器内，并采取必要的防风、防雨、防渗漏、防遗撒措施
贮存	基于废铅蓄电池收集过程的特殊性及其环境风险，分为收集网点暂存和集中转运点贮存两种方式。 收集网点暂存时间应不超过 90d，质量应不超过 3t；集中转运点贮存时间最长不超过 1 年，贮存规模应小于贮存场所的设计容量。 废铅蓄电池集中转运点贮存设施应开展环境影响评价，并参照《危险废物贮存控制标准》（GB 18597—2001）的有关要求进行建设和管理，应符合以下要求：①应防雨，必须远离其他水源和热源；②面积不少于 30m²，有硬化地面和必要的防渗措施；③应设有截流槽、导流沟、临时应急池和废液收集系统；④应配备通信设备、计量设备、照明设施、视频监控设施；⑤应设立警示标志，只允许收集废铅蓄电池的专门人员进入；⑥应有排风换气系统，保证良好通风；⑦应配备耐腐蚀、不易破损变形的专用容器，用于单独分区存放开口式废铅蓄电池和破损的密闭式免维护废铅蓄电池

4.4.3.3　铅蓄电池生产及再生污染防治技术政策

《铅蓄电池生产及再生污染防治技术政策》（环境保护部　2016 年第 82 号公告）于 2016 年 12 月 26 日发布。该文件对铅蓄电池生产环节的污染防治要求如表 4-26 所列。

表 4-26　铅蓄电池生产环节的污染防治要求

控制环节	污染防治要求
源头控制与生产过程污染防控	铅蓄电池企业原料的运输、贮存和备料等过程应采取措施，防止物料扬撒，不应露天堆放原料及中间产品。 优化铅蓄电池产品的生态设计，逐步减少或淘汰铅蓄电池中镉、砷等有毒有害物质的使用。 铅蓄电池生产过程中的熔铅、铸板及铅零件工序应在封闭车间内进行，产生烟尘的部位应设局部负压设施，收集的废气进入废气处理设施。根据产品类型的不同，应采用连铸连轧、连冲、拉网、压铸或者集中供铅（指采用一台熔铅炉为两台以上铸板机供铅）的重力浇铸板栅制造技术。铅合金配制与熔铅过程鼓励使用铅减渣剂，以减少铅渣的产生量。 铅粉制造工序应采用全自动密封式铅粉机；和膏工序（包括加料）应使用自动化设备，在密闭状态下生产；涂板及极板传送工序应配备废液自动收集系统；生产管式极板应使用自动挤膏机或封闭式全自动负压灌粉机。 分板、刷板（耳）工序应设在封闭的车间内，采用机械化分板、刷板（耳）设备，保持在局部负压条件下生产；包板、称板、装配、焊接工序鼓励采用自动化设备，并保持在局部负压条件下生产，鼓励采用无铅焊料。 供酸工序应采用自动配酸、密闭式酸液输送和自动灌酸；应配备废液自动收集系统并进行回收或处置。 化成工序鼓励采用内化成工艺，该工序应设在封闭车间内，并配备硫酸雾收集处理装置。新建企业应采用内化成工艺
大气污染防治	鼓励采用袋式除尘、静电除尘或袋式除尘与湿式除尘（如水幕除尘、旋风除尘）等组合工艺处理铅烟；鼓励采用袋式除尘、静电除尘、滤筒除尘等组合工艺技术处理铅尘。鼓励采用高密度小孔径滤袋、微孔膜复合滤料等新型滤料的袋式除尘器及其他高效除尘设备。应采取严格措施控制废气无组织排放
水污染防治	废水收集输送应雨污分流，生产区内的初期雨水应进行单独收集和处理。生产区地面冲洗水、厂区内洗衣废水和淋浴水应按含铅废水处理，收集后汇入含铅废水处理设施，处理后达标排放或循环利用，不得与生活污水混合处理。 含重金属生产废水，应在其产生车间或生产设施进行分质处理或回用，经处理后实现车间、处理设施和总排口的一类污染物的稳定达标；其他污染物在厂区总排放口应达到法定要求排放；鼓励生产废水全部循环利用。 含重金属废水，按照其水质及排放要求，可采用化学沉淀法、生物制剂法、吸附法、电化学法、膜分离法、离子交换法等组合工艺进行处理

4.4.3.4　废电池污染防治技术政策

《废电池污染防治技术政策》（环境保护部　2016 年第 82 号公告）于 2016 年 12 月 26 日发布。该文件对废铅蓄电池污染防治的要求如下。

① 逐步建立废铅蓄电池的收集、运输、贮存、利用、处置过程的信息化监管体系，鼓励采用信息化技术建设废电池的全过程监管体系。

② 废铅蓄电池的贮存场所应防止电解液泄漏。废铅蓄电池的贮存应避免遭受雨淋水浸。

③ 废铅蓄电池利用企业的废水、废气排放应执行《再生铜、铝、铅、锌工业污染物排放标准》（GB 31574—2015）。

4.4.3.5　铅酸蓄电池单位产品能源消耗限额

《铅酸蓄电池单位产品能源消耗限额》（JB/T 12345—2015）于 2015 年 10 月 10 日颁布，2016 年 3 月 1 日实施。铅酸蓄电池企业单位产品能耗限额限定值如表 4-27 所列。

表 4-27　铅酸蓄电池企业单位产品能耗限额限定值

序号	产品分类	能耗限额限定值/[kgce/(kVA·h)]
1	起动类蓄电池	8.32
2	动力类蓄电池	12.00

序号	产品分类	能耗限额限定值/[kgce/(kVA · h)]
3	浮充类蓄电池	10.24
4	储能类蓄电池	10.88
5	生极板	3.15
6	极板	6.60

注：单一组装蓄电池企业应扣除极板能耗。

4.4.4　团体标准

　　根据国家绿色制造相关精神，相关协会、联盟开展团体标准的制定工作。铅蓄电池行业已颁布实施的环境保护团体标准有《绿色设计产品评价技术规范 铅酸蓄电池》（T/CAGP 0022—2017）、《绿色工厂评价技术要求 铅酸蓄电池》（T/CEEIA 351—2019）等。

4.4.4.1　绿色设计产品评价技术规范　铅酸蓄电池

　　《绿色设计产品评价技术规范 铅酸蓄电池》（T/CAGP 0022—2017）于 2017 年 9 月 18 日颁布实施。该标准规定了铅酸蓄电池绿色设计产品的评价要求、生命周期评价报告编制方法和评价要求。铅酸蓄电池评价指标包括资源属性指标、能源属性指标、环境属性指标和产品属性指标，具体要求如表 4-28 所列。

表 4-28　铅酸蓄电池绿色产品评价指标要求

一级指标	二级指标		单位	指标方向	基准值
资源属性	单位产品铅消耗量	起动型	kg/(kVA · h)	≤	18
		动力型			21
		工业型			20
	单位产品取水量	起动型	m³/(kVA · h)	≤	0.08
		动力型			0.09
		工业型			0.13
	产品再生铅使用率		%	≥	35
	废铅酸蓄电池可回收率	塑料	%	≥	99
		铅		=	100
	可回收利用标识		—	—	产品及零部件可回收利用标识符合《产品及零部件可回收利用标识》（GB/T 23384—2009）规定要求
能源属性	单位产品综合能耗	起动型	kgce/(kVA · h)	≤	4.5
		动力型			4.2
		工业型			3.8
环境属性	产品有害物质含量	砷	%	≤	0.1
		镉			0.002
		汞			0.0005

一级指标	二级指标		单位	指标方向	基准值
环境属性	包装及包装材料		—	—	包装材质为纸盒（袋）者，推荐优先使用回收纸混合模式，满足《限制商品过度包装通则》（GB/T 31268—2014）相关要求
			—	—	不得使用氢氟氯化碳作为发泡剂
			—	—	包装和包装材料中重金属铅、镉、汞和六价铬的总量不得超过 100mg/kg
			—	—	应按照《包装回收标志》（GB/T 18455—2010）进行标示
	单位产品废气总铅产生量	起动型	g/(kVA·h)	≤	0.06
		动力型			0.06
		工业型			0.06
	单位产品废水总铅产生量	起动型	g/(kVA·h)	≤	0.2
		动力型			0.25
		工业型			0.3
产品属性	循环寿命	起动型	次	≥	220
		动力型			450
	产品安全性	起动型	—	—	产品符合《起动用铅酸蓄电池 第1部分：技术条件和试验方法》（GB/T 5008.1—2013）安全性要求
		动力型			产品符合《电动助力车用阀控式铅酸蓄电池 第1部分：技术条件》（GB/T 22199.1—2017）安全性要求
		工业型			固定型阀控式铅酸蓄电池产品符合《固定型阀控式铅酸蓄电池 第1部分：技术条件》（GB/T 19638.1—2014）安全性要求，储能用铅酸蓄电池符合《储能用铅酸蓄电池》（GB/T 22473—2008）安全性要求，电动道路车辆用铅酸蓄电池符合《电动道路车辆用铅酸蓄电池 第1部分：技术条件》（GB/T 32620.1—2016）安全性要求

4.4.4.2 绿色工厂评价技术要求 铅酸蓄电池

《绿色工厂评价技术要求 铅酸蓄电池》（T/CEEIA 351—2019）于 2019 年 1 月 29 日颁布实施。该标准规定了铅酸蓄电池行业绿色工厂评价的基本原则、评价指标体系及要求、评价程序。评价要求包括基本要求、基础设施、管理体系、能源与资源投入、产品、环境排放、绩效等指标。以环境排放为例，具体要求如表 4-29 所列。

表 4-29 铅酸蓄电池绿色工厂环境排放指标要求

一级指标	二级指标	要求条款
环境排放	水污染物	工厂水污染物排放浓度符合《电池工业污染物排放标准》（GB 30484—2013）及地方标准要求，污染物排放量符合总量控制、排污许可、环境影响评价文件及其批复等规定
		工厂对含盐废水进行有效处理，符合《污水排入城镇下水道水质标准》（GB/T 31962—2015）排放要求

一级指标	二级指标	要求条款
环境排放	大气污染物	工厂大气污染物排放浓度符合《电池工业污染物排放标准》（GB 30484—2013）及地方标准要求，污染物排放量符合总量控制、排污许可、环境影响评价文件及其批复等规定
		工厂采取车间封闭、局部负压、工艺设备自动化等措施减少废气无组织排放
	固体废物	工厂对产生的固体废物进行分类收集、管理
		工厂一般固体废物的处理符合《一般工业固体废物贮存和填埋污染控制标准》（GB 18599—2020）及相关标准要求
		工厂设置专用的危险废物暂存场所，危险废物贮存管理符合《危险废物贮存控制标准》（GB 18597—2001）要求。危险废物定期交由具备相应资质和能力的公司进行处置，转移联单完整
	噪声	厂界环境噪声排放符合相关国家、行业及地方标准要求
	温室气体	工厂采用《工业企业温室气体排放核算和报告通则》（GB/T 32150—2015）或适用的标准或规范对其厂界范围内的温室气体排放进行核算和报告
		工厂利用核算或核查结果对其温室气体的排放进行改善
		获得温室气体排放量第三方核查声明
		核查结果对外公布
	污染物排放管理	工厂建立大气污染物、水污染物、噪声源的排放台账和固体废物处置台账
		工厂根据国家或地方要求自行开展废气、废水和噪声监测，保存原始监测记录

4.4.4.3 铅蓄电池生产者责任延伸履责绩效评价

《铅蓄电池生产者责任延伸履责绩效评价（试行）》（T/ATCRR 26—2020）于 2020 年 7 月 31 日颁布实施。该标准规定了铅蓄电池产品生产者责任延伸履责绩效评价的原则、方法和技术要求。该标准适用于铅蓄电池产品相关企业生产者［包括铅蓄电池生产企业（含进口商）、专业回收企业、报废汽车回收拆解企业、铅资源化利用企业等］责任延伸履责绩效评价。

该标准部分要求如表 4-30、表 4-31 所列。

表 4-30 企业废铅蓄电池回收体系建设与运行绩效评价指标要求

一级指标	二级指标	指标说明
自建电池回收体系	销售/回收网点分布	企业自建电池回收网点数量与区域布局实施情况，逆向物流电池回收网络实施情况
	集中收集点分布	企业自建电池集中收集点数量与区域布局实施情况
	年度电池回收总量	企业自建回收体系实施情况，近三年企业自行回收废铅蓄电池回收量（t/a，或折合为 10^4 kVA·h/a）
	年度处理处置量	近三年企业自行回收废铅蓄电池再生处理处置量或销售转移量（t/a，或折合为 10^4 kVA·h/a）
	回收信息上传统计	废铅蓄电池溯源管理执行情况，企业自建铅蓄电池回收信息平台运行情况
	年度电池回收率	企业自建铅蓄电池回收网络上年度废铅蓄电池回收率与测算办法
联合或委托共建电池回收体系	回收体系合作方式	落实联合或委托共建回收体系机制建设与上下游企业建立电池回收对接合作协议，电池回收责任延伸，并形成产业链闭环管理，规范回收渠道
	销售/回收网点分布	联合或委托共建电池回收网点数量与区域布局实施情况
	集中收集点分布	联合或委托共建电池集中收集点数量与区域布局实施情况

一级指标	二级指标	指标说明
联合或委托共建电池回收体系	年度电池回收总量	电池回收体系实施情况，近三年联合或委托电池回收量（t/a，或折合为10^4kVA·h/a）
	年度处理处置量	资源化利用情况（或销售转移量）（t/a），近三年联合或委托废铅蓄电池回收再生处理处置量（t/a，或折合为10^4kVA·h/a）
	回收信息上传统计	废铅蓄电池溯源管理执行情况，联合或委托共建电池回收信息平台运行情况
	年度电池回收率	废铅蓄电池回收率目标的确定与实现情况，联合或委托共建电池回收网络上年度电池回收率与测算办法

表 4-31　铅蓄电池企业生产者责任延伸履责绩效评价指标要求

一级指标	二级指标	指标说明
生态设计	轻量化	铅蓄电池代表产品结构类型和电池组能量密度指标（W·h/kg）
	模块化	铅蓄电池产品规格尺寸与电性能指标标准化水平，说明其执行标准，通用配套性情况
	无毒无害化	限制使用有害物质材料，代表产品铅蓄电池所含特征有毒有害污染物含量及达标情况
电池生态设计	延长电池使用寿命	铅蓄电池代表产品循环寿命次数与验证材料
	易于拆卸拆解	铅蓄电池结构易于拆卸或拆解，说明其拆卸拆解工艺特点
	可循环利用	铅蓄电池易回收处理，且回收率高，说明其回收处理工艺技术与循环利用情况，废铅蓄电池正极、负极、电解质、隔膜、外壳等全组分可回收处理与循环利用情况
绿色供应链	再生材料应用	铅蓄电池绿色供应链运行情况，铅蓄电池采用再生材料情况与主要来源或供应商。说明再生材料使用位置及用量。绿色设计产品评价、绿色制造、绿色工业体系名单等入选情况
	电池流向规范	铅蓄电池回收网络建设与运行情况，规范废铅蓄电池转移流向，废铅蓄电池主要接收单位与合作方式，上下游企业签订电池回收合作协议，回收责任延伸。废铅蓄电池与含铅废料转移去向应为持证资源化利用（再生铅）企业
产品质量责任	质量管理体系	产品质量管理条件与能力，《质量管理体系　要求》（GB/T 19001—2016）、IATF 16969 质量管理体系认证与启动运行年份
	质量信息管理	企业建立电池产品质量管理信息化平台运行情况，其平台如企业资源管理 ERP、产品数据管理 PDM、企业资源规划管理（MES）系统与 SAP 系统中是否包括质量管理模块，或独立的产品质量管理信息化管理平台
	售后服务	提供电池售后维护技术服务信息，有关电池售后质保条款，主要维修单位与质保年限情况
	生产与消费安全	近三年申报企业无发生重大安全事件。铅蓄电池起火爆炸事件次数与处理情况，以及整改措施落实情况，预案方案与演练情况
资源回收责任	电池编码	铅蓄电池编码信息录入管理平台对接情况，铅蓄电池溯源信息管理情况
	电池回收联系方式	铅蓄电池回收网点渠道与联系方式等信息公示情况
	自建废铅蓄电池回收信息管理	企业自建废铅蓄电池回收信息管理平台与运行情况
	省级废铅蓄电池回收信息管理	企业废铅蓄电池回收数据，与省级固体废物和危险化学品信息化监管系统对接情况，与省级铅蓄电池全生命周期管理信息系统对接情况
	全国废铅蓄电池回收信息管理	企业废铅蓄电池和危险废物相关回收数据，与全国固体废物和危险化学品信息化监管系统对接情况，与全国铅蓄电池全生命周期管理信息系统对接情况，废铅蓄电池回收责任延伸与产业链企业对接可追溯信息管理情况
	铅蓄电池销量	企业近三年铅蓄电池产量、国内销量、出口量（10^4kVA·h/a）
	废铅蓄电池回收量	申报企业近三年铅蓄电池回收量（10^4kVA·h/a，折合 t/a）与回收率以及测算办法

4.4.4.4 铅酸蓄电池企业绿色供应链管理评价要求

《铅酸蓄电池企业绿色供应链管理评价要求》（T/CAB 2021—2019）于 2019 年 12 月 20 日颁布实施。该标准规定了铅酸蓄电池企业绿色供应链管理评价要求的原则、方法、指标体系及要求、程序等。该标准适用于铅酸蓄电池行业成品电池生产制造企业进行绿色供应链管理水平的自我评估、第三方评价、绿色供应链管理评审、绿色供应链管理潜力分析等。

4.5
环境保护相关要求

4.5.1 国家环境保护相关要求

4.5.1.1 消费税

2015 年 1 月 26 日，财政部、国家税务总局颁布《关于对电池涂料征收消费税的通知》（财税〔2015〕16 号）。通知指出：为促进节能环保，经国务院批准，自 2015 年 2 月 1 日起对电池、涂料征收消费税。现将有关事项通知如下：

① 将电池、涂料列入消费税征收范围，在生产、委托加工和进口环节征收，适用税率均为 4%；

② 对无汞原电池、金属氢化物镍蓄电池（又称"氢镍蓄电池"或"镍氢蓄电池"）、锂原电池、锂离子蓄电池、太阳能电池、燃料电池和全钒液流电池免征消费税。

2015 年 12 月 31 日前对铅蓄电池缓征消费税；自 2016 年 1 月 1 日起，对铅蓄电池按 4%税率征收消费税。

4.5.1.2 铅蓄电池行业规范条件

《铅蓄电池行业规范条件（2015 年本）》（工业和信息化部 2015 年第 85 号公告）（以下简称《规范条件》）于 2015 年 12 月 10 日发布。《规范条件》包括企业布局、生产能力、不符合规范条件的建设项目、工艺与装备、环境保护、职业卫生与安全生产、节能与回收利用、监督管理、附则九部分内容。

其中，《规范条件》对铅蓄电池企业工艺与装备的部分要求如表 4-32 所列。

4.5.1.3 关于加强铅蓄电池及再生铅行业污染防治工作的通知

为切实加强铅蓄电池［包括铅蓄电池加工（含电极板）、组装、回收］及再生铅行业的污染防治工作，保护群众身体健康，促进社会和谐稳定，《关于加强铅蓄电池及再生铅行业污染防治工作的通知》（环发〔2011〕56 号）提出以下要求。

表 4-32   《规范条件》对铅蓄电池企业工艺与装备的部分要求

序号	工序名称	要求
1	熔铅、铸板及铅零件工序	应设在封闭的车间内，熔铅锅、铸板机中产生烟尘的部位，应保持在局部负压环境下生产，并与废气处理设施连接。熔铅锅应保持封闭，并采用自动温控措施，加料口不加料时应处于关闭状态。禁止使用开放式熔铅锅和手工铸板、手工铸铅零件、手工铸铅焊条等落后工艺。所有重力浇铸板栅工艺，均应实现集中供铅（指采用一台熔铅炉为两台以上铸板机供铅）
2	铅粉制造工序	应使用全自动密封式铅粉机。铅粉系统（包括贮粉、输粉）应密封，系统排放口应与废气处理设施连接。禁止使用开口式铅粉机和人工输粉工艺
3	和膏工序（包括加料）	应使用自动化设备，在密封状态下生产，并与废气处理设施连接。禁止使用开口式和膏机
4	涂板及极板传送工序	应配备废液自动收集系统，并与废水管线连通，禁止采用手工涂板工艺。生产管式极板应当采用自动挤膏工艺或封闭式全自动负压灌粉工艺
5	分板刷板（耳）工序	应设在封闭的车间内，使用机械化分板刷板（耳）设备，做到整体密封，保持在局部负压环境下生产，并与废气处理设施连接，禁止采用手工操作工艺
6	供酸工序	应采用自动配酸系统、密闭式酸液输送系统和自动灌酸设备，禁止采用人工配酸和灌酸工艺
7	化成、充电工序	应设在封闭的车间内，配备与产能相适应的硫酸雾收集装置和处理设施，保持在微负压环境下生产；采用外化成工艺的，化成槽应封闭，并保持在局部负压环境下生产，禁止采用手工焊接外化成工艺。应使用回馈式充放电机实现放电能量回馈利用，不得用电阻消耗。所有新建、改扩建的项目，禁止采用外化成工艺
8	包板、称板、装配焊接等工序	应配备含铅烟尘收集装置，并根据烟、尘特点采用符合设计规范的吸气方式，保持合适的吸气压力，并与废气处理设施连接，确保工位在局部负压环境下
9	淋酸、洗板、浸渍、灌酸、电池清洗工序	应配备废液自动收集系统，通过废水管线送至相应处理装置进行处理

① 严格环境准入，新建涉铅的建设项目必须有明确的铅污染物排放总量来源。

② 进一步规范企业日常环境管理，确保污染物稳定达标排放。逐步安装铅在线监测设施并与当地环保部门联网，未安装在线监测设施的企业必须具有完善的自行监测能力，建立铅污染物的日监测制度，每月向当地环保部门报告。

③ 完善基础工作，严格企业环境监管。全面开展清洁生产审核，对现有铅蓄电池及再生铅企业每两年进行一次强制性清洁生产审核。

④ 进一步加大执法力度，采取严格措施整治违法企业。加大铅蓄电池及再生铅企业的执法监察力度，严格按照环保专项行动工作方案的要求，对未经环境影响评价或达不到环境影响评价要求的，一律停止建设。

⑤ 实施信息公开，接受社会监督。铅蓄电池企业应每年向社会发布企业年度环境报告，公布铅污染物排放和环境管理等情况。

⑥ 建立重金属污染责任终身追究制。要从企业的立项、审批、验收、生产和监管各环节，依法依纪对当地政府以及有关部门责任人员实施问责，严肃追究相关责任单位和责任人员的行政责任。

⑦ 逐步建立环境污染责任保险制度。

⑧ 加强宣传力度，把回收废铅蓄电池变成每个公民的自觉行动。

4.5.1.4   关于促进铅酸蓄电池和再生铅产业规范发展的意见

为加强铅污染防治和资源循环利用，杜绝铅污染事件发生，促进铅酸蓄电池和再生铅行业规范有序发展，《关于促进铅酸蓄电池和再生铅产业规范发展的意见》（工信部联节〔2013〕92 号）提出以下要求：

（1）加大落后产能淘汰力度

立即淘汰开口式普通铅酸蓄电池生产能力，并于 2015 年年底前淘汰未通过环境保护核查、不符合准入条件的落后生产能力。

（2）严格行业准入和生产许可管理

严格铅酸蓄电池生产许可管理，申请或重新核发生产许可证的企业，应当符合环境保护要求和行业准入条件；因不符合相关要求而被依法取缔关闭的，要注销其生产许可证。

（3）强化项目审批管理

加强铅酸蓄电池和再生铅新、改、扩建项目备案管理，禁止在重要生态功能区、铅污染超标区域和重金属污染防治重点区域内新、改、扩建增加铅污染物排放的项目；在非重点区域内新、改、扩建铅酸蓄电池和再生铅企业要符合区域铅污染物排放总量控制要求。

（4）加快推行清洁生产

依法对铅酸蓄电池企业实施强制性清洁生产审核，每两年完成一轮清洁生产审核。

（5）推进行业技术进步

推广卷绕式、胶体电解质铅酸蓄电池技术；采用内化成、无镉化、智能快速固化室、真空和膏、管式电极灌浆挤膏等先进成熟工艺技术；开展铅酸蓄电池拉网式、冲孔式、连铸连轧式板栅制造工艺技术应用示范。

（6）强化环境保护核查和监管

开展铅酸蓄电池和再生铅行业环境保护专项核查；制定更加严格的铅酸蓄电池和再生铅行业重金属污染物排放标准；对企业周边环境开展经常性监测，对超标排放的企业要依法采取限期治理等措施，确保达标排放。

（7）规范企业环境行为

铅酸蓄电池企业要落实有效的环境管理制度；要逐步安装铅在线监测设施并与当地环境保护部门联网，逐月报告日常监测情况；制定重金属污染事件应急预案；加强职工劳动保护，维护职工身心健康。

4.5.1.5　关于开展铅蓄电池和再生铅企业环保核查工作的通知

《关于开展铅蓄电池和再生铅企业环保核查工作的通知》（环办函〔2012〕325 号）提出：为进一步提升我国铅蓄电池和再生铅行业污染防治水平，推动铅蓄电池和再生铅行业发展方式转变，环境保护部开展铅蓄电池（极板、组装和含铅零部件）和再生铅生产企业环保核查工作，并发布符合环保要求的铅蓄电池和再生铅企业名单公告。

《关于铅蓄电池和再生铅企业环保核查申请的复函》（环办函〔2014〕1829 号）提出：为贯彻党中央、国务院关于简政放权、转变政府职能的精神，环境保护部不再直接组织开展环保核查工作，地方各级环保部门可视实际工作需要自行决定。

4.5.1.6　电池行业清洁生产实施方案

为加强电池行业重金属污染防治工作，工信部印发《电池行业清洁生产实施方案》（工信部节〔2011〕614 号），提出清洁生产技术如下：

① 推广类技术包括铅蓄电池内化成工艺技术，铅蓄电池无镉化技术（镉含量低于0.002%）；

② 产业化示范类技术包括卷绕式铅蓄电池技术与装备，扩展式（如拉网）、冲孔式、连铸连轧式铅蓄电池板栅制造技术与装备；

③ 研发类技术包括功率型（放电倍率 1C 以上）铅蓄电池减铅技术，铅蓄电池等废电池规模化无害化再生利用技术与装备。

4.5.1.7 铅蓄电池行业现场环境监察指南

《铅蓄电池行业现场环境监察指南》适用于全国各级环境监察机构对铅蓄电池行业（包括极板制造和组装、单独极板制造及单独组装的铅蓄电池企业）实施的现场环境监察工作。

该指南针对铅蓄电池企业，从产业政策、生产现场、污染防治设施、环境应急建设、综合性环境管理制度等方面提出要求。部分监察要点如下。

① 2011 年 6 月 1 日起淘汰开口式普通铅酸电池项目；2013 年年底前淘汰含镉高于0.002%的铅酸蓄电池。

② 通过对制粉、合金、板栅、和膏、涂板、化成、极板分片、极板称片及叠片、组装等关键工序的检查，定性辨别企业生产工艺的先进程度，初步判断企业污染物的产生负荷情况，为辨别企业现有污染治理设施能否将生产过程产生的污染物处理达标提供依据。

4.5.1.8 环境保护综合名录

环境保护综合名录为国家有关部门制定和调整相关产业、税收、贸易、信贷等政策提供了环保依据。综合名录的主要作用体现在 3 个方面：a. 为国家相关经济政策制定提供环保依据；b. 为企业"绿色转型"提供市场导向；c. 为削减高风险污染物工作提供制度"抓手"。

《环境保护综合名录（2017 年版）》共包含两部分内容："高污染、高环境风险"产品（简称"双高"产品）885 项，环境保护重点设备 72 项。

环境保护综合名录对铅蓄电池相关规定如表 4-33 所列。

表 4-33 "高污染、高环境风险"产品名录

序号	特性	产品		行业	
		产品名称	产品代码	行业名称	行业代码
1	GHW	极板含镉类铅酸蓄电池	39130301	其他电池制造	3849
2	GHW	开口式普通铅酸蓄电池	39130301		
3	GHW	管式铅蓄电池（灌浆或挤膏工艺除外）	3913030199		
4	GHW	铅酸蓄电池零部件	3913060301		
5	GHW	灌粉式管式极板（灌浆或挤膏工艺除外）	3913069900		

注：GHW 代表高污染产品。

4.5.1.9 废铅蓄电池污染防治行动方案

《关于印发〈废铅蓄电池污染防治行动方案〉的通知》（环办固体〔2019〕3 号）部分

要求如下。

（1）推动铅蓄电池生产行业绿色发展

① 建立铅蓄电池相关行业企业清单。

② 严厉打击非法生产销售行为。

③ 大力推行清洁生产。对列入铅蓄电池生产、原生铅和再生铅企业清单的企业，依法实施强制性清洁生产审核，两次清洁生产审核的间隔时间不得超过五年。

④ 推进铅酸蓄电池生产者责任延伸制度。制定发布铅酸蓄电池回收利用管理办法，落实生产者延伸责任。

（2）完善废铅蓄电池收集体系

① 完善配套法律制度。修订《中华人民共和国固体废物污染环境防治法》，明确生产者责任延伸制度以及废铅蓄电池收集许可制度；修订《危险废物转移联单管理办法》，完善转移管理要求；修订《国家危险废物名录》，在风险可控前提下针对收集、贮存、转移等环节提出豁免管理要求。

② 开展废铅蓄电池集中收集和跨区域转运制度试点。为探索完善废铅蓄电池收集、转移管理制度，选择有条件的地区，开展废铅蓄电池集中收集和跨区域转运制度试点，对未破损的密封式免维护废铅蓄电池在收集、贮存、转移等环节有条件豁免或简化管理要求，降低成本，提高效率，推动建立规范有序的收集处理体系。

③ 加强汽车维修行业废铅蓄电池产生源管理。加强对汽车整车维修企业（一类、二类）等废铅蓄电池产生源的培训和指导，督促其依法依规将废铅蓄电池交送正规收集处理渠道，并纳入相关资质管理或考核评级指标体系。

（3）强化再生铅行业规范化管理

① 严格废铅蓄电池经营许可准入管理。

② 加强再生铅企业危险废物规范化管理。将再生铅企业作为危险废物规范化管理工作的重点，提升再生铅企业危险废物规范化管理水平。

（4）严厉打击涉废铅蓄电池违法犯罪行为

① 严厉打击和严肃查处涉废铅蓄电池企业违法犯罪行为。严厉打击非法收集拆解废铅蓄电池、非法冶炼再生铅等环境违法犯罪行为。

② 加强对再生铅企业的税收监管。对再生铅企业税收执行情况进行日常核查和风险评估，对涉嫌偷逃骗税和虚开发票等严重税收违法行为的企业，依法开展税务稽查。

③ 开展联合惩戒。将涉废铅蓄电池有关违法企业、人员信息纳入生态环境领域违法失信名单，在全国信用信息共享平台、"信用中国"网站和国家企业信用信息公示系统上公示，实行公开曝光，开展联合惩戒。

4.5.1.10　铅蓄电池生产企业集中收集和跨区域转运制度试点工作方案

《关于印发〈铅蓄电池生产企业集中收集和跨区域转运制度试点工作方案〉的通知》（环办固体〔2019〕5号）部分要求如下。

（1）建立铅蓄电池生产企业集中收集模式

① 规范废铅蓄电池收集网点建设。

② 规范废铅蓄电池集中贮存设施建设。

③ 申请领取废铅蓄电池收集经营许可证。

（2）规范废铅蓄电池转运管理要求

① 针对第Ⅰ类、第Ⅱ类废铅蓄电池，提出收集网点向集中转运点转移的管理要求。

② 针对第Ⅰ类、第Ⅱ类废铅蓄电池，提出废铅蓄电池运输管理要求。

③ 提升废铅蓄电池跨区域转运效率。

（3）强化废铅蓄电池收集转运信息化监督管理

试点单位应建立废铅蓄电池收集处理数据信息管理系统，如实记录收集、贮存、转移废铅蓄电池的数量、质量、来源、去向等信息，并实现与全国固体废物管理信息系统或者各省自建信息系统的数据对接。

根据《铅蓄电池生产企业集中收集和跨区域转运制度试点工作方案》，2019 年试点企业在 21 个试点省份共计取得 85 份收集许可证，建设集中转运点近 600 个、收集网点约 8000 个，收集和转移社会源铅蓄电池达 49.7 万吨。

4.5.2　地方环境保护相关要求

为推动铅蓄电池行业污染防治工作，部分地区结合铅蓄电池和废铅蓄电池回收行业的特点提出了环境保护要求，部分要求如表 4-34、表 4-35 所列。

表 4-34　部分地区铅蓄电池行业相关环境保护要求

序号	地区	文件名称	主要内容
1	浙江	《关于印发浙江省铅蓄电池行业污染综合整治验收规程和浙江省铅蓄电池行业污染综合整治验收标准的通知》（浙环发〔2011〕47 号）	该验收标准从相关政策、工艺装备/生产现场、污染防治设施、清洁生产、环境应急建设、综合性管理制度等方面提出了明确要求
2	浙江	《关于印发浙江省铅蓄电池、电镀、印染、造纸、制革、化工行业污染防治技术指南和铅蓄电池企业守法导则的通知》（浙环发〔2016〕43 号）	铅蓄电池行业污染防治技术指南对清洁生产技术、污染防治技术、内部环保管理、环境监管等方面进行了规定
3	河南	《关于加强全省铅酸蓄电池行业危险废物管理工作的通知》（豫环办〔2011〕73 号）	该通知指出：铅泥、铅渣、铅尘、废极板、接触过铅烟/铅尘的废弃劳动保护用品等属于危险废物。铅酸蓄电池企业对自身产生的危险废物，必须在厂内建设符合"防扬散、防流失、防渗漏"要求的贮存场所，厂内贮存期不得超过 1 年；要委托持有危险废物经营许可证的单位进行安全处置，并严格执行危险废物转移联单制度
4	江苏	《关于促进我省铅蓄电池和再生铅产业规范发展的意见》（苏经信消费〔2013〕580 号）	目标任务：有效控制铅污染物排放量，坚决遏制重金属污染事件频发势头，切实保障人民群众身体健康和环境安全。关停淘汰一批行业落后企业，整合改造一批行业规范企业，扶持发展一批行业标杆企业，推动涉铅企业入园进区。到 2015 年年底，铅蓄电池产业集中度明显提高，废旧铅蓄电池的回收和综合利用率达到 90% 以上，铅再生循环利用比重超过 50%，在全国率先建成铅资源循环利用体系
5	湖北	《关于印发湖北省铅蓄电池行业污染综合整治验收要求的通知》（鄂环发〔2011〕33 号）	总体要求：所有拟保留的铅蓄电池企业污染综合整治严格按统一要求通过验收，企业工艺装备、污染治理、职业卫生防护水平明显提升，废水、废气污染物实现稳定达标排放，含铅废物得到妥善处置，所有关停企业善后工作基本完成，蓄电池行业存在的影响职工健康和环境安全等突出问题得到基本解决

序号	地区	文件名称	主要内容
6	广东	《广东省环境保护厅印发关于进一步加强广东省铅蓄电池行业污染整治推进产业转型升级的通知》（粤环〔2011〕115号）	到2012年年底，全省所有铅蓄电池企业得到全面整治，企业工艺装备、污染治理水平大幅度提升，废水、废气污染物实现稳定达标排放，含铅废物得到妥善处置，环境保护、劳动保护、职业卫生和安全生产状况彻底改善，并完成清洁生产审核验收。到2015年，全省铅蓄电池产业空间布局明显优化，铅污染监测能力及污染健康检测能力得到显著提升，铅污染物排放总量在2007年的基础上有显著下降，铅蓄电池行业实现健康可持续发展

表4-35　部分地区废铅蓄电池回收领域相关环境保护要求

序号	地区	文件名称	主要内容
1	浙江	《浙江省铅蓄电池生产企业集中收集和跨区域转运制度试点工作实施方案》（浙环函〔2019〕164号）	工作目标：到2020年，废铅蓄电池集中收集和跨区域转运制度体系初步建立，试点单位在试点地区的废铅蓄电池规范回收率达到40%以上，形成可复制推广的废铅酸蓄电池收集、贮存、转移管理制度试点经验，推动生产者责任延伸制度落实
2	江苏	《江苏省铅蓄电池生产企业集中收集和跨区域转运制度试点工作实施方案》（苏环办〔2019〕145号）	工作目标：根据江苏省废铅蓄电池产生种类、数量收集处理现状，以"因地制宜、合理布局、分步推进"为原则，建立废铅蓄电池三级回收体系。到2020年，铅蓄电池领域的生产者责任延伸制度体系基本形成，废铅蓄电池集中收集和跨区域转运制度体系初步建立，废铅蓄电池规范回收率达40%左右，有效防控环境风险
3	河北	《关于开展全省废铅蓄电池相关行业固体废物污染专项整治工作的通知》（冀土领办〔2019〕1号）	工作目标：以有效防控废铅蓄电池环境风险为目标，以各项危险废物环境管理法律法规为依据，推动市县政府和相关部门认真落实属地管理责任，督促指导企业落实污染防治主体责任，全面摸排废铅蓄电池来源、产生量、流向等情况，掌握全省废铅蓄电池底数，将废铅蓄电池全部纳入全省信息化管理系统，严厉打击涉废铅蓄电池环境违法犯罪行为，探索废铅蓄电池回收利用市场化商业运作模式，形成"产废明晰、回收有序、利用合法、监管有力"的长效机制
4	河南	《河南省废铅蓄电池收集处理制度试点方案》（豫环文〔2018〕284号）	工作目标：到2018年年底，构建废铅蓄电池集中收集、跨区域转运方式和全过程溯源管理模式，年底总结试点地区经验，在全省范围内推行。到2019年年底，试点企业落实废铅蓄电池规范化管理制度，建成废铅蓄电池逆向物流回收体系。到2020年年底，试点企业的废铅蓄电池规范收集处理率不低于40%
5	山东	《山东省铅蓄电池生产企业集中收集和跨区域转运制度试点工作方案》（鲁环发〔2019〕73号）	工作目标：到2020年，铅蓄电池生产企业集中规范回收率达到全省废铅蓄电池总量的40%以上。规范收集的废铅蓄电池全部安全无害化利用处置
6	安徽	《安徽省废铅蓄电池集中收集和转运制度试点工作方案》（皖环函〔2019〕707号）	工作目标：到2020年，初步建立废铅蓄电池集中收集和跨区域转运制度体系，全省废铅蓄电池集中规范回收率达到40%以上
7	湖北	《湖北省铅蓄电池生产企业集中收集和跨区域转运制度试点工作实施方案》（鄂环办〔2019〕14号）	工作目标：2019年年底前，积极推进试点企业废铅蓄电池收集、转运体系建设，初步建立湖北省废铅蓄电池集中收集和跨区域转运制度体系，初步形成铅蓄电池领域的生产者责任延伸制度体系，废铅蓄电池环境风险防控机制基本形成；2020年年底前，持续推进试点企业废铅蓄电池收集、转运体系建设，进一步完善湖北省废铅蓄电池集中收集和跨区域转运制度体系，基本形成铅蓄电池领域的生产者责任延伸制度体系，废铅蓄电池环境风险防控机制得以健全。试点单位在湖北省的废铅蓄电池规范回收率达到40%以上

序号	地区	文件名称	主要内容
8	四川	《四川省废铅蓄电池污染防治行动方案》（川环发〔2019〕45号）	主要目标：到2020年年底，全省基本实现废铅蓄电池规范收集地级市全覆盖，实现收集网点重点县（区、市）全覆盖，废铅蓄电池规范收集率达到40%以上；到2025年，实现废铅蓄电池规范收集率达到70%以上，规范收集的废铅蓄电池全部安全利用处置
9	重庆	《重庆市铅蓄电池生产企业集中收集和跨区域转运制度试点工作方案》（渝环〔2019〕75号）	工作目标：到2020年，全市铅蓄电池领域的生产者责任延伸制度体系基本形成，废铅蓄电池集中收集和跨区域转运制度体系初步建立，废铅蓄电池环境风险得到有效防控，试点单位在重庆市的废铅蓄电池规范回收率达到40%

第5章

发达国家铅蓄电池行业环境管理

5.1
国际铅蓄电池行业的发展趋势

5.1.1　铅蓄电池成为欧美各国新能源战略的重要组成部分

　　根据前瞻产业研究院的统计，全球铅蓄电池市场规模已经从 2010 年的 362 亿美元增长到 2017 年的 429 亿美元，2017 年全球铅蓄电池市场规模比 2016 年同比增长了 0.7%。

　　在 21 世纪世界能源经济发展战略中，欧美、日韩等先进工业国家都将太阳能、风能发电系统和电动汽车系统的研究应用作为新能源开发利用和实现低碳经济的重要环节，作为目前二次电源占比最大的铅蓄电池，其所具有的高安全性、高资源循环性和低值廉价性越来越被各国政府重视。2009 年 8 月美国政府拨款 24 亿美元支持发展"下一代电池和电动车"项目，用于电池及其材料生产的为 15 亿美元，其中 6780 万美元支持开发"超级电池"项目和"铅碳电池"项目，重点支持了美国两家最大的铅蓄电池企业 Exide 公司和 East Penn 公司。日本政府 2009 年也拨款 210 亿日元支持日本新能源 NEDO 机构专项研究开发高能量密度的铅蓄电池项目。

5.1.2　新结构、新材料、新工艺的铅蓄电池研发正在加速

　　正在研发的新产品包括双极性卷绕电池、超级电池、铅水平电池、内催化电池等。

相关的高新技术有碳电极技术、泡沫炭技术、箔式卷状电极技术、平面式管电极技术、连续铸造辊压技术等。以上各新型铅蓄电池主要可解决现有铅蓄电池比能量低、电荷传输能力差、输出功率低及循环寿命低等问题。新型的铅蓄电池系列产品是电动汽车、太阳能、风能系统优级的动力源和储能器。

5.1.3　装备加速实现高度自动化、智能化和成套化、系统化

高度自动化和智能化的装备包括智能式全自动化铅粉机、制带拉网及冲孔成套装备、连续铸造辊压成套装备、全自动数控装配线、数控真空和膏装置、智能型电池化成数控装备等。高度自动化、智能化生产线可以有效减少工人对铅的接触，有效减轻职业病问题。

5.1.4　电池生产向高效化、规模化、节能化、清洁化发展

持续提高装备的高自动化、高成套化、智能系统化和配料、物料输送的自动化、智能化，大幅度地减少用工人员，使生产效率达到最大化。加速企业间的兼并重组，资源整合，实现品牌的规模化；制定和强制贯彻执行环保、节能和清洁化生产的相关标准和实施细则，实现低碳经济发展。

5.1.5　废电池回收体系日趋完善，再生技术逐步升级换代

目前，世界各国特别是发达国家都十分重视铅蓄电池的绿色回收和科学再生，制定了一系列法律、法规，实施统一管理，美国、意大利、欧盟地区均宣布废旧铅蓄电池属于有害物质，必须单独统一回收、统一处理。

5.2
美国铅蓄电池行业环境管理

5.2.1　环境标准情况

美国建立了较为完善的铅蓄电池行业环境保护标准、铅作业健康规范，用于规范电池行业环境管理，引导电池行业技术进步。同时，针对铅蓄电池产品回收和再生利用，美国也建立了较为完善的法规体系。

5.2.1.1　环境质量标准

从 1971 年至今，美国环境空气质量标准经过了 12 次修订，每次修订调整都对环境空

气质量的改善起到了显著的促进作用。

1970年，美国国会通过《清洁空气法》（Clean Air Act）修正案。《清洁空气法》将国家管理的大气污染物分为基准空气污染物（Criteria Air Pollutant）和有害空气污染物（Hazardous Air Pollutant，HAP）两类。对于基准空气污染物，《清洁空气法》明确规定，应在环保局成立后12个月内制定完成并发布国家环境空气质量标准。根据这一要求，美国环保局于1971年4月30日首次发布了《国家环境空气质量标准》（National Ambient Air Quality Standards，NAAQS）。最初的基准空气污染物共6种，主要包括一氧化碳（CO）、二氧化氮（NO_2）、总悬浮颗粒物（TSP）、光化学氧化剂（以O_3计）、烃类化合物（HC）、二氧化硫（SO_2）。后来又增加了铅，取消了烃类化合物（HC）。

铅最初并未出现在1971年发布的《国家环境空气质量标准》中。美国1970年修订《清洁空气法》时，认为环境空气中的铅主要来自含铅汽油和有色金属冶炼等污染源，只要有效控制这些污染源的铅排放，就可以显著降低环境空气中铅的浓度水平，保护公众健康。1977年，美国修订《清洁空气法》时采纳了有关方面的建议，将铅列入基准空气污染物。

美国于1978年制定实施铅的环境空气质量标准，仅规定季平均浓度限值为$1.5\mu g/m^3$，一级标准与二级标准相同。1978年后，由于采取了有效控制措施，美国环境空气中铅的浓度水平很快就下降至标准以下。但后来的研究发现，即使在较低的血铅浓度水平下，仍然存在健康效应。为进一步保护公众健康，2008年美国环保局将铅的浓度限值收紧为原标准的1/10，规定3个月平均浓度限值为$0.15\mu g/m^3$。

5.2.1.2 大气污染物排放标准

美国铅蓄电池铅排放标准（Title 40，Part 60，Subpart KK）适用于板栅铸造、和膏（包括铅粉的存储、输送、称重、计量，铅膏的混合、处理、冷却，以及涂板、取板、冷却、固化等工序）、三步操作（包括包板、铸焊、电池装配等工序）、铅粉制造、再生铅以及其他排铅工序中涉及的设备。

具体排放要求如下：

① 格栅铸造设备铅排放每立方米干标准气体不超过0.40mg。

② 和膏设备铅排放每立方米干标准气体不超过1.00mg。

③ 三步操作设备铅排放每立方米干标准气体不超过$1.00mg/m^3$。

④ 铅粉制造设备铅排放每千克铅不超过5.0mg。

⑤ 再生铅设备铅废气排放每立方米干标准气体不超过4.50mg。

⑥ 其他铅排放操作铅排放每立方米干标准气体不超过1.00mg。

5.2.1.3 水污染物排放标准

美国水环境标准的制定与实施完全按照《联邦水污染控制法》的要求进行，采用以水质标准和污染物排放标准相互配合的管理方法。其核心是美国环保局制定的以技术为基础的排放标准，主要由州政府实施。美国水排放限制准则是以技术为依据的，它根据不同工业行业的工艺技术、污染物产生量水平、处理技术等因素确定各种污染物排放限值。

环保法规40CFR第461部分是有关电池行业的水污染物排放标准，即电池制造点源类（Battery Manufacturing Point Source Category）。它包括镉镍电池、铅蓄电池、锌锰电池、锂电池和锌银电池等内容。铅蓄电池行业新污染源排放标准（New Source Performance Standards，NSPS）主要内容如表 5-1 和表 5-2 所列。

表 5-1　美国铅蓄电池制造废水排放标准（日最大值）　　单位：mg/kg

工序	BPT	BAT	NSPS
Open Formation—Dehydrated（开口化成）	4.64	0.71	0.47
Plate Soak（板浸泡）	0.009	0.008	0.005
Battery Wash（with Detergent）（电池清洗-清洁剂）	0.38	0.38	0.252
Direct Chill Lead Casting（铸板）	0.00008	0.00008	0.000056
Mold Release Formulation（脱模剂）	0.002	0.002	0.0017
Truck Wash（汽车清洗）	0.005	0.005	0.001
Laundry（洗衣）	0.05	0.05	0.03
Miscellaneous Wastewater Streams（综合废水）	0.18	0.13	0.085

表 5-2　美国铅蓄电池制造废水排放标准（月平均最大值）　　单位：mg/kg

工序	BPT	BAT	NSPS
Open Formation—Dehydrated（开口化成）	2.21	0.34	0.21
Plate Soak（板浸泡）	0.004	0.004	0.002
Battery Wash（with Detergent）（电池清洗-清洁剂）	0.18	0.18	0.117
Direct Chill Lead Casting（铸板）	0.00004	0.00004	0.000026
Mold Release Formulation（脱模剂）	0.001	0.001	0.0008
Truck Wash（汽车清洗）	0.002	0.002	0.0007
Laundry（洗衣）	0.02	0.02	0.01
Miscellaneous Wastewater Streams（综合废水）	0.09	0.06	0.039

注：BPT——Best Practicable Control Technology Currently Available（最佳现有实用技术）；

BAT——Best Available Technology Economically Achievable（最佳经济可行技术）；

NSPS——New Source Performance standards（新源排放技术）。

5.2.1.4　铅作业健康规范

美国职业安全与卫生条例管理局（OSHA）对铅蓄电池企业做出如下规定。

（1）防护服与防护设备要求

① 当铅暴露水平高于 OSHA 规定的最高允许暴露限值时，应使用以下防护服和防护装备：工作裤或者类似连体的工作服；手套、帽子和鞋或者一次性鞋套以及防护面罩、通风式护目镜和其他合适的保护性设备。

② 根据铅暴露水平，每日或者每周为员工提供干净、干燥的工作服；必须提供洗涤、熨烫或者处置防护服的程序和设备；防护服和防护设备必须根据需要进行维修或更换，以维持其安全性和有效性；在每一轮换班结束时所有的防护服必须于指定的更衣室更换；需清洗、熨烫或处理的受污染的防护服，必须放在密闭的、贴有标签的更衣区；洗涤和熨烫防护服或是防护设备的人员必须采用书面的形式告知其铅暴露的潜在危害。

③ 盛装受污染防护服和防护装备的容器必须贴好标签。

④ 禁止采取吹风、振动或者其他将铅散播于空气中的方法将防护服或者装备上的铅去除，应采用真空吸尘器去除防护服上的铅尘。

（2）日常卫生清扫要求

① 所有表面必须保持在便于打扫累积在其上面的铅尘的状态。

② 只有当真空吸尘或其他等效打扫方式都已尝试且证明无效的情况下，才允许使用铲子、干式或者湿式的扫把打扫和用刷子刷洗。

③ 使用真空吸尘器时，应采取正确的清扫方式，尽可能减少铅尘重新进入工作场所。

（3）卫生设施要求

① 除了在更衣室、餐厅和淋浴室以外，食物、饮料以及香烟等物品都禁止食用和放置，同时不得使用化妆品。

② 必须提供干净的更衣室。更衣室必须配备分别存放防护服和防护设备以及其他日常生活用服装的设施。

③ 铅暴露水平高于 OSHA 规定的最高允许暴露限值的员工在下班后必须淋浴，企业必须提供淋浴设施。员工穿戴任何上班时的服装和设施时不得离开工作场所。

④ 企业必须为员工提供餐厅。餐厅必须配有空调系统、正压环境以及空气过滤设施；员工在就餐、饮水、抽烟或者使用化妆品之前必须洗手、洗脸。

⑤ 员工穿戴防护服和防护设施时不得进入餐厅，除非其表面的铅尘已经通过真空清扫、风淋室或者其他清扫手段去除。

5.2.1.5 电池回收法律法规体系

美国控制电池回收的法律法规分三个层次：联邦法规、州法规和地方法规。部分技术要求如表 5-3 所列。

表 5-3 美国电池回收法律法规体系部分技术要求

法规名称	技术要求
联邦法规	
资源保护和再生法	对铅蓄电池等有害废物从"出生到死亡"全生命跟踪，包括货运文件；废物的处理、储存与处置设施要有许可证；再生冶炼厂需要有许可证；不仅通过许可证控制操作，而且要清除以前的污染
清洁空气法	铅是评价空气污染的 6 种标准污染物之一，并有一系列的标准在管理和控制铅排放，包括国家环境空气质量标准（NAAQS，季度平均值 1.5μg/m³）、国家有害空气污染物排放标准（NESHAPs）、新污染源排放标准（NSPS），所有标准都通过详细的许可证执行，通过这些许可证控制电池制造厂和再生铅冶炼厂
清洁水法	排入下水道或者公共污水处理厂需要有许可证；许可证规定水污染物含量，并要求进行检测；电池的制造商和再生冶炼厂都需要废水排放许可证
超级基金法	政府可以执行清理工作并收取费用，也可以强制"责任方"执行清理工作；产生者、运输者、拥有者、运营者共同承担各自的责任；铅污染的土壤必须清理至 400mg/L 或 1200mg/L
劳动健康安全法	要求企业实施防护要求，并对工人的血铅和空气中铅含量进行检测；工人血铅超过 50μg/dL 时要求其暂停工作，恢复到 40μg/dL 的时候再返回岗位
降低铅暴露法	该法要求蓄电池零售商、批发商和制造厂家收回废电池
含汞电池和充电电池管理法（联邦电池法）	对废小型密封铅电池和其他废充电电池的标签、生产、收集、运输、贮存等做出规定。规定电池使用统一的规定标识。鼓励回收小型密封铅蓄电池

法规名称	技术要求
普通废物管理法	对于包括废旧电池在内的普通废物垃圾，有关责任、标识、贮存时间、运输、出口、注册、雇员培训、货单管理制度都做出了规定。对废电池的标识做出了规定；建立废旧二次电池的收集、回收处理体系；要求环保局建立公共教育计划，教育公众关心对各类废旧电池的收集、回收利用和合理处置工作，鼓励公众使用可充电电池；授权各州将其他电池纳入回收计划。对违反上述规定者，环保局应令其整改或处以不超过 1000 美元的罚款
电池回收法规（BCIModel）	对消费者、电池零售商、批发商的行为做出如下规定。 ① 消费者应将废旧铅蓄电池交给零售商、批发商或再生铅冶炼企业，禁止自行处理。零售商应把从消费者手中回收的电池交给批发商或者再生铅冶炼企业。 零售商在销售电池时，如果已使用的蓄电池由顾客提供，那么顾客要用基本相同的型号、不少于购买的新电池的数量来交换。 ② 零售商在售出一个车型的可替代蓄电池时，顾客需付至少 10 美元押金，在退回已使用的相同型号的蓄电池时才将押金退回。如果顾客在购买之日起 30d 内没有退还已使用的汽车蓄电池，那么押金将归零售商所有。 ③ 蓄电池批发商在交易时，如果已使用的蓄电池由顾客提供，那么顾客要用基本相同型号、不少于购买的新电池的数量来交换。与零售商交易时，零售商要在 90d 内将收集的蓄电池交给批发商。 ④ 政府会对零售商、批发商的行为是否符合上述规定进行检查，违反规定的将受到罚款等相应处罚
州法规	
可充电电池回收与再利用法案（加州）	要求加州境内所有可充电电池的零售商须无偿回收消费者送交的废旧可充电电池，该法案涉及加州全部的可充电电池零售商
地方法规	
垃圾分类回收法（纽约）	1989 年颁布，规定所有纽约市民有义务将生活垃圾中的可回收垃圾分离出来，如果在居民垃圾中发现可回收物品，卫生部门可处以罚款。1990 年，纽约市对"垃圾分类回收法"再次进行补充，要求市民必须将家中废电池、轮胎送到有关回收机构（废弃不用的汽车蓄电池或拿回给零售商，或送到专门回收站，或放到清洁局专属的垃圾清理场中，但绝不能和普通垃圾混在一起随便丢弃）

为提高废旧电池的回收率，美国的电池生产厂常采取"以旧换新"的方式回收电池。"以旧换新"即在消费者购买或更换新电池时，如果交给经销商同样型号的旧电池，将得到一定的折扣，这些折扣由电池生产厂承担。

美国有很多家废电池回收利用公司，许多地方的垃圾清扫公司也兼从事电池回收业务。美国规模最大的电池回收组织是 RBRC 公司，该公司 2000 年起已开始在国内每个邮区设立回收点，同时公司还设计制作了专用电池回收箱、带拉链的塑料回收袋以及专门的电池回收标志，分发到各地的电池零售商及社区垃圾收集站。美国国内 30 多家著名连锁商店或大型超市也加入了电池回收行列。美国还建立了采用不同颜色的收集箱收集不同类别的碱性电池、铅蓄电池、镍镉电池等的制度。

5.2.2 环境保护措施

美国环保局在 2006 年发布的一份《空气铅含量标准》报告显示，铅冶炼、铅蓄电池生产分别位列铅污染源第十一、第十二位。排在第一位的是工业用、商用和社会用锅炉及热处理。

美国等发达国家在铅蓄电池生产技术及污染控制方面一直处于领先水平，主要表现在以下几方面：

① 生产设备大型化、自动化、密封化，如铅粉机向大型化、全自动化发展，铅粉的输送与贮存采用密封技术，和膏与涂片采用一体化与自动化生产等；

② 生产工艺改进，如合金配制过程中淘汰有毒有害的铅锑镉合金，使用铅钙等环保型合金；

③ 实现和膏与涂片的一体化与自动化生产，取消涂片工序中的淋酸工艺；

④ 改进铅膏配方和固化工艺，尽量缩短固化时间；

⑤ 采用电池内化成工艺取代极板槽化成工艺，废除极板水洗与极板干燥工艺；

⑥ 用铸焊取代烧焊，推广应用多工位铸焊（四工位以上）自动化装配线生产工艺与设备。

美国铅蓄电池企业通常使用旋风除尘器、分拣设备、纤维空气过滤器进行氧化铅生产过程的颗粒物收集。在板栅铸造、回收铅、小件铸造等工段产生铅等颗粒物，同样可以经通风系统进行收集，并在纤维过滤器（或袋式除尘器）中清理。

5.3
日本铅蓄电池行业环境管理

5.3.1 行业现状

日本作为全球铅蓄电池生产国之一，仅有株式会社杰士汤浅国际（GS Yuasa International Co., Ltd.）、日立化成株式会社（Hitachi Chemical Company, Ltd.）、古河电池株式会社三家企业。

2019 年日本全国总产量为 29671 千只铅蓄电池。其中，汽车用 24019 千只，其他用 5652 千只。2015~2019 年日本铅蓄电池产量情况如表 5-4 所列。

表 5-4　2015~2019 年日本铅蓄电池产量　　　　　　　　单位：千只

年度	汽车用	其他用	合计
2015 年	25037	5990	31027
2016 年	25361	6188	31549
2017 年	26030	6098	32128
2018 年	25148	5910	31058
2019 年	24019	5652	29671

5.3.2 环境标准情况

日本主要从大气污染、水（包括地下水）污染、土壤污染、噪声、废物排放等方面制定其相关的法律法规，其框架如图 5-1 所示。

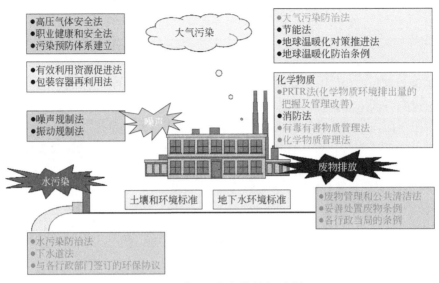

图 5-1　日本与环保相关的主要法规

日本铅蓄电池企业执行以下标准：

废水铅排放标准，国家标准和京都府标准均为 0.1mg/L；

大气铅排放标准，国家标准为 10mg/m³，京都府标准为 0.3mg/m³；

厂界标准（无组织排放标准），国家法律没有规定，京都府标准为 0.03mg/m³；

土壤标准，地下水土壤铅溶出浓度≤0.01mg/L。

5.3.3　废铅蓄电池回收再生状况

5.3.3.1　废电池回收概要

（1）有偿回收

即民间组织有偿回收废电池。在日本，之前废电池的回收是按照市场经济原则进行的，没有任何具体的法规。废电池回收商到产生废电池的修理厂和加油站等回收废电池卖给电池拆解商，再由拆解商交到精炼厂家那里进行再生处理，电池厂购买再生铅，构成如此经济规则的循环，也称为自然回收。

（2）无偿回收

随着 20 世纪 90 年代市场铅价的下滑，自然回收系统已无法发挥作用。因此，1994 年日本电池协会自愿成立了“废电池回收系统”。2000 年，政府加强了废物管理的立法框架。2012 年，电池工程委员会又成立了含电池进口商参与的铅蓄电池再资源化协会（SBRA）。该协会作为一个比较合法的、自愿性的组织开展活动，并一直延续至今。

日本国内汽车用废铅蓄电池的流通渠道如图 5-2 所示。

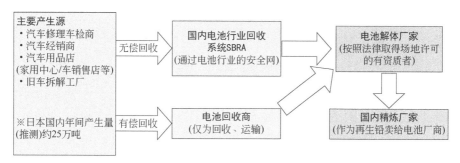

图 5-2 日本国内汽车用废铅蓄电池的流通渠道

5.3.3.2 SBRA 概要

SBRA 的目的是为废电池的回收（无偿回收）和再利用建立一个安全网，SBRA 根据《废物处理和公共清洁法》获得广域认定，并通过转移联单信息系统管理废物的处理。

该系统由国内 6 家电池制造商和进口商、8550 家注册的排出单位（废电池产生源）、92 家注册的回收公司（收集废电池的公司）和 14 家注册的拆解公司负责运营。

该系统的运作方式如下：登记在册的排出单位与 SBRA 联系，要求收回废电池，而 SBRA 则指示登记在册的回收单位回收电池。回收单位从排出单位免费取走废铅蓄电池，并将其交给注册的废电池拆解公司。之后，废电池会被送到精炼工厂，进行处理后再生铅由电池制造商购买。利用转移联单信息系统进行一系列过程的一元化管理。

日本国内的电池厂商根据其销售量来承担经费。除国内电池厂商外，参与的进口商也需承担 SBRA 的经费。SBRA 废铅蓄电池回收概要如图 5-3 所示。

目前日本每年产生的废铅蓄电池数量大约为 25 万吨，约 2000 万只。

综上所述，为了防止违法丢弃废电池的现象，2012 年开始日本国内的汽车电池生产厂家成立了铅蓄电池再资源化协会（SBRA），通过无偿回收系统建立安全网进行废电池的回收再利用。

5.3.4 案例分析

日本没有卫生防护距离规定，以杰士汤浅国际京都工厂为例，该工厂位于京都市南区，毗邻从京都流向大阪的著名一级河流——桂川，工厂占地面积 20 万平方米。该工厂周边 500m 半径范围内，建有医院、学校、幼儿园、饮食店铺等建筑以及居民区。且工厂距离世界著名文化遗产东寺、西本愿寺仅 1.5～3km。

为实现环境影响最小化，杰士汤浅京都工厂采取以下环境保护措施。

① 制定环境方针。把保护环境与企业经营活动相调和作为工厂运营的重要课题；遵守环境保护以及与环境相关的法律，并且在有必要的情况下设定并执行企业内部基准，为保护环境、预防污染做最大努力。

② 建立完善的环境管理体系。生产技术部部长在厂长的领导下，作为环境管理的责任者，负责推进各部门的环境管理方案，并管理四个专门委员会开展活动。此外，工厂还设有独立的内部环境监察小组，定期对工厂的环境活动进行监察，从而确保其活动的适宜

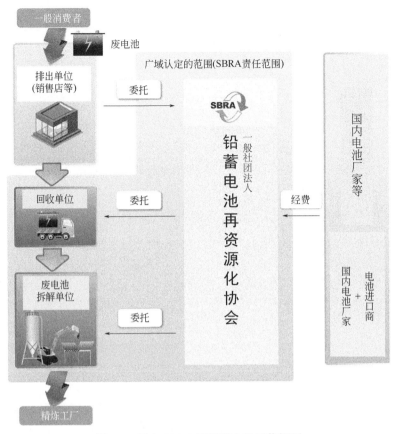

图 5-3　日本 SBRA 废铅蓄电池回收概要

性和有效性。

③ 采取各种必要措施降低污染物排放量。设定比法规更加严格的污染物排放企业内部的管理标准加以严格管理。其中，废水铅排放浓度小于 0.05mg/L；厂界大气铅浓度小于 0.002mg/m³。

④ 开展自行环境监测，确保废水、废气稳定达标排放。

5.4
欧盟铅蓄电池行业环境管理

1991 年 3 月，欧盟针对废铅蓄电池颁布了关于危险物资铅蓄电池 1991l/157/EEC 号指令性文件，规定了含铅超过 0.4% 的铅蓄电池的标志和从仪器设备上拆卸铅蓄电池的方法，规定了公众有义务必须无偿把汽车、电动车中的废铅蓄电池交回零售商或回收站，以此换回当时买电池时交的押金，若不交回则抵扣掉押金；再生铅厂也必须从生产该类废铅蓄电池获取的利益中拿出一部分资金用于环保设备的投入和发展。

2008年9月26日，欧盟电池指令91/157/EEC被替代，新指令2006/66/EC开始生效。此后，欧盟市场内的全部电池玩具均需参照新指令。2006/66/EC指令适用于包括除军用、医用和电力工具外的所有其他类型的电池和蓄电池（AA，AAA，纽扣型电池，铅蓄电池，可充电蓄电池），并制定了电池收集、处理、回收和废弃的条例，旨在限制某些有害物质和改善电池在供应链中所有操作环节的环境表现。

欧盟电池指令2006/66/EC中的相关内容介绍如下。

（1）禁止

禁止使用含有下述物质的电池或蓄电池（包括那些已经安装在器具中的）：

① 纽扣电池汞含量超过2%，其他电池汞含量超过0.0005%（按质量计算）；

② 镉含量超过0.002%（按质量计算）。

（2）标签

① 所有电池、蓄电池和电池组上需标有带十字叉的带轮垃圾桶。

② 2009年9月26日前所有便携电池、汽车电池和蓄电池均需标示出其容量。

③ 汞含量和镉含量超标或铅含量超过0.004%的电池、蓄电池和纽扣电池必须标有带十字叉的带轮垃圾桶标志以及相关的金属化学符号标志（Hg、Cd或Pb）。重金属标志标示在带轮垃圾桶图案下方，并占据整个图案至少1/4的面积。

④ 带轮垃圾桶图案应最少占电池、蓄电池或电池组最大面面积的3%，最大不超过5cm×5cm。若是圆柱形电池，图案应最少占电池、蓄电池或电池组表面积的1.5%，最大不超过5cm×5cm。

⑤ 若电池、蓄电池或电池组上的标志大小只能小于0.5cm×0.5cm，则可以不标记，但必须在包装上打印标志，且大小不得小于1cm×1cm。

⑥ 所有标志必须打印清晰，易见且不易磨损。

第6章

铅蓄电池行业建设项目环境管理

6.1
环境影响评价制度

环境影响评价制度是指在进行建设活动之前，对建设项目的选址、设计和建成投产使用后可能对周围环境产生的不良影响进行调查、预测和评定，提出防治措施，并按照法定程序进行报批的法律制度。

环境影响评价制度是实现经济建设、城乡建设和环境建设同步发展的主要法律手段。建设项目不但要进行经济评价，而且要进行环境影响评价，科学地分析开发建设活动可能产生的环境问题，并提出防治措施。通过环境影响评价可以为建设项目合理选址提供依据，防止由于布局不合理给环境带来难以消除的损害；通过环境影响评价可以调查清楚周围环境的现状，预测建设项目对环境影响的范围、程度和趋势，提出有针对性的环境保护措施；环境影响评价还可以为建设项目的环境管理提供科学依据。

环境影响评价制度的实施，无疑可以防止一些建设项目对环境产生严重的不良影响，也可以通过对可行性方案的比较和筛选，把某些建设项目的环境影响程度降到最小。因此环境影响评价制度同国土利用规划一起被视为贯彻预见性环境政策的重要支柱和卓有成效的法律制度，在国际上越来越引起广泛的重视。

铅蓄电池行业环境影响评价应关注以下问题。

6.1.1　环境影响评价文件编制流程

目前，部分铅蓄电池企业缺乏对环境影响评价制度的理解，而部分环评单位也不了解铅蓄电池行业的实际情况。在这种情况下，就会导致环评文件不能真实、准确地反映企业和行业的主要环境问题。如果在环评阶段核算的排水量、铅排放总量等出现较大偏差，会对企业日后生产经营造成一定影响。因此，铅蓄电池企业应积极参与环评文件的编制工作，这就需要企业首先要了解环境影响评价文件的编制流程。

环境影响评价文件的编制流程如图 6-1 所示。

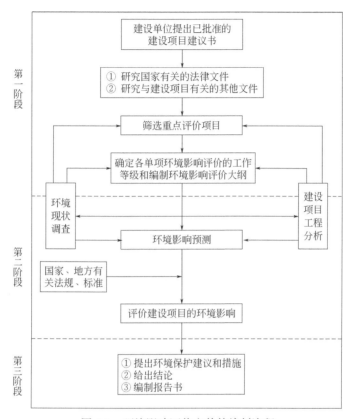

图 6-1　环境影响评价文件的编制流程

6.1.2　环评文件主要内容

6.1.2.1　环评文件主要框架

环境影响评价文件主要包括以下内容：
① 建设项目概况；
② 工程分析；
③ 建设项目周围地区的环境现状；
④ 环境影响预测；
⑤ 建设项目环境影响评价；
⑥ 环境保护设施评述及技术经济论证；

⑦ 环境影响经济损益分析；

⑧ 环境监测制度及环境管理、环境规划的建议；

⑨ 环境影响评价结论。

6.1.2.2　环评文件编制要点

铅蓄电池企业环境影响评价文件的编制应遵循以下要求。

（1）总体要求

铅蓄电池建设项目应编制环境影响评价报告书。

铅蓄电池建设项目环境影响评价工作程序应按《建设项目环境影响评价技术导则　总纲》（HJ 2.1—2016）、《环境影响评价技术导则　大气环境》（HJ 2.2—2018）、《环境影响评价技术导则　地表水环境》（HJ 2.3—2018）、《环境影响评价技术导则　声环境》（HJ 2.4—2009）的规定执行。

铅蓄电池建设项目评价因子应包括废水（pH 值、化学需氧量、总铅、总镉）、废气（铅烟、铅尘、硫酸雾）、固体废物（一般固体废物、含铅危险废物）等。

（2）工程分析

应详细说明主要原辅材料（铅锭、硫酸）消耗量、贮存方式等。

根据工艺原理和生产特点，对铅蓄电池建设项目的各生产装置进行物料平衡分析并汇总，给出投入产出比、物料损失率。

对于铅等重金属物质，应进行流向平衡分析；应清楚描述各物料（特别是铅）的来源、去向等，并从物料量、有害元素含量与数量等方面进行细化分析；物料平衡的编制依据为可行性研究报告、初步设计中的资料，编制过程中应注意取用数据的合理性以及报告书前后数据的一致性，注意平衡中的损失量不要过大。

进行水平衡分析，应详细列出不同水质的来源与回用途径及排放去向。应列出各类废水处理工艺前后水质表（包括化学需氧量、氨氮等常规污染指标以及铅等特征污染物）。主要废水处理设施一般包括污酸处理站、污水（酸性废水）处理站和全厂废水处理站，如果企业采用两级反渗透工艺，应分别给出两级反渗透后的浓盐水水质和淡水水质。通过水平衡测试，应计算取水量、重复用水量、废水产生量、处理量、回用量和排放量，明确回用工序，计算水重复利用率、废水回用率等。

详细描述工艺流程，明确每个生产工序投入的原料种类、热源的种类、生产过程的反应原理、主要技术参数、产出的产品或者中间产物的种类及去向；根据制粉、合金、铸板等工序特点，明确各生产工序废气、废水、废渣等的排放去向。

应强化污染源排放分析，特别要加强废气污染源（包括有组织排放源、无组织排放源）排放特征分析，具体应包括废气排放量、污染物名称［污染物（指标）应包括二氧化硫、氮氧化物、烟尘、化学需氧量、氨氮及重金属等］、污染物浓度、排放速率、处理措施、排气筒高度、排气筒内径、排气温度、无组织排放特征等信息；分析非正常工况下的排放情况。

进行废水、废气、固体废物（危险废物）处理、处置措施及达标性分析。

（3）清洁生产分析

产品结构应符合国家相关规定，如《产业结构调整指导目录（2019 年本）》等；生产规模应符合国家或行业相关产业政策要求，如《铅蓄电池行业规范条件（2015 年本）》等。

铅蓄电池生产企业应采用行业清洁生产技术装备，各项指标应符合行业清洁生产评价指标体系相关要求，主要指标包括单位产品铅消耗量、电耗、取水量、废水产生量、主要污染物（铅）产生量等。相关技术指标应符合国家或行业相关产业政策要求，如《电池行业清洁生产评价指标体系》（国家发展和改革委员会、环境保护部、工业和信息化部 2015年第 36 号公告）等。

（4）环境质量现状调查与分析

应按照《环境影响评价技术导则 大气环境》（HJ 2.2—2018）、《环境影响评价技术导则 地表水环境》（HJ 2.3—2018）和《环境影响评价技术导则 声环境》（HJ 2.4—2009）相关要求，开展环境空气、地表水环境质量现状调查与评价，并调查、分析区域内的环境承载力。

针对铅污染物，根据《地下水质量标准》（GB/T 14848—2017）、《地下水环境监测技术规范》（HJ/T 164—2004）等规定开展地下水环境质量调查分析；根据《建设用地土壤污染状况调查技术导则》（HJ 25.1—2019）、《土壤环境监测技术规范》（HJ/T 166—2004）等规定开展土壤环境质量调查分析。

注重对评价区范围内居民的健康状况进行调查。调查因子可选择血铅、血镉或尿铅、尿镉等；调查人群可分为成年人、儿童；评价标准有《职业接触铅及其化合物的生物限值》（WS/T 112—1999）、《职业性慢性铅中毒的诊断》（GBZ 37—2015）、《职业接触镉及其化合物的生物限值》（WS/T 113—1999）、《职业性镉中毒的诊断》（GBZ 17—2015）等；针对人群健康调查重金属超标的群体，要给出超标人群的分布图，分析超标原因，并制定相应的防治方案。

（5）环境影响预测、评价

① 环境空气。分析典型小时和典型日气象条件下，项目对环境空气敏感区和评价范围的最大环境影响。叠加现状背景值，分析项目建成后最终的区域环境质量状况，同时应叠加其他在建和拟建项目的叠加环境影响。关注无组织排放预测计算中无组织排放源强确定的合理性，强化环境管理及日常监测要求。

② 土壤。应高度重视项目排放的重金属对项目周边土壤的累积影响，利用大气干湿沉降模型计算项目排放铅等重金属对周边土壤至少 20 年的累积性影响结果。适时开展重金属环境累积影响专项研究及环境影响后评价。对于已造成的重金属土壤污染问题，地方政府应按有关规定监督污染场地责任人对污染场地进行治理修复，防止对周边环境造成二次污染。

③ 地表水。重点说明生产废水是否外排，如不外排应论述废水"零排放"的可行性。对于清净下水、生活污水外排进入城市污水处理厂，需要分析排放废水是否满足城市污水处理厂进水的相关水质要求，分析是否满足城市污水处理厂的处理能力要求。

④ 噪声。应分析厂界与厂界周围敏感点、运输道路周围敏感点的声环境达标情况。厂界及敏感点噪声评价采用噪声预测值，即噪声贡献值叠加现状监测值。

⑤ 固体废物。关注对固体废物性质的判断。危险废物的判定依据《国家危险废物名录》《危险废物鉴别标准 浸出毒性鉴别》来界定。使用硫酸硝酸法浸出。第 Ⅰ、Ⅱ 类一般工业固体废物的判别标准是根据用《固体废物浸出毒性浸出方法》规定方法进行浸出试验而获得的浸出液中任何一种污染物的浓度是否超过《污水综合排放标准》最高允许排放浓度，且 pH 值是否在 6～9 范围之内。

⑥ 卫生防护距离。系指产生有害因素的部门（车间或工段）的边界至居住区边界的

最小距离。铅蓄电池企业选址应符合以下要求。

应符合当地城市总体规划、行业发展专项规划和环境保护规划，满足当地对重金属污染防治、水污染防治、大气污染防治、土壤污染防治和生态保护的要求。

饮用水水源保护区、准保护区，《环境空气质量标准》（GB 3095—2012）中规定的环境空气质量一类功能区，以及自然保护区、生态功能保护区等环境敏感区域内禁止建设铅蓄电池生产项目。

应符合卫生防护距离、大气环境防护距离和环境安全防护距离的要求。

卫生防护距离的确定参照《大气有害物质无组织排放卫生防护距离推导技术导则》（GB/T 39499—2020）、《危险废物贮存污染控制标准》（GB 18597—2001）。

《大气有害物质无组织排放卫生防护距离推导技术导则》（GB/T 39499—2020）采用了《制定地方大气污染物排放标准的技术方法》（GB/T 3840—1991）推荐的估算方法计算卫生防护距离，需要考虑大气有害物质无组织排放量、大气有害物质环境空气质量标准限值、大气有害物质无组织排放源所在生产单元的等效半径、企业所在地区近五年平均风速等因素。具体计算如式（6-1）所示。

$$\frac{Q_c}{C_m} = \frac{1}{A}(BL^C + 0.25r^2)^{0.50}L^D \qquad (6-1)$$

式中　　　Q_c——大气有害物质无组织排放量，kg/h；

　　　　　C_m——大气有害物质环境空气质量标准限值，mg/m^3；

　　　　　L——大气有害物质卫生防护距离初值，m；

　　　　　r——大气有害物质无组织排放源所在生产单元的等效半径，m；

A，B，C，D——卫生防护距离初值计算系数，无因次，根据企业所在地区近五年平均风速及大气污染源构成类别查表 6-1 而得。

表 6-1　卫生防护距离初值计算系数

卫生防护距离初值计算系数	工业企业所在地区近 5 年平均风速/(m/s)	卫生防护距离（L）/m								
		L≤1000			1000<L≤2000			L>2000		
		工业企业大气污染源构成类型								
		I①	II②	III③	I	II	III	I	II	III
A	<2	400	400	400	400	400	400	80	80	80
	2～4	700	470	350	700	470	350	380	250	190
	>4	530	350	260	530	350	260	290	190	110
B	<2	0.01			0.015			0.015		
	>2	0.021			0.036			0.036		
C	<2	1.85			1.79			1.79		
	>2	1.85			1.77			1.77		
D	<2	0.78			0.78			0.57		
	>2	0.84			0.84			0.76		

① I 类：与无组织排放源共存的排放同种有害气体的排气筒的排放量，大于或等于标准规定的允许排放量的 1/3 者。

② II 类：与无组织排放源共存的排放同种有害气体的排气筒的排放量，小于标准规定的允许排放量的 1/3，或虽无排放同种大气污染物之排气筒共存，但无组织排放的有害物质的容许浓度指标是按急性反应指标确定者。

③ III 类：无排放同种有害物质的排气筒与无组织排放源共存，但无组织排放的有害物质的容许浓度是按慢性反应指标确定者。

危险废物集中贮存设施的选址应符合《危险废物贮存污染控制标准》（GB 18597—2001）的相关规定，主要内容包括：地质结构稳定，地震烈度不超过 7 度的区域内；设施底部必须高于地下水最高水位；场界应位于居民区 800m 以外，地表水域 150m 以外；应避免建在溶洞区或易遭受严重自然灾害（如洪水、滑坡、泥石流、潮汐等）影响的地区；应建在易燃、易爆等危险品仓库、高压输电线路防护区域以外；应位于居民中心区常年最大风频的下风向。

《关于发布〈一般工业固体废物贮存、处置场污染控制标准〉（GB 18599—2001）等 3 项国家污染物控制标准修改单的公告》（环境保护部　2013 年第 36 号公告）对《危险废物贮存污染控制标准》（GB 18597—2001）第 6.1.3 条"场界应位于居民区 800m 以外，地表水域 150m 以外"进行修改。修改后标准内容如下。

应依据环境影响评价结论确定危险废物集中贮存设施的位置及其与周围人群的距离，并经具有审批权的环境保护行政主管部门批准，并可作为规划控制的依据。

在对危险废物集中贮存设施场址进行环境影响评价时，应重点考虑危险废物集中贮存设施可能产生的有害物质泄漏、大气污染物（含恶臭物质）的产生与扩散以及可能的事故风险等因素，根据其所在地区的环境功能区类别，综合评价其对周围环境、居住人群的身体健康、日常生活和生产活动的影响，确定危险废物集中贮存设施与常住居民居住场所、农用地、地表水体以及其他敏感对象之间合理的位置关系。

（6）环境风险评价

铅蓄电池项目环境风险评价可参照《建设项目环境风险评价技术导则》（HJ 169—2018）执行。评价基本内容包括风险调查、环境风险潜势初判、风险识别、风险事故情形分析、风险预测与评价、环境风险管理等。

知识要点

环境风险评价是对建设项目在建设和运行期间发生的可预测突发性事件或事故（一般不包括人为破坏及自然灾害）引起有毒有害、易燃易爆等物质泄漏或突发事件产生的新的有毒有害物质所造成的对人身安全与环境的影响和损害进行评估，并提出合理可行的防范、应急与减缓措施，以使建设项目事故率、损失和环境影响达到可接受水平。

（7）污染物排放总量控制分析

根据《关于加强铅蓄电池及再生铅行业污染防治工作的通知》（环发〔2011〕56 号）的规定，新建涉铅的建设项目必须有明确的铅污染物排放总量来源。各省（区、市）环保厅（局）要根据《重金属污染综合防治"十二五"规划》目标对本省（区、市）的所有新建涉铅的项目进行统筹考虑，禁止在《重金属污染综合防治"十二五"规划》划定的重点区域、重要生态功能区和因铅污染导致环境质量不能稳定达标区域内新、改、扩建增加铅污染物排放的项目；非重点区域的新、改、扩建铅蓄电池及再生铅项目必须遵循铅污染物排放"减量置换"的原则，且应有明确具体的铅污染物排放量的来源。

6.1.3　环境影响审批文件的执行

在设计阶段要求设计单位编制环境保护篇章，将环评报告书中提出的要求在工程设计中解决，在施工图设计中要审查设计单位环保设施的设计是否完备，有无遗漏。在施工中要合理安排环保工程施工计划并组织实施，环保工程要与主体工程同时施工。

建设项目的性质、规模、地点、生产工艺、生产设备等应与环评报告或环评审批等文件一致。发生重大变动时，应当重新履行环评手续。

6.1.4　环境影响后评价

根据《中华人民共和国环境影响评价法》第二十七条的规定："在项目建设、运行过程中产生不符合经审批的环境影响评价文件的情形的，建设单位应当组织环境影响的后评价，采取改进措施，并报原环境影响评价文件审批部门和建设项目审批部门备案；原环境影响评价文件审批部门也可以责成建设单位进行环境影响的后评价，采取改进措施。"

当铅蓄电池生产企业周边环境发生重大变化，如卫生防护距离已经不能满足标准要求时，应开展环境影响后评价。

6.2
建设过程环境管理

6.2.1　建设期主要环境问题及基本措施

6.2.1.1　噪声污染

噪声是施工现场主要环境问题之一。如在施工中需要进行爆破作业，必须经上级主管部门审查同意，并持说明爆破器材的地点、品名、数量、用途、四邻距离的文件和安全操作规程，向所在地县、市公安局申请"爆破物品使用许可证"后方可进行作业。

噪声污染主要防治措施包括：

① 严格执行建筑施工场界噪声限制标准；

② 混凝土浇灌施工前应到政府相关部门办理夜间施工许可证后，方可施工；

③ 其他产生噪声的工序（木模板加工等）避免夜间施工，若需夜间施工时，控制在晚上 10 点钟前，并告知周边居民；

④ 控制工地所用的各种运输车辆产生的噪声，进入现场后不得鸣汽笛；

⑤ 设置木工棚、钢筋加工棚减小噪声的扩散。

6.2.1.2　大气污染

造成大气污染的因素很多，其中最主要的因素有扬尘排放、有毒有害气体排放、建筑材料引起的空气污染等。

大气污染主要防治措施如下。

① 现场混凝土、砂浆搅拌点搭设施工棚，减少扬尘。

② 车辆出场设置车辆冲洗池，车辆清理干净后不带尘土出现场。

③ 场内易扬尘颗粒建筑材料（如袋装水泥等）密闭存放。散装颗粒物材料（如沙子等）进场后临时用密目网或毡布进行覆盖，控制此类材料一次进场量，边用边进，减少散发面积，用完后清扫干净。

④ 现场围挡：利用压型钢板围挡施工现场，防止施工扬尘飘浮至现场外。

⑤ 土方开挖需事先拟妥工作计划，尽量减少开挖的裸露面积，余土外运后应迅速冲刷被污染的硬化地面。

⑥ 通过硬化场地、定期洒水、适当材料覆盖、尽量禁止车辆通行（或限速通行）等措施加以解决现场扬尘问题。

⑦ 运输泥土、沙石、废物或散装物料的车辆（货车）需注意装卸及载运过程的污染控制。

⑧ 工程项目应尽量避免采用在施工过程中会产生有毒、有害气体的建筑材料。

⑨ 对于柴油打桩机锤要采取防护措施，控制所喷出油污的影响范围。

6.2.1.3　固体废物污染

建筑垃圾应有指定堆放地点，并随时进行清理。运输建筑材料、垃圾和工程渣土的车辆应采取有效措施，防止尘土飞扬、洒落或流溢。要采取有效措施控制施工过程中的扬尘。提倡采用商品混凝土。要减少建筑垃圾的数量。

6.2.1.4　水污染

主要污水包括泥浆水和生产污水等，相应防治措施包括：

① 废水中若存在有害成分，必须加以收集，经处理至符合排放标准后才可排放；

② 施工及生活中的污水、废水，沉淀处理后按临时排水方案排至市政下水管网；

③ 严格防止含有害健康的各类液体（如汽油、酸、碱液、涂料等）倾倒，以防地下水污染或混入一般废水中；

④ 要注意防止废物或物料在贮存或堆积时因雨水冲刷进入一般废水中；

⑤ 施工现场与临设区保持道路畅通，并设置雨水排水明沟，使现场排水得到保障。

6.2.2　建立项目施工环境管理和控制监理制度

在项目建设阶段开展环境保护监理，建设单位可委托有环境保护监理资质的监理单位，承担建设项目施工到环保"三同时"措施落实过程直至投产全过程的环境保护监理。环境保护监理单位定期就建设过程的环保情况进行检查总结，及时将有关情况报告给环保主管部门和建设单位。

6.2.3 倡导绿色施工理念

绿色施工的基本内容是减少施工对环境的负面影响。绿色施工除了封闭施工、降低噪声扰民、防止扬尘、减少环境污染、清洁运输、文明施工外，还应该减少场地干扰，尊重基地环境，结合气候施工，节约水、电、材料等资源和能源，采用环保健康的施工工艺，减少填埋废物的数量，实施科学管理，保证施工质量，遵循可持续发展的原则。也有人对绿色施工提出了更高的要求，认为绿色施工具有"四化"的特征，即系统化、社会化、信息化、一体化，这实质上是将施工技术提升到了一个新的高度。

6.3
竣工环境保护验收

6.3.1 建设项目环境保护验收新要求

2017 年 7 月 16 日，国务院印发《关于修改〈建设项目环境保护管理条例〉的决定》（国务院令 第 682 号），正式取消了建设项目竣工环境保护验收行政许可，改为建设单位自主验收，自 2017 年 10 月 1 日起实施。

为贯彻落实《建设项目环境保护管理条例》要求，2017 年 11 月 20 日环境保护部发布《建设项目竣工环境保护验收暂行办法》（国环规环评〔2017〕4 号），对建设项目环境保护设施竣工验收的程序和标准进行了规定，并强化建设单位环境保护主体责任。

为了给新《建设项目环境保护管理条例》和《建设项目竣工环境保护验收暂行办法》提供技术支撑，进一步规范和细化建设项目竣工环境保护验收的标准和程序，提高可操作性，2018 年 5 月 15 日生态环境部颁布了《建设项目竣工环境保护验收技术指南 污染影响类》（2018 年第 9 号公告），对企业自主开展验收的标准和程序做出总体的规范和细化，并明确了企业自主验收监测的技术要求。其中，验收内容调整为建设项目配套的环境保护设施，对配套建设的环境保护设施进行验收，如实查验、监测、记载环保设施的建设、调试情况，编制验收报告。同时，《建设项目环境保护管理条例》明确了"三同时"各环节的具体要求，强化了建设单位的主体责任。此外，《建设项目竣工环境保护验收技术指南 污染影响类》规定"已发布行业验收技术规范的建设项目从其规定"。

2018 年 2 月，为规范建设项目重大变动环评管理，做好环评与排污许可制度的衔接，继 2015 年发布包含火电等九个行业建设项目的重大变动清单（环办〔2015〕52 号文）后，环境保护部又发布了《关于印发制浆造纸等十四个行业建设项目重大变动清单的通知》（环办环评〔2018〕6 号）。其中对如何界定建设项目属于重大变动做了详细规定，属于重大变动的应当重新报批环境影响评价文件,不属于重大变动的纳入竣工环境保护验收管理。

6.3.2 建设项目环境保护验收工作程序

验收工作分为验收监测工作和后续验收工作两部分,其中验收监测工作可分为验收启动、验收自查、编制验收监测方案、实施监测和检查、编制验收监测报告五个阶段。后续验收工作包括提出验收意见、编制"其他需要说明的事项"、形成并公开验收报告、全国建设项目环境影响评价信息平台登记、档案留存等。具体工作程序如图 6-2 所示。

6.3.3 启动验收

启动验收指验收之前的相关准备工作。由于验收由行政审批制变更为企业自主验收,故验收准备工作的内容发生了变化。启动验收阶段主要是通过收集、查阅有关资料,制订初步验收工作计划,确定工作方案,明确验收监测方式(自测、委托监测),启动验收程序。其中,需收集的验收相关资料包括:建设项目环境影响报告书(表)及其审批部门审批决定、变更环境影响报告书(表)及其审批部门审批决定、排污许可证、环境监理报告 [环境影响报告书(表)及其审批部门审批决定或生态环境行政主管部门有要求的] 等环保资料,设计资料(环保部分)、工程监理资料(环保部分)、施工合同(环保部分)、环境保护设施技术文件、工程竣工资料等工程资料,以及与实际建设情况一致的建设项目地理位置图、厂区平面布置图(应标注有组织废气排气筒、废水排放口、固体废物贮存场、事故水池等所在位置)、厂区污水和雨水管网图、固体废物贮存场平面布置图、厂区周边环境敏感目标分布图(应标注敏感目标与厂界相对位置、距离)、水平衡图、主要特征元素平衡图、生产装置工艺流程及污染物产生节点图、废气和废水处理设施工艺流程示意图等图件资料等。

根据验收项目时间进度要求以及企业自身能力建设水平等实际情况,制订验收工作计划,明确企业自测或委托技术机构监测的验收监测方式、验收工作进度安排。

6.3.4 验收自查

6.3.4.1 自查目的

自查环保手续履行情况、项目建成情况和环境保护设施建成情况与环境影响报告书(表)及其审批部门审批决定的一致性,确定是否具备按计划开展验收工作的条件;自查污染源分布、污染物排放情况及排放口设置情况等,作为制订验收监测方案的依据。

6.3.4.2 环保手续履行情况

环保手续履行情况包括项目环境影响报告书(表)及其审批部门审批情况;发生较大变动的,其相应审批手续完成情况;国家与地方生态环境行政主管部门对项目督查、整改

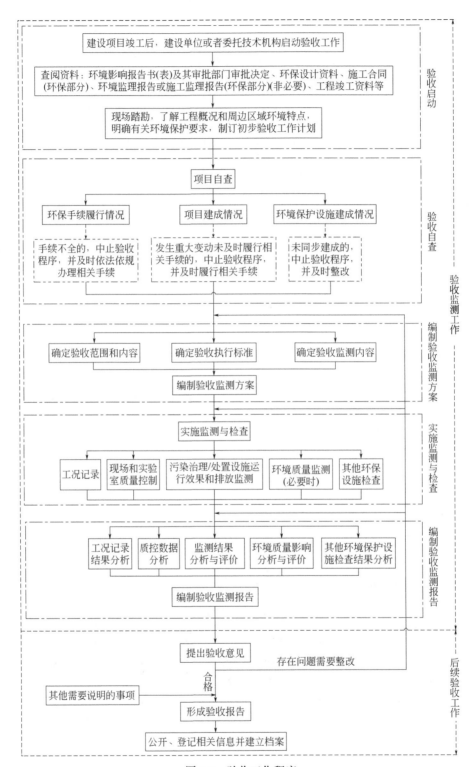

图6-2 验收工作程序

要求的落实情况；排污许可证申领情况等。

6.3.4.3 项目建成情况

对照环境影响报告书（表）及其审批部门审批决定，自查项目建设性质、规模、地点，主要生产工艺、产品及产量、原辅材料消耗，项目主体工程、储运工程、公辅工程和依托工程等情况。

（1）主体工程

主体工程包括熔铅、制粉、板栅铸造、和膏、涂板/灌粉/挤膏、固化、极板加工（分片刷片等）、组装（称片包片、装配焊接等）、化成、电池后处理等生产单元。自查内容包括装置建设地点、设施数量、规格、容量等基本参数，生产工艺及产污节点、设计生产时间、设计生产能力、产品类别及规模等，原辅料种类、来源、成分及用量，燃料种类、来源、成分（硫含量）及使用量。

（2）储运工程

储运工程包括原料堆场、仓储设施、运输设施及其他储运设施等。自查内容包括：原料种类、来源、成分、年供料量，原料场占地面积、建设地点、建设情况以及风险控制措施，产品成品库、综合仓库的类型、建设地点、规模（面积和数量等）等，危险品库区类型、建设地点、规模（面积和数量等）、风险控制措施等。

（3）公辅工程

公辅工程包括给排水设施、供热设施、供电设施、供气设施、空压站、变电所、检化验设施、职工食堂、洗浴室、工作服洗涤室、宿舍等。自查内容包括供水水源、供水方式、供水量、最终排放量及回用水量，给水管线、排水管线、排洪沟、雨水收集系统和泵站工程、雨污分流情况等；锅炉型号、蒸发量、锅炉数量；燃料种类、质量、产地、用量等；供电方式、变电所位置、数量、规模等；检化验设施、位置、试剂种类与去向等；职工食堂、洗浴室、工作服洗涤室、宿舍的人数、规模、布置位置等。

（4）依托工程

常见的依托工程包括园区污水处理设施、供热设施、供电设施、供气设施、固体废物贮存或处置设施等。根据项目实际建设内容，对照环境影响报告书（表）及其审批部门审批决定，对可能涉及的依托工程进行自查，自查其建成情况及依托可行性。

6.3.4.4 环境保护设施建成情况

对照环境影响报告书（表）及其审批部门审批决定，依据项目生产工艺、生产流程，主要原辅料及产品种类，分析自查废气、废水、噪声、固（液）体废物等污染物产生情况、相应配套治理设施、处理流程及最终排放去向。

（1）废气

梳理查验原料系统、生产系统等废气产生情况、污染物种类、治理设施及排放（浓度与总量）情况；主要原辅料种类及消耗量；主要废气治理设施工艺流程图、废气治理设施图片、厂区排气筒高度与分布图以及废气在线监测设施安装情况等。无组织废气源应重点查验无组织废气产生情况、有无减少无组织排放所采取的具体措施。

（2）废水

梳理查验各生产工序废水产生情况、污染物种类、排放浓度、排放去向、排放规律（连续、间断）等；废水治理工艺流程图、全厂废水（含初期雨水）流向示意图、废水治理设施图片等。自查配套综合污水处理站的建设规模、处理工艺、主要技术参数；处理后废水排放去向、排水量、排放口数量及位置、受纳水体、排污口规范化建设及在线自动监测设备安装情况等。

（3）固体废物

梳理查验固体废物名称、来源、性质（一般固体废物或危险废物）、产生量、处理处置量、处理处置方式、贮存量，有无转移和暂存场所、委托处理处置合同、委托单位资质、危废转移联单及相关生产设施、环保设施及敏感点图片等。涉及固体废物贮存场的应查验贮存场地理位置、面积、贮存方式、设计规模、场区排水系统及防渗系统、污染物及污染防治设施等。

（4）噪声

梳理查验主体工程及公辅工程噪声产生情况、噪声设备名称、源强、台数、位置、运行方式、治理措施及噪声治理设施图片等。

对照环境影响报告书（表）及其审批部门审批决定要求，对其他要求配套的环境保护设施建成情况进行自查。

6.3.4.5　自查结果

通过全面自查，发现环保审批手续不全的、发生重大变动且未重新报批环境影响报告书（表）或环境影响报告书（表）未经批准的、未按照环境影响报告书（表）及其审批部门审批决定要求建成环境保护设施的，应中止验收程序，补办相关手续或整改完成后再继续开展验收工作。

排放口不具备监测条件的，如采样平台、采样孔设置不规范，应及时整改，以保证现场监测数据质量与监测人员安全。

6.3.5　编制验收监测方案

铅蓄电池企业应根据验收自查结果确定项目验收监测内容，编制验收监测方案，验收监测方案内容一般包括：建设项目概况、验收依据、项目建设情况、环境保护设施、环境影响报告书（表）结论与建议及审批部门审批决定、验收执行标准、验收监测内容、质量保证和质量控制方案等。规模较小、改扩建内容简单的项目，可适当简化验收监测方案内容，但至少应包括监测点位、监测因子、监测频次等主要内容。

（1）项目概况

项目概况内容包括建设项目名称、性质、规模、地点，环境影响评价、设计、建设、审批等过程及审批文号等信息，项目开工、竣工、调试时间，申领排污许可证情况，项目实际总投资及环保投资。明确验收范围，说明分期验收情况等；叙述验收监测工作组织方式与实施计划。

（2）验收依据

验收依据包括建设项目环境保护相关法律、法规和规章制度，建设项目竣工环境保护验收技术规范，建设项目环境影响报告书（表）及其审批部门审批决定，生态环境行政主管部门其他相关文件等。

（3）项目建设情况

项目建设情况内容包括地理位置及平面布置、项目建设内容、主要原辅材料及燃料、水源及水平衡、物料平衡及其他主要元素平衡、生产工艺、项目变动情况等。

（4）环境保护设施

环境保护设施内容包括废水治理设施、废气治理设施、噪声治理设施、固体废物产生及处理处置情况、环境风险防范设施、规范化排污口、监测设施及在线监测装置、其他设施、环保投资及"三同时"落实情况等。

（5）环境影响报告书（表）结论与建议及其审批部门审批决定

环境影响报告书（表）主要结论与建议、审批部门审批决定等。

（6）验收执行标准

污染物排放标准、环境质量标准选取原则按《建设项目竣工环境保护验收技术指南 污染影响类》（2018年第9号公告）相关要求执行。

水污染物和大气污染物排放执行《电池工业污染物排放标准》（GB 30484—2013）或地方污染物排放标准，环境影响报告书（表）及其审批部门审批决定或排污许可证要求执行的标准或限值严于《电池工业污染物排放标准》（GB 30484—2013）或地方污染物排放标准时，按照环境影响报告书（表）及其审批部门审批决定或排污许可证执行。对于有纳管要求的，按相关协议执行。

厂界环境噪声执行《工业企业厂界环境噪声排放标准》（GB 12348—2008）。产生固体废物的鉴别、处理和处置适用《危险废物鉴别标准 通则》（GB 5085.7—2019）、《危险废物贮存污染控制标准》（GB 18597—2001）及修改单、《一般工业固体废物贮存和填埋污染控制标准》（GB 18599—2020）等固体废物污染控制标准。配套的锅炉执行《锅炉大气污染物排放标准》（GB 13271—2014）或地方污染物排放标准。但环境影响报告书（表）及其审批部门审批决定或排污许可证要求执行的标准或限值严于上述标准时，按照环境影响报告书（表）及其审批部门审批决定或排污许可证执行。

周边环境质量执行现行有效的环境质量标准。

环境保护设施处理效率按照相关标准和审批部门对其环境影响报告书（表）的审批决定执行，相关标准和环境影响报告书（表）的审批决定中未做规定的，按照其环境影响报告书（表）或设计指标进行评价。

（7）验收监测内容

验收监测内容包括环保设施处理效率监测、污染物排放监测、"以新带老"监测、环境质量监测等。

（8）质量保证与质量控制

验收监测应当在确保主体工程工况稳定、环境保护设施运行正常的情况下进行，保证监测数据的代表性。

验收监测采样方法、监测分析方法、监测质量保证和质量保证要求均按照《排污单位自行监测技术指南 总则》（HJ 819—2017）执行。

6.3.6 实施验收监测

实施验收监测主要需关注以下几个方面。

（1）现场监测与检查

按照验收监测方案开展现场监测，并按相关技术规范做好现场监测的质量管理与质量保证工作。

（2）工况记录要求

如实记录监测时的实际工况以及决定或影响工况的关键参数；如实记录能够反映环境保护设施运行状态的主要指标；包括但不限于记录各主要生产装置监测期间原辅料用量及产品产量；配套锅炉运行负荷记录监测期间燃料消耗量等；污水处理设施运行负荷记录监测期间污水处理量、污水回用量、污水排放量、污泥产生量（记录含水率）、污水处理使用的主要药剂名称及用量等。

（3）监测数据整理

按照相关评价标准、技术规范要求整理监测数据。

6.3.7 编制验收监测报告（表）

6.3.7.1 监测报告（表）主要内容

验收监测报告（表）的主要内容应包括验收监测方案中（1）～（7）、质量保证与质量控制、验收监测结果及验收监测结论。验收监测报告（表）推荐格式可参见《建设项目竣工环境保护验收技术指南 污染影响类》（2018 年第 9 号公告）附录 2。

6.3.7.2 质量控制与质量保证

在验收监测方案"质量保证与质量控制"内容基础上，还需说明参加验收监测人员能力情况，按气体监测、水质监测、噪声监测、固体废物监测、土壤监测分别说明监测采取的质控措施，并列表说明监测所使用仪器的名称、型号、编号、相应的校准、质控数据分析统计等。

6.3.7.3 验收监测结果及结论

（1）生产工况

说明监测期间的实际工况、决定或影响工况的关键参数，以及反映环境保护设施运行状态的主要指标。

（2）环保设施处理效率监测结果

根据主要废水、废气治理设施进、出口监测结果，计算主要污染物处理效率，评价环保设施处理效率是否符合相关标准、环境影响报告书（表）及其审批部门审批决定或设计指标要求，若不符合应分析原因。不具备监测条件未监测的应说明原因。

（3）污染物排放监测结果

根据验收监测数据，评价废气（有组织、无组织）、废水、厂界环境噪声、固体废物监测结果是否符合相关标准要求；根据污染物排放量核算结果，评价是否满足环境影响报告书（表）及审批部门审批决定、排污许可证规定的总量控制指标；对于有"以新带老"要求的，核算项目实施后主要污染物增减量。

（4）工程建设对环境的影响

根据验收监测数据，评价环境敏感目标环境空气、地表水、地下水、海水、声环境、土壤等环境质量监测结果是否符合相关标准要求。出现超标的，应分析原因。

（5）环境保护设施落实情况

简述是否落实了废水、废气、噪声、固体废物污染治理/处置设施，环境风险防范设施，在线监测装置，"以新带老"改造工程等环境影响报告书（表）及其审批部门审批决定中要求采取的各项环境保护设施。

6.3.7.4 建设项目竣工环境保护"三同时"验收登记表

企业在编制验收监测报告时，应如实填写《建设项目竣工环境保护设施"三同时"验收登记表》，并作为验收监测报告的附件之一。具体包括建设项目基本信息，投资概算及实际投资、主要污染物排放浓度、产生量、排放量及"以新带老""区域削减"等情况，可参见《建设项目竣工环境保护验收技术指南　污染影响类》（2018年第9号公告）附录2。

6.3.7.5 验收监测报告附件

报告附件为验收监测报告内容所涉及的主要证明或支撑材料，主要包括：审批部门对环境影响报告书（表）的审批决定、监测数据报告、项目变动情况说明、危险废物委托处置协议及处置单位资质证明等。

6.3.8 后续验收工作

验收监测报告编制完成后，进入后续验收工作程序，提出验收意见，编制"其他需要说明的事项"，形成并公开验收报告（包括验收监测报告、验收意见和其他需要说明的事项三项内容），登录全国建设项目环境影响评价信息平台（原全国建设项目竣工环境保护验收信息平台）填报相关信息。

企业完成项目验收工作后，应建立项目验收档案，存档备查。验收档案应包括但不限于以下内容：

① 环境影响报告书（表）及其审批部门审批决定；

② 设计资料环境保护部分或环保设计方案、施工合同（环保部分）；

③ 环境监理报告或施工监理报告（环保部分）（若有）；

④ 工程竣工资料（环保部分）；

⑤ 验收报告（含验收监测报告、验收意见和其他需要说明的事项）、信息公开记录证明（需要保密的除外）；

⑥ 验收监测数据报告及相关原始记录等，自行开展监测的应留存相关的采样、分析原始记录、报告审核记录等；

⑦ 委托技术机构编制验收监测报告的，可留存委托合同、责任约定等委托关键材料；

⑧ 企业成立验收工作组协助开展验收工作的，可留存验收工作组单位及成员名单、技术专家专长介绍等材料。

第7章

铅蓄电池行业生产过程环境管理

7.1
企业布局及基础设施建设

7.1.1　企业选址

铅蓄电池企业的选址应符合当地城市总体规划、行业发展专项规划和环境保护规划，满足当地对重金属污染防治、水污染防治、大气污染防治、土壤污染防治和生态保护的要求。

饮用水水源保护区、准保护区，《环境空气质量标准》（GB 3095—2012）中规定的环境空气质量一类功能区，以及自然保护区、生态功能保护区等环境敏感区域内禁止建设铅蓄电池生产项目。

铅蓄电池企业的选址应符合卫生防护距离、大气环境防护距离和环境安全防护距离的要求。

7.1.2　厂区布局

企业日常综合环境管理工作主要包括厂区整体环境的设计、建设及日常维护管理，具体要求如下。

7.1.2.1　车间布局要求

根据《铅蓄电池行业规范条件（2015 年本）》相关规定，熔铅、铸板及铅零件工序应设在封闭的车间内；分板刷板（耳）工序应设在封闭的车间内；化成、充电工序应设在封闭的车间内。

某企业车间封闭改造现场如图 7-1 所示。

图 7-1　某企业车间封闭改造现场

7.1.2.2　地面防渗要求

车间进行地面和墙面防腐处理，地面铺设防渗垫层（水泥地坪+"两布三油"+花岗岩）并用环氧树脂浇缝，防止渗滤液和废酸液外渗污染地下水和土壤。

车间废水收集管沟的沟壁及沟底全部采用"两布三油"的防腐防渗工艺处理，管沟的防腐工程与车间地面防腐防渗工程衔接完整，避免遗留缝隙导致渗漏。

某企业地面施工现场如图 7-2 所示。

7.1.2.3　污污分流要求

生活污水和生产废水分别处理；洗浴废水、洗衣废水应按铅废水与生产废水一同处理。某铅蓄电池企业采用干洗机替代水洗机，以减少洗衣废水排放量（图 7-3）。

7.1.2.4　初期雨水收集要求

生态环境部《关于雨水执行标准问题的回复》中明确：企业在生产过程中，因物料遗撒、跑冒滴漏等原因，通常在厂区地面残留较多原辅料和废弃物，在降雨时被冲刷带入雨

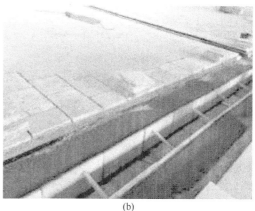

(a) (b)

图 7-2　某企业地面施工现场

图 7-3　某铅蓄电池企业采用干洗机

水管道，污染雨水。因此，若不对污染雨水加以收集处理，任其通过雨水排口直接外排，将对水生态环境造成严重污染。为控制污染雨水，多项排放标准已将初期雨水或污染雨水纳入管控范围，要求达标排放。企业雨水管理应严格执行该行业相应排放标准的相关要求。

近年，我国逐步建立以排污许可证管理为核心的固定污染源环境管理制度，在发布实施的各行业排污许可证申请与核发技术规范中强化了有关雨水排放口的申报和监测管理要求，并规定初期雨水应经污水处理设施处理后由企业总排放口排放。

实际上早在 1987 年 3 月 20 日，由国家计划委员会、国务院环境保护委员会颁布实施的《建设项目环境保护设计规定》第四十二条就已经规定"经常受有害物质污染的装置、作业场所的墙壁和地面的冲洗水以及受污染的雨水，应排入相应的废水管网"。

现阶段我国关于工业企业初期雨水收集时间、初期雨水量以及收集池容积的计算方法尚不统一，铅蓄电池企业可参考以下内容建设初期雨水收集池。

（1）初期雨水的收集时间

通常认为，初期雨水（也有称"污染雨水"）指下雨时前 15min 及以上的雨水，因其含有较多污染物,必须经收集并处理后才能排放。如《排污许可证申请与核发技术规范　电镀工业》(HJ 855—2017)明确:初期雨水的收集时间宜为 15min,收集的初期雨水应经处理达标后排放。

《石油化工给水排水系统设计规范》(SH/T 3015—2019)规定"生产装置区、辅助生产区等污染区域的初期雨水应排入初期雨水系统或工艺废水系统"。但该标准未给出初期雨水(污染雨水)收集时间要求。

《化工建设项目环境保护设计规范》(GB 50483—2009)将"初期雨水"定义为刚下的雨水,一次降雨过程中的前 10～20min 降水量。2019 年 11 月 22 日,住房和城乡建设部发布《化工建设项目环境保护工程设计标准》(GB/T 50483—2019),于 2020 年 3 月 1 日起实施,同时废止《化工建设项目环境保护设计规范》(GB 50483—2009)。该项标准中将"初期污染雨水"定义为污染区域降雨初期产生的雨水。宜取一次降雨初期 15～30min 雨量,或降雨初期 20～30mm 厚度的雨量。

(2)初期雨水量/收集池容积

《石油化工污水处理设计规范》(GB 50747—2012)将"污染雨水"定义为:受物料污染且未满足排放标准的雨水。《化学工业污水处理与回用设计规范》(GB 50684—2011)将"初期污染雨水"定义为:可能受物料污染的污染区地面的初期雨水。标准中未给出污染雨水收集时间。

《石油化工污水处理设计规范》(GB 50747—2012)规定"污染雨水量"应按一次降雨污染雨水贮存容积和污染雨水折算成连续流量的时间计算确定。污染雨水贮存设施的容积宜按污染区面积与降雨深度(宜取 15～30mm)的乘积计算。《石油化工给水排水系统设计规范》(SH/T 3015—2019)对"一次初期雨水总量"进行界定,指出:一次初期雨水总量宜按污染区面积与 15～30mm 降水深度的乘积计算。设计初期雨水流量应根据一次降雨初期雨水总量和调节设施的调节能力确定。

一次降雨污染雨水总量(初期雨水量)有两种计算方法,其中一种是按当地暴雨强度公式进行计算,该方法是环评中最常用的方法,但重现期、降雨历时等参数的选择对计算结果影响较大。

《室外排水设计规范》(GB 50014—2021)给出相关定义:暴雨强度指单位时间内的降雨量,工程上常用单位时间单位面积内的降雨体积来计;重现期是在一定长的统计期间内,等于或大于某统计对象出现一次的平均间隔时间;降雨历时指降雨过程中的任意连续时段;汇水面积指雨水管渠汇集降雨的流域面积。暴雨强度按式(7-1)计算。

$$q = \frac{167A_1(1+C\lg P)}{(t+b)^n} \tag{7-1}$$

式中　　　　q——暴雨强度,L/(s·hm²);

　　　　　　t——降雨历时,min;

　　　　　　P——重现期,年;

　A_1,C,b,n——参数,根据统计方法进行计算确定。

根据计算得出的暴雨强度，计算一次降雨污染雨水总量，按式（7-2）计算。

$$Q_s = q\psi F \qquad (7\text{-}2)$$

式中 Q_s——一次降雨污染雨水总量，L/s；

      q——暴雨强度，L/(s·hm^2)；

      ψ——径流系数；

      F——汇水面积，hm^2。

一次降雨污染雨水总量的另一种计算方法是按实际的经验统计出来的一种近似经验计算方法，即按降雨深度 15～30mm 与污染区面积的乘积确定。该方法比较简单，在环评中的应用越来越多。降雨深度直接关系着调节池的容积。为了做到既经济又能满足排水的环境要求，对全国几十个城市的暴雨强度进行分析，经 5min 初期雨水的冲洗，受污染的区域基本都已被冲洗干净。5min 降雨深度大都在 15～30mm 之间，因此推荐设计选用 15～30mm 深度的降雨作为污染雨水。

《化学工业污水处理与回用设计规范》（GB 50684—2011）规定初期污染雨水量宜按一次降雨初期污染雨水总量和调蓄设施的排空时间计算确定，宜按式（7-3）计算。

$$q_s = \frac{F_s H_s}{t_s \times 1000} \qquad (7\text{-}3)$$

式中 q_s——初期污染雨水量，m^3/h；

      F_s——污染区面积，m^2；

      H_s——降雨深度，mm，宜取 10～30mm；

      t_s——初期污染雨水调蓄池排空时间，h，宜小于 120h。

由于一次降雨收集的初期污染雨水总量较大，通常设调蓄池削减初期污染雨水流量，以减少对污水处理构筑物的冲击负荷。初期污染雨水调蓄池按贮存一次降雨初期污染雨水量计，考虑到在 5 日内再降雨时地面应视为基本干净，不再收集，故初期污染雨水量宜按调蓄池排空时间小于 120h 确定。

《石油化工污水处理设计规范》（GB 50747—2012）定义"污染雨水"为受物料污染且未满足排放标准的雨水。污染雨水量应按一次降雨污染雨水贮存容积和污染雨水折算成连续流量的时间计算确定，可按式（7-4）计算。

$$Q_t = \frac{V}{t} \qquad (7\text{-}4)$$

式中 Q_t——污染雨水量，m^3/h；

      t——污染雨水折算成连续流量的时间，h，可按 48～96h 选取。

同时，该标准提出污染雨水贮存设施的容积宜按污染区面积与降雨深度的乘积计算，即按式（7-5）计算。

$$V = \frac{Fh}{1000} \qquad (7\text{-}5)$$

式中　V——污染雨水贮存容积，m^3；

　　　h——降雨深度，mm，宜取 15～30mm；

　　　F——污染区面积，m^2。

《石油化工污水处理设计规范》（GB 50747—2012）指出：计算过程中，当降雨深度取大值时，折算时间取大值；降雨深度取小值时，折算时间取小值。

《有色金属工业环境保护工程设计规范》（GB 50988—2014）规定厂区初期雨水应收集处理，初期雨水收集池容积应按可能产生污染的区域面积和降水量计算确定，可按式（7-6）计算。

$$V_y=1.2FI\times10^{-3} \tag{7-6}$$

式中　V_y——初期雨水收集池容积，m^3；

　　　F——受粉尘、重金属、有毒化学品污染的场地面积，m^2；

　　　I——初期雨水量，mm。

应用计算时，对于初期雨水降雨量，有色金属冶炼、加工、再生企业可按 15mm 计算，轻金属冶炼或加工企业可按 10mm 计算，稀有金属及产品制备企业可按 10～15mm 计算。

某企业初期雨水收集池现场情况如图 7-4 所示。

图 7-4　某企业初期雨水收集池

知识要点

初期雨水，指降雨初期时的雨水。由于降雨初期，雨水溶解了空气中的大量酸性气体、汽车尾气、工厂废气等污染性气体，降落地面后，又由于冲刷沥青油毡屋面、沥青混凝土道路、建筑工地等，使得前期雨水中含有大量的有机物、病原体、重金属、悬浮固体等污染物质，因此前期雨水的污染程度较高，通常超过了普通的城市污水的污染程度。如果将前期雨水直接排入自然承受水体，将会对水体造成非常严重的污染，必须对前期雨水进行弃流处理，可以设置雨污切换装置，将降雨初期雨水分流至污水管道，降雨后期污染程度较轻的雨水经过预处理截留水中的悬浮物、固体颗粒杂质后，可以直接排入自然承受水体，从而可有效地保护自然水体环境。

7.1.2.5 事故应急池要求

《中华人民共和国水污染防治法》第七十八条规定，企业事业单位在应急状态下应当采取隔离等应急措施，防止水污染物进入水体。《突发环境事件应急管理办法》（环境保护部令第 34 号）第九条明确指出，企业事业单位的突发环境事件风险防控措施包括有效防止泄漏物质、消防水、污染雨水等扩散至外环境的收集、导流、拦截、降污等措施。《建设项目环境风险评价技术导则》（HJ 169—2018）要求，建设项目应设置事故废水收集（尽可能以非动力自流方式）和应急贮存设施，以满足事故状态下收集泄漏物料、污染消防水和污染雨水的需要。 铅蓄电池企业可以参考《建设项目环境风险评价技术导则》（HJ 169—2018）、《石油化工给水排水系统设计规范》（SH/T 3015—2019）、《事故状态下水体污染的预防与控制技术要求》（Q/SY 1190—2013）等标准要求，结合自身特点对事故应急池进行设计、建设、管理。

某企业事故应急池现场情况如图 7-5 所示。

图 7-5　某企业事故应急池

知识要点

事故应急池是企业在发生事故、检修等特殊情况下，暂时贮存排出废液的水池。风险事故废水的来源可包括物料泄漏、消防水、雨水、生产废水等，而能够贮存事故废水的贮存设施可包括事故水池、事故罐、防火堤内或围堰内有效容积、导排水管有效容积等。因此，应急事故水池容积是事故废水导排系统中一个较为重要的环节。为确保风险事故废水不排入外环境，必须基于事故废水最大产生量和事故排水系统贮存设施最大有效容积来综合确定应急事故水池的容积。

7.2
原辅材料贮存及使用管理

7.2.1　危险化学品使用管理

根据《危险化学品目录》，氧化铅（危险货物编号：61507）、硫酸（危险货物编号：81007）、乙炔（危险货物编号：21024）属于危险化学品。

根据《危险化学品安全管理条例》（中华人民共和国国务院令　第591号）的规定，铅蓄电池生产企业在使用危险化学品时，应符合以下要求。

7.2.1.1　危险化学品贮存场所管理

硫酸、乙炔、铅锭等危险化学品的贮存场所建筑物应符合国家相关规定；贮存场所或建筑物内输配电线路、灯具、事故照明和疏散指示标志都应符合安全要求；贮存场所必须提供足够的自然通风或机械通风，防止可燃空气或有害空气的生成和积聚；根据贮存仓库条件安装自动监测和火灾报警系统。

（1）硫酸贮存

硫酸的存放应避免与其他酸、可燃物和氧化物接触，贮存区域应该与其他房屋分开，通风良好，且应遮挡阳光和其他热源。设置专门的浓硫酸贮存罐，并设置隔离围堰、泄险区和洗眼冲淋设施等应急设施。贮罐区内的地面应采取防渗漏和防腐蚀措施。围堰的面积和高度必须达到能容纳最大容量酸罐泄漏的110%容积量。

某企业硫酸贮存区现场如图7-6所示，环境风险防控标识牌如图7-7所示。

图 7-6　某企业硫酸贮存区

图 7-7　某企业硫酸贮存区环境风险防控标识牌

（2）乙炔贮存

① 乙炔瓶的使用现场，存放不得超过 5 瓶；贮存量超过 5 瓶但少于 20 瓶，应在现场或车间内用非燃烧体或难燃烧体墙隔成单独的贮存间，应有一面靠外墙；超过 20 瓶，应设置乙炔瓶库；贮存量不超过 40 瓶的乙炔瓶库，可与耐火等级不低于二级的生产厂房毗连建造，其毗连的墙应是无门、窗和洞的防火墙，并严禁任何管线穿过。

② 贮存间与明火或散发火花地点的距离不得小于 15m，且不应设在地下室或半地下室内。

③ 贮存间应有良好的通风、降温等设施，要避免阳光直射，要保证运输道路通畅，在其附近应设有消火栓和干粉二氧化碳灭火器（严禁使用四氯化碳灭火器）。

④ 乙炔瓶贮存时一般要保持直立，并应有防止倾倒的措施。

⑤ 严禁与氯气瓶、氧气瓶及易燃物品同间贮存。

⑥ 贮存间应有专人管理，在醒目的地方应设置"乙炔危险""严禁烟火"的标志。

⑦ 乙炔瓶库的设计和建造应符合《建筑设计防火规范》和《乙炔站设计规范》的有关规定。

某企业乙炔贮存库房现场如图 7-8 所示。

图 7-8　某企业乙炔贮存库房

（3）铅原料贮存

① 铅、铅合金、铅化合物、铅混合物等严禁露天堆放，应存放在专用的库房。

② 库房应是阴凉、干燥、通风、避光的防火建筑，并远离居民区和水源。库房内应保持整洁、干净，堆垛应符合安全、方便的原则，堆放牢固、整齐、美观。

③ 长时间贮存未经包装的铅时，宜加盖苫布。

7.2.1.2　危险化学品贮存信息管理

贮存场所应建立化学品清单，清单包含硫酸、乙炔、铅锭的危害类别、次级危害和包装类别、UN 编号和贮存数量等内容。

硫酸、乙炔、铅锭出入库必须进行检查登记，如实记录流向、流量、包装、有无泄漏等情况。

化学品入库后应采取适当的养护措施，定期检查，发现其贮罐泄漏、包装破损、品质变化时及时处理，贮存场所的温度、湿度应严格控制，发现变化及时调整。

7.2.1.3　危险化学品接触人员培训

定期组织从业人员进行法律、法规、安全管理规定及应急救援知识的教育培训，危险化学品管理人员应熟悉各区域贮存的危险化学品特征、贮存地点事故的处理顺序及方法；所有接触危险化学品从业人员都要填写《接触危险化学品人员登记表》，定期开展安全生产活动，包括组织安全检查、安全教育、隐患整改、事故查处等。

7.2.2　危险化学品运输管理

铅蓄电池企业应委托专业机构进行危险化学品运输。危险化学品运输应符合《危险化学品安全管理条例》（中华人民共和国国务院令 第 344 号）的规定，部分规定介绍如下。

① 从事危险化学品道路运输、水路运输的，应当分别依照有关道路运输、水路运输的法律、行政法规的规定，取得危险货物道路运输许可、危险货物水路运输许可，并向工商行政部门办理登记手续。危险化学品运输企业应取得运输许可，应当配备专职安全管理人员。

② 危险化学品道路运输企业、水路运输企业的驾驶人员、船员、装卸管理人员、押运人员、申报人员、集装箱装箱现场检查员应当经交通部门考核合格，取得从业资格。

③ 危险化学品的装卸作业应当遵守安全作业标准、规程和制度，并在装卸管理人员的现场指挥或者监控下进行。

④ 运输危险化学品，应当根据危险化学品的危险特性采取相应的安全防护措施，并配备必要的防护用品和应急救援器材。

⑤ 通过道路运输危险化学品的，应当按照运输车辆的核定载质量装载危险化学品，不得超载。

⑥ 危险化学品运输车辆应当符合国家标准要求的安全技术条件，并按照国家有关规定定期进行安全技术检验。

⑦ 危险化学品运输车辆应当悬挂或者喷涂符合国家标准要求的警示标志等。

规范化的硫酸罐车如图 7-9 所示。

图 7-9　规范化的硫酸罐车

7.2.3　危险化学品标志

常用危险化学品标志应符合《化学品分类和危险性公示　通则》（GB 13690—2009）相关规定，如图 7-10～图 7-12 所示。

图 7-10　腐蚀品标志

底色：上半部白色，下半部黑色；图形：上半部两个试管中液体
分别向金属板和手上滴落（黑色）；文字：（下半部）白色

图 7-11　易燃气体标志

底色：红色；图形：火焰（黑色）；文字：黑色或白色

图 7-12　不燃气体标志

底色：绿色；图形：气瓶（黑色或白色）；文字：黑色或白色

7.3
生产工艺和装备技术要求

7.3.1　铅粉制造工序

铅粉是铅蓄电池活性物质的组成部分。铅粉由氧化铅（PbO）和金属铅（Pb）组成，并且以氧化铅为主。

（1）铅粉制造

铅粉的制造有气相法和球磨法两种方法。气相法生产的铅粉为球状粉，该法主要为美资企业使用；目前，大部分国内企业主要采用球磨法制造铅粉。球磨法制造铅粉工艺流程如图 7-13 所示。

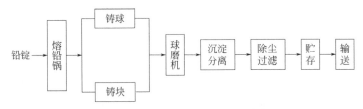

图 7-13　球磨法制造铅粉工艺流程

球磨法是指铅球或铅块在铅粉机圆筒内通过相互撞击和摩擦被磨碎成粉的过程。球磨法制造铅粉最早由日本人岛津研制而成，这种制造铅粉的设备被称为岛津式铅粉机。

铅粉制造系统如图 7-14 所示。

图 7-14　铅粉制造系统

铅粉制造车间的布局及管理应该遵循以下原则：

① 所有原料和半成品应有专门的存放地点，并有标识说明；

② 制粉车间应与其他车间隔离，制粉车间设置在厂区的下风向位置；

③ 熔铅炉应保持密闭，冷却水循环利用；

④ 铅粉制造系统应该采用机械化、自动化生产线，装配电子程控系统，实现远距离操作和全自动控制；

⑤ 采用粗粉自动返回装置；

⑥ 采用铅粉主机称重法来显示铅块的装载量，采用合理的负压风量与风压，确保铅粉质量一致性；

⑦ 采用自动球磨机，增加测量铅粉质量装置。

（2）铅粉贮存与运输

在铅粉贮存和运输过程中，应减少铅粉的散落和无组织流失，主要环境管理要求如下：

① 采用密闭式水平螺旋输送机及垂直装料斗式提升机组成的双通道输送系统按工艺要求将不同规格的铅粉分别输送到铅粉贮存罐内进行工艺性贮存；

② 铅粉制造环节，电解铅熔点 327.4℃，在制铅粒时铅液温度控制在 340℃左右，以减少铅烟产生量。

（3）铅锭冷加工造粒技术

铅锭冷加工造粒技术与传统工艺流程对比如图 7-15 所示。铅锭冷加工造粒工艺节省了传统工艺中的铅锭熔化、铸条工艺，铅锭熔化工序的取消不仅降低了能源消耗，也避免了铅烟和铅尘的产生。

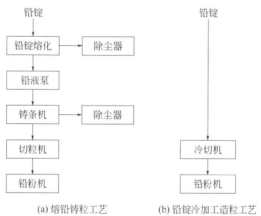

(a) 熔铅铸粒工艺　　　　　　(b) 铅锭冷加工造粒工艺

图 7-15　铅锭加工技术对比情况

表 7-1 列出了单台 14t 铅粉机不同铸粒工艺对比情况。

表 7-1　单台 14t 铅粉机不同铸粒工艺对比情况

工艺	项目				
	熔铅锅	铅液泵	铸粒/切块机	保温能耗	环保投入
熔铅铸粒	45kW 装机功率，每日产生 20~30kg 铅渣，同时产生铅烟	0.55kW 装机功率	1.1kW 装机功率	15kW，保温过程产生铅渣和铅烟	10 万元/年
冷加工造粒	不需要，不产生铅渣和铅烟	不需要	11.5kW 装机功率	不需要	不需要

7.3.2　和膏工序

铅膏是由一定氧化度和视密度（表观密度）的铅粉与水、硫酸溶液以及添加剂通过机械搅拌混合而形成的具有一定可塑性的膏状物质。

铅膏分为正极铅膏和负极铅膏。正极、负极铅膏的主要材料相同，不同点是材料配比及添加的辅助材料。铅膏在铅蓄电池中为电池反应提供活性物质，活性物质的量决定了电池的放电能量。

铅膏的配制过程是在和膏机内将铅粉、纯水、硫酸及添加剂均匀地混合成具有可塑性的膏状物质的过程，配制流程如图7-16所示。

图7-16　铅膏配制流程

早期的和膏机多为开口式，加酸、加料、出膏多为人工操作，铅膏配制工序存在铅尘、酸雾污染，对人体健康造成危害。目前，全自动密闭式和膏机已经应用推广。某企业全自动和膏系统如图7-17所示。

图7-17　全自动和膏系统

和膏工序应符合以下要求：

① 应采用自动和膏机，能够自动完成铅粉给料、铅粉称重、酸水称重、给酸给水、铅膏合成以及铅膏贮存等全过程；

② 和膏机应具备称粉、称水、称酸故障报警，超温故障报警等功能；

③ 和膏应在全密闭情况下进行；

④ 和膏过程中如有铅泥外泄应及时回收。

7.3.3　极板制造工序

铅蓄电池的极板根据板栅形状不同分为平面极板、管式电极和卷绕电极等。

板栅是铅蓄电池的基本组成结构之一，占电池总质量的 20%～30%，其作用主要有两个方面。首先它是活性物质的载体，在蓄电池制造过程中铅膏涂覆在板栅上，活性物质靠板栅来保持和支撑。其次它是集流体，担负着蓄电池在充放电过程中电流的传导、集散作用并使电流分布均匀。

铅合金板栅的生产方式主要有浇铸板栅和连续板栅两种。按制造技术可分为重力浇铸技术、连续浇铸技术、拉伸薄片技术和冲压（孔）薄片技术等。

传统的浇铸板栅工艺主要采用的是重力浇铸方式，使用的设备是重力浇铸机和相应配套的板栅模具。

连续板栅制造技术始于 20 世纪 70～80 年代，主要包括连铸连轧/扩展网技术、连铸连轧/冲网技术、连续铸网/辊压成型、连续铸带/扩展网、连续铸带/冲压网等。

汽车起动电池使用连铸连轧/冲压网/连续涂膏等先进极板制造技术有以下节能减排效果：

① 生产效率、成品率高，每分钟生产的板栅数量是重力浇铸板栅的 10 倍左右；

② 板栅体积小、质量轻，与同型号、同容量的铅蓄电池浇铸板栅相比，体积减少 1/3 左右，质量减少 20%，节省铅资源；

③ 减少能耗，1kVA·h 产量节能 40%左右；

④ 消除重力浇铸过程中铅烟和铅渣的产生，含铅废渣减少 30%，废气排放减少 50%以上。

铸板工序环境保护要求如下：

① 淘汰手工铸板设备、磨具与工艺，采用机械铸板；

② 不使用旋转铅泵，避免产生大量铅渣；

③ 将铅锅温度控制在较低的范围内，以减少铅烟、铅渣的排放；

④ 在铸板过程中产生的边角料、废板栅应及时回收利用；

⑤ 铸板机铅锅中的废铅渣应及时收集并妥善处理；

⑥ 铸板机应实现自动化和程序化控制，铸板机电气控制由 PLC 实现；

⑦ 优先采用拉网极板工艺、极板连铸连轧工艺等清洁生产工艺技术；

⑧ 如采用重力浇铸板栅工艺，应实现集中供铅。

部分企业极板制造工序现场情况如图 7-18～图 7-21 所示。

图 7-18　拉网板栅工艺

图 7-19　连铸连轧工艺

图 7-20　一炉多机工艺

图 7-21　板栅铸造生产线

7.3.4　涂板工序

将和好的正极铅膏与负极铅膏分别涂覆在正极板栅和负极板栅上，要求铅膏涂覆均匀，充满板栅格子体，经过涂膏的合格极板连续通过表面快速干燥设备，再将极板按顺序挂在专用架子上，送进固化室进行固化。部分企业涂板工序现场如图 7-22 所示。

涂板是铅蓄电池生产过程的关键工序，对电池性能起决定性作用。涂板方式可以分为单面涂板和双面涂板。双面涂板具有极板一致性好、生产过程污染小、铅膏性能稳定、生产成本降低等优点。双面涂板机及其效果如图 7-23 所示。

(a)

(b)

图 7-22　涂板工序

(a) 双面涂板机

(b) 双面涂板效果

图 7-23　双面涂板

涂板工序环境保护要求如下：

① 应采用节能环保涂板设备，如双面涂板机，可以实现定量下膏，节约铅膏消耗量；

② 涂板及极板传送工序应配备废液自动收集系统，并与废水管线连通；

③ 涂板机和传送装置在清洗、维护环节会产生废铅膏，应进行妥善回收处置。

目前，部分铅蓄电池采用了膏栅分离机，该设备是针对铅蓄电池极板生产环节报废极板铅粉的回收利用而设计的专用设备。该设备通过对废极板的碾压、分离、粉碎等处理动作，收集达到质量标准的铅粉。某企业膏栅分离机如图 7-24 所示。

图 7-24　膏栅分离机

7.3.5　管式电极制造

管式电极主要应用于胶体电池、富液式固定用电池等铅蓄电池的正极，这类电池的负极仍然采用涂膏式平板电极。目前，管式电极生产工艺以灌粉工艺为主，生产过程产生粉尘，作业环境差。不同工艺对比情况如表 7-2 所列。挤膏设备现场如图 7-25 所示。

表 7-2　管式电极工艺对比情况

灌粉工艺	灌浆或挤膏工艺
采用拌粉机，干式作业，产生含铅粉尘	采用灌浆或挤膏设备，湿式作业，铅尘排放量少

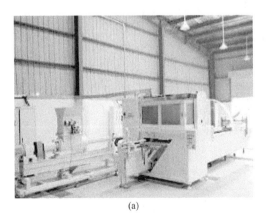

(a)

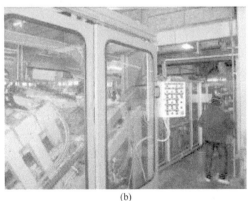

(b)

图 7-25　挤膏设备现场

7.3.6 极板固化工序

生极板的固化干燥即硬化脱水，涂膏后的极板水分过多，铅膏组织不稳定，因此要经过固化干燥来使其硬化脱水，在完成铅膏的硬化脱水的过程中同时要实现铅膏中游离铅的氧化、铅膏与板栅的腐蚀结合、铅膏中碱式硫酸铅的再结晶以及多孔电极的形成等一系列物化目的。固化干燥一般是应用于涂膏式极板，对于管式电极灌粉或挤膏后只需进行干燥即可。

固化干燥要在特定的环境中实现。一般情况下，极板固化干燥的方法包括自然环境固化干燥法、蒸汽加湿加温固化干燥法、电加湿加热固化干燥法以及全自动控制固化干燥系统干燥法。目前，自然环境固化干燥法干燥极板的方法已经很少采用，全自动控制固化干燥系统已在全国普及。

全自动控制固化干燥系统是利用电脑程序控制固化装置自动实现极板固化干燥工艺的一种方法。即采用计算机可编程控制器通过系统软件程序控制温度、湿度控制器和循环风机自动调节加温度、加湿及通风干燥。全自动控制固化干燥系统可用于代替并淘汰落后的淋酸工艺。

某企业全自动固化干燥室如图 7-26 所示。

图 7-26　全自动固化干燥室

7.3.7 分刷板工序

分刷板工序是铅蓄电池生产环节污染较为严重的工序之一。《铅蓄电池行业规范条件（2015 年本）》指出：分板刷板（耳）工序应设在封闭的车间内，采用机械化分板刷板（耳）设备，做到整体密封，保持在局部负压环境下生产，并与废气处理设施连接，禁止采用手工操作工艺。

极板分离大致分为锯切和剪切两种不同工艺。锯切结构的生产工艺是将锯片与极板连接处对齐，通过锯片旋转的方式将极板分切开。在整个生产过程中，连接处的铅变成铅屑，铅屑处于飞扬状态，会造成环境污染；同时，因飞扬的铅屑难以收集，回收的成本也较高。

剪切结构的生产工艺是在极板两面分别装有滚剪刀片，通过极板的水平移动以及滚剪刀片的旋转和挤压将极板连接处剪开。由于刀片挤压极板时产生的作用力较大，不同程度地破坏了极板底部的铅膏组织；而分切后极板的连接部分仍残留于极板底部，增加了后续研磨的难度；又因为刀片较薄，在旋转时会不同程度地发生漂移，导致刀片方向改变，损伤了极板底部的边框，增加了极板报废率。

某企业自动化极板分离工序现场情况如图 7-27 所示。该企业采用双排滚剪刀片，根据极板连接处宽度的不同，使刀片之间的距离与连接处的宽度相当。刀片沿极板底部将连接处整体分切成废铅丝。分切后的极板底部相对光滑平整，大幅降低了后续研磨工序的难度。同时，增加传送机、熔炼炉和环保设备等装置，采用废料直接回收的方法，提高了生产效率，改善了生产环境。

图 7-27　自动化极板分离工序

7.3.8　称板和包板工序

为保证电池的均匀性，通常采用将极板逐片称重的方式。

采用 AGM 隔板技术的阀控密封铅蓄电池，极板由 AGM 隔板包覆。

称板和包板工序易产生铅尘，一般采用下吸风装置，吸风装置与铅尘收集装置相连接。

手工操作生产效率低，劳动强度大，污染较严重，员工产生血铅超标、高血铅症等职业危害的风险较大。为减少环境污染和职业病的发生，应采用自动包板、叠片机，产生铅尘的作业在封闭的设备中进行，设备与吸风装置和铅尘收集装置相连接，以改善作业环境。

（1）自动称板

极板由输送机按序送入称重机称重，并按质量分级范围自动分级，相同质量级的极板叠在一起，待用。极板自动称片分选机如图 7-28 所示。

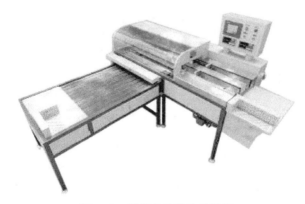

图 7-28　极板自动称片分选机

自动称板工艺流程：送极板→称板→极板分级→待用。

（2）自动包板、叠片

为提高劳动生产效率，减轻劳动强度，减少环境污染和职业病的发生，针对小密电池研制开发自动包板、叠片机，电池包板、叠片全部由机械自动完成，实现了包板、叠片自动化作业，产生铅尘的作业在封闭的设备中进行，设备与吸风装置和铅尘收集装置相连接，改善了作业环境。某企业自动包板机如图 7-29 所示。

图 7-29　自动包板机

7.3.9　组装工序

铅蓄电池组装过程主要包括极群配组、极群焊接装槽、热封或胶封、加酸充电四大部分。电池组装工艺流程如图 7-30 所示。

组装工序清洁生产要点如下。

① 采用自动化程度高的装配生产线，提高生产效率，节约能源，减少铅尘、铅烟排放。

② 对于汽车用蓄电池，采用极群配组机，取消人工配组；对于小密电池，采用自动称片、包片、叠片机，取消手工操作。

③ 取消手工烧焊，采用铸焊或自动烧焊。

④ 采用穿壁焊或跨桥焊。

⑤ 电池封盖采用热封或胶封。

⑥ 改进隔板强度和性能。要实施组装自动化，必须有足够强度的隔板，AGM 隔板的强度是提高极群配组生产效率的保证。

7.3.9.1　极群配组

极群配组是将正极板、负极板和隔板按规定的数量（片数）、排列次序和极向，组合成极板隔板体的过程。极群配组应采用机械配组。

7.3.9.2　极群焊接

极群焊接是指将配组完成的极板、隔板组合体或将规定数量的单片极板，按极向与对应极柱焊接成为一体，形成汇流排的过程，极群焊接后可形成正极群组和负极群组。

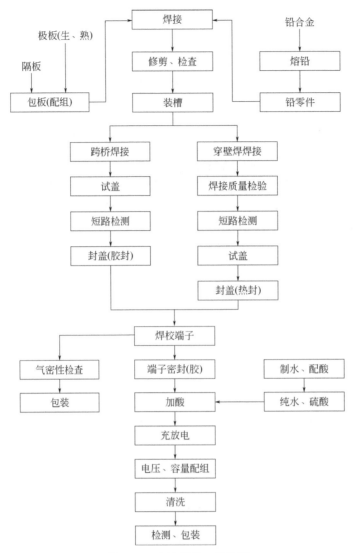

图 7-30　电池组装工艺流程

极群焊接分为手工焊接和机械自动焊接。手工焊接因存在作业环境差、劳动强度大、容易产生血铅超标或高血铅症等问题，已属于淘汰工艺。

铸焊将极群的极耳倒插入存放熔化铅液的模具中，使极耳用铅液熔焊在一起，待模具冷却后取出即可。

自动铸焊机如图 7-31 所示。

7.3.9.3　极群入槽

极群入槽是指将组焊完的极群按规定的位置和极向放入电池槽内的过程。

用穿壁焊取代手工焊接链条，可以节省铅资源，同时减少手工焊接所产生的铅烟排放量。此外，可以提高生产效率。穿壁焊设备如图 7-32 所示。

图 7-31 自动铸焊机

图 7-32 穿壁焊设备

穿壁焊：极群装入塑料电池槽内，用对焊机将相邻单格极群焊接。

穿壁焊工艺流程：电池壳打孔→焊头压紧铅零件→大电流熔焊→焊点冷却→焊头松开→焊点检验→流入小工序。

7.3.9.4 电池封盖

电池封盖是指电池槽与盖之间的封合，包括胶封和热封两种。对于材质为 AB、ABS（丙烯腈-丁二烯-苯乙烯塑料）树脂的电池槽，一般采用环氧树脂或类似的结合剂把电池盖粘到电池槽上。对于材质为聚丙烯或聚乙烯的电池槽，采用热封。

手工注胶如图 7-33 所示，全自动点胶机如图 7-34 所示。

图 7-33 手工注胶

图 7-34 全自动点胶机

胶封采用环氧树脂黏合的密封方式。胶黏剂封口会产生溶剂挥发，排放有害气体。同时，胶黏剂固化需要加热，增加能耗。应通过改进塑料和热封技术来替代胶封，以达到减少有机废气排放和降低能耗的目的。

热封主要用于塑料槽电池的槽盖封合。热封是在热封机上采用外界的热源将电热板加热，熔化电池槽盖的边缘，然后利用外力使之相互压合熔接在一起的过程。

环氧树脂干燥机如图 7-35 所示，全自动电脑热封机如图 7-36 所示。

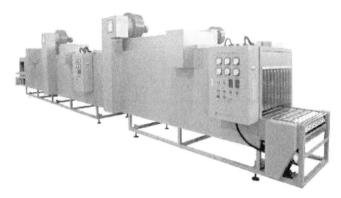

图 7-35　环氧树脂干燥机

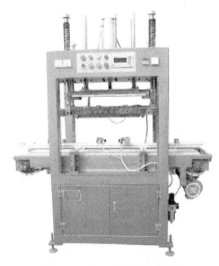

图 7-36　全自动电脑热封机

7.3.9.5　端子焊接

电池的端子焊接是指用焊枪（炬）将极柱、极柱套及铅基合金焊条熔化焊成一个整体的过程。端子焊接分为手工焊接和自动焊接两种。

7.3.10　配酸和灌酸工序

配酸是将密度为 $1.84g/cm^3$ 的浓硫酸用纯水稀释，配制成一定浓度的稀硫酸的过程。

根据浓硫酸稀释的要求，首先往容器内加入一定量的纯水，然后缓慢向容器内加入一定比例的浓硫酸，整个配酸过程在密闭容器内完成。

灌酸过程就是向电池中注入定量的一定浓度的电解液。一些小型电池、采用 AGM 隔膜的电池以及采用胶体电解液的电池，由于电池是紧装配的，内部间隙小，电解液注入必须由专门自动定量的加酸（加胶）设备完成。为保证灌酸（胶）的质量，提高灌酸效率，有些还需要在真空条件下完成。

供酸工序应采用自动配酸系统、密闭式酸液输送系统和自动灌酸设备，禁止采用人工配酸和灌酸工艺。

自动配酸系统包括反应釜、热交换器、水环真空泵、浓硫酸罐、稀酸罐、冷酸机组、冷却塔、高位槽、低位槽等单元。

全自动配酸机如图 7-37 所示，全自动真空灌酸机如图 7-38 所示。

图 7-37　全自动配酸机

图 7-38　全自动真空灌酸机

7.3.11　化成工序

固化后的生极板主要成分是 PbO、$PbSO_4$、$PbO \cdot PbSO_4$、$3PbO \cdot PbSO_4 \cdot H_2O$、$4PbO \cdot PbSO_4$ 和 Pb 等物质，正极不含有可以放电的活性物质 PbO_2，负极少量的 Pb 也不能放电。

化成是用电化学方法在正极上形成二氧化铅，在负极上形成海绵状铅的过程。化成包括外化成和内化成两种方式。

（1）外化成

外化成又称槽化成，是将极板放在专门的化成槽中，使多片正、负极板相间地连接起来，加入电解液，与直流电源相接，来完成极板化成的过程。

外化成工艺条件易于控制，化成时电流分布均匀，化成效果较好，化成时间相对较短，可保证生产的连续性；缺点是设备占地面积大，消耗电能多，用水量大，酸雾污染大。

《铅蓄电池行业规范条件（2015年本）》指出：现有企业采用外化成工艺的，化成槽应密封，并保持在局部负压环境下生产，禁止采用手工焊接外化成工艺。应使用回馈式充放电机实现放电能量回馈利用，不得用电阻消耗。所有新建、改扩建的项目，禁止采用外化成工艺。

（2）内化成

内化成又称电池化成，即不需要专门的电池化成槽，而是把固化干燥完的生极板装配成极群组，放入电池壳中装配成电池或电池组后，注入电解液，再通直流电来完成极板的化成。内化成工艺如图7-39所示，电能回馈式充电系统如图7-40所示。

图7-39　内化成工艺

图7-40　电能回馈式充电系统

内化成工艺作为一种先进的化成方法，优势如下。

① 环保优势。酸雾产生量小，无冲洗废水产生，无充电电解液废弃及浸渍液废弃，对环境保护和员工健康有益。

② 投资优势。省去化成槽、水洗槽、干燥设备等，可节省厂房投资。

③ 成本优势。减少清洗水，减少废水排放，节省废水处理费用；在铅膏配制方面省掉负极阻氧化剂等原料；省掉外化成部分员工。

化成工序环境保护要求如下：

① 化成工序采用内化成工艺；

② 采用电能回收系统；

③ 化成设备应配备酸雾收集处理设施；

④ 冷却水应进行循环利用；

⑤ 优化化成工艺，通过合理分配化成电流、电量与时间关系，减少电池化成过程出现极化现象，有效降低酸雾产生量。

7.3.12 通风系统

7.3.12.1 通风净化设施设计、安装及运行

球磨机应采用整体密闭式排风罩；熔铅锅、和膏机、灌粉机采用局部密闭式排风罩；铸球机、铸板机、涂片机、化成槽采用上吸式排风罩；焊接工作台宜采用上吸或侧吸式排风罩；分片机和装配线宜采用下吸装置。

（1）排风罩设计要求

① 排风罩的形状及结构尺寸应便于铅烟、铅尘的有效收集及排出，并应符合《排风罩的分类及技术条件》（GB/T 16758—2008）的相关要求，伞形罩的面积不应小于有害物扩散区的水平面积，侧吸罩的罩口长度应不小于有害物扩散区的边长，应便于铅烟、铅尘的有效排出，排放铅烟的排毒罩口风速为 1～1.5m/s，铅尘除尘罩口风速为 2～2.5m/s。

② 密闭罩应根据生产操作要求留有必要的检修门、操作孔和观察孔，但开孔应不影响其密封性能。

③ 已被污染的气流应禁止通过人的呼吸带。

④ 排风罩应使用不燃烧材料制造。

（2）通风管道设计要求

① 通风管道设计应符合《工业建筑供暖通风与空气调节设计规范》（GB 50019—2015）的相关规定；

② 管道在地下铺设时应铺设在地沟内；

③ 管道应设置清灰孔，清灰孔不应漏风；

④ 通过管网的设计应尽量减少阻力，节能降耗。

（3）净化设施安装及运行相关要求

① 在冬季室外结冰的地区安装湿式净化装置，应设置在有采暖措施的房间内，否则应采取防冻措施；

② 湿式净化装置的排风口前应设有性能良好的气液分离装置；

③ 湿式净化装置使用的水应循环使用，以减少排放量，废水中的铅渣、铅泥、铅尘等应有确定的存放地点，统一回收，作为危险废物处理；

④ 干式除尘器所在的卸灰阀应密封良好，并应采用密闭容器卸尘，卸下的铅尘应及时清运，统一回收；

⑤ 铅烟、铅尘净化装置应在负压下工作；

⑥ 在生产设备运行前，应先启动通风净化系统，生产设备停车后，再关闭通风净化系统；

⑦ 通风机应设置在净化装置的后面（净化装置为负压操作），当采用多级净化装置时，通风机可放在几级净化装置之间；

⑧ 通风机噪声应符合国家相关标准要求，超标时应采取消声降噪措施。

7.3.12.2　排风、除尘设计

铅蓄电池企业，制粉、铸板、组装等工序均会排放铅尘、铅烟。针对这些污染源，应采取多种技术手段，从多方面进行综合处理。主要措施介绍如下。

首先，对污染物采用源头控制的措施。在工艺设备发尘点附近设置排气罩，限制铅尘的扩散，从源头将扬尘捕集起来，集中到除尘系统中去。排气罩的设置应与工艺设备紧密结合，并充分利用铅密度大，大部分会沉降下来的特点，采用工作台位下吸式或下侧吸排气罩，提高铅尘的捕集效率。被捕集的铅尘经过滤筒除尘器（或布袋除尘器）和高效过滤器（HEPA）净化，之后通过排气筒高空排放。

其次，采用中央真空清扫除尘系统将未被有效收集的铅尘捕集起来，通过系统自带的旋风除尘器和布袋除尘器两级净化，再接入以上两级除尘处理系统中。

车间内工艺设备产生的铅尘通过沉降和排气罩捕集两道处理手段，仍有少部分铅尘散逸出来，附着到地面、设备上以及工人身体表面，如不处理会产生二次扬尘，再次危害工人健康。同样，除尘器在清灰、更换集灰筒、检修、维修之后也有铅尘的二次污染问题。在这些场所均可使用中央真空清扫除尘系统。可设置快速接头，当需要使用时，将除尘头接到快速接头；平时不用的时候，快速接头的入口阀处于关闭状态。

国外铅蓄电池企业中央除尘系统如图 7-41 所示。

图 7-41　国外铅蓄电池企业中央除尘系统

目前，国内已有部分企业采用真空清扫系统，如图7-42所示。

(a)   (b)

图 7-42　国内铅蓄电池企业采用的真空清扫系统

7.3.12.3　通风净化装置检修

通风和净化装置应定期检修，每周至少一次，有异常情况应随时修复。

（1）通风装置检修内容

① 吸风罩、排风罩及管道是否有磨损、腐蚀、变形等损伤及其程度；

② 管道和风机内是否有铅粉尘堆积；

③ 管道连接处是否漏风；

④ 电机与风机间的传动带的松紧状况；

⑤ 吸风与排风的性能。

（2）净化装置检修内容

① 结构件有无磨损、腐蚀、变形等损伤及其程度；

② 除尘装置积尘的状况；

③ 以滤布为过滤材料的除尘装置中滤布的破损情况及其安装是否松动；

④ 液体吸收装置的设备阻力状况及吸收液浓度是否符合要求；

⑤ 设备的排风性能；

⑥ 设备使用说明书规定的注意事项。

（3）记录

检修结果必须记录归档，档案至少保存三年。

7.3.12.4　清扫工作场所

作业人员从事铅尘清扫作业时，应遵守以下事项：

① 作业人员必须穿工作服，戴防尘口罩，工作服、口罩必须在厂内集中洗涤；

② 收集的粉尘应放置在专用容器内，不得与其他垃圾堆放在一起。

某企业不规范的清扫方式如图 7-43 所示，该方式将产生含铅扬尘。

图 7-43　不规范的清扫方式

企业应采用湿式清扫方式，湿式扫地机如图 7-44 所示。

图 7-44　湿式扫地机

7.4
低碳节能现状及解决方案

7.4.1　标准体系建设情况

目前，我国已颁布实施的铅蓄电池行业低碳节能标准主要包括国家标准、行业标准、地方标准和团体标准。

国家标准,《电池行业清洁生产评价指标体系》(国家发展和改革委员会、环境保护部、工业和信息化部 2015 年第 36 号公告)规定了铅酸蓄电池单位产品综合能耗,详见 4.4.1.3 部分相关内容。

行业标准,《铅酸蓄电池单位产品能源消耗限额》(JB/T 12345—2015)指标要求详见 4.4.3.5 部分相关内容。

地方标准,天津市于 2011 年 12 月 08 日发布地方标准《产品单位产量综合能耗计算方法及限额 第 60 部分:铅酸电池》(DB 12/ 046.60—2011)。标准规定:铅酸蓄电池单位产量综合能耗应不大于 2.70kgce/(kVA·h)。该标准限值远严于《铅酸蓄电池单位产品能源消耗限额》(JB/T 12345—2015)。

团体标准,《绿色设计产品评价技术规范 铅酸蓄电池》(T/CAGP 0022—2017)也规定了铅酸蓄电池单位产品综合能耗,指标要求见 4.4.4.1 部分相关内容。

7.4.2 低碳节能管理情况

知识要点

2020 年 9 月 22 日举行的联合国大会上,习近平主席承诺中国将在 2030 年前实现碳排放达峰,并在 2060 年前实现碳中和。这是全球应对气候变化工作的一项重大进展,显示了中国作为负责任大国承担起全球领导力的决心。

铅蓄电池行业应加强低碳节能管理水平,助力国家实现碳中和。目前,铅蓄电池企业在低碳节能管理方面主要存在以下几方面问题。

① 缺少能源管理部门。经调查,多数企业未设置能源管理部门,多由动力、工程、设备等部门代管,职责不明确。

② 缺少能源计量体系。多数企业未配置二级、三级能源计量器具(电表、蒸汽表等),没有建立能源智能管理平台,对各车间、重点耗能工序、重点耗能设备的能源消耗情况缺少了解。

③ 缺少节能管理制度。由于没有考核指标、奖惩办法,各车间(部门)和员工缺乏节能热情。

④ 使用落后机电设备。多数企业仍在使用高能耗落后机电设备(电动机、水泵、风机等),能源消耗量大。部分企业采用的高耗能电动机如图 7-45 所示。

⑤ 工艺装备和环保设备能耗高。如部分企业仍采用电阻消耗式充电机,放电环节能源被浪费。

⑥ 节能意识有待提高。企业缺少节能宣传教育,员工节能意识差。部分企业能源浪费现象如图 7-46～图 7-48 所示。

7.4.3 低碳节能解决方案

铅蓄电池企业在推进绿色低碳发展工作时可从以下几方面入手。

(a)   (b)

图 7-45　高能耗电动机

(a)   (b)

图 7-46　车间无效照明

图 7-47　叉车停用时未关闭发动机   图 7-48　充电车间传送带空转

① 工业建筑应符合《绿色工业建筑评价标准》（GB/T 50878—2013）相关规定，如建筑维护结构的热工参数符合国家现行有关标准规定；合理利用自然风；合理利用自然采光；设置热回收系统，有效利用工艺过程和设备产生的余（废）热等。

② 企业设置能源管理中心，依照《工业企业能源管理导则》（GB/T 15587—2008）实施能源管理。企业应建立完善的能源管理机构，健全能源管理制度；根据《用能单位能源计量器具配备与管理通则》（GB 17167—2006）相关规定配置能源计量器具，强化能源管理。具体要求如表 7-3 所列。

表 7-3　能源计量器具配备率要求　　　　　　　　　　　　　　　　单位：%

能源种类	进出用能单位	进出主要次级用能单位	主要用能设备
电力	100	100	95
天然气	100	100	90
蒸汽	100	80	70
水	100	95	80

③ 企业应根据《高耗能落后机电设备（产品）淘汰目录（第一批、第二批、第三批、第四批）》等规定，淘汰高耗能机电设备，设备动力电机采用节能电动机。部分高能耗电动机如表 7-4 所列。

表 7-4　部分高能耗电动机

序号	淘汰产品名称	型号规格		淘汰理由	备注
		额定功率	效率		
1	Y90L-6	1.1kW	72.0%	不符合相应的现行标准《中小型三相异步电动机能效限定值及能效等级》（GB 18613—2006）的能效限定值	Y 系列电动机是 20 世纪 80 年代全国统一设计的产品。其导磁材料使用热轧硅钢片，能耗高、效率低、环保性差
2	Y100L-2	3kW	82.6%		
3	Y100L1-4	2.2kW	81.0%		
4	Y132S1-2	5.5kW	85.7%		
5	Y132S2-2	7.5kW	87.0%		
6	Y132S-4	5.5kW	85.7%		
7	Y160M1-2	11kW	88.4%		
8	Y160M2-2	15kW	89.4%		

注：现行标准为《电动机能效限定值及能效等级》（GB 18613—2020）。

④ 根据《铅蓄电池行业规范条件（2015 年本）》规定，应使用回馈式充放电机实现放电能量回馈利用，不得用电阻消耗。某企业采用内化成工艺和能量回馈式充电机，如图 7-49、图 7-50 所示。

⑤ 照明设计选用效率高、利用系数高、配光合理、保持率高的灯具，灯具数量和开关位置布置合理，便于操作，有利于节能。某企业采用的高效节能灯如图 7-51 所示。

⑥ 厂房屋顶安装太阳能光伏发电系统，建立智能微电网。某企业安装的太阳能光伏发电系统如图 7-52 所示。

⑦ 现有建筑符合国家节能规范要求。建筑物屋面采用保温措施；所有外窗采用中空玻璃窗，减少渗透量和传热量；生产厂房设置屋顶天窗，减少送排风系统能耗；采用自然通风和自然采光的方式，以节约能源。如图 7-53 所示为某企业充分利用自然采光。

图 7-49　内化成工艺

图 7-50　能量回馈式充电机

图 7-51　高效节能灯

图 7-52　太阳能光伏发电系统

图 7-53　利用自然采光

⑧　加强碳排放管理。铅蓄电池企业可基于国家绿色设计产品评价相关要求，开展铅蓄电池碳足迹分析。企业可依据《PAS 2050：2008 商品和服务在生命周期内的温室气体排放评价规范》《ISO/TS 14067：2013 温室气体-产品碳足迹-量化和信息交流的要求与指南》对产品进行碳足迹核算核查，可考虑采用 GaBi、Simapro、eBlance 等软件进行分析。如某铅蓄企业某型号电池经核算，碳足迹为 $31.71kgCO_2eq/(kVA \cdot h)$。其中，原材料获取对其全球变暖潜能值（GWP）贡献最大，其次为电力获取，如图 7-54 所示。

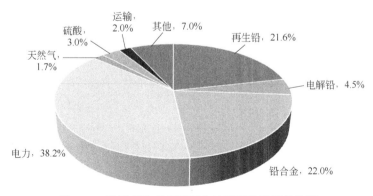

图 7-54　物质获取对某型号电池碳足迹的贡献比例

此处应注意，"碳足迹"与"温室气体排放"不能混为一谈。产品"碳足迹"表述的是某一种产品在整个生命周期过程所产生的二氧化碳排放当量；"温室气体排放"表述的是组织范畴层面，即企业经过整个生产运营活动所排放的二氧化碳当量。

其他低碳节能措施还包括：

① 使用天然气、沼气等清洁能源；

② 使用风能、太阳能、地热能等可再生能源替代不可再生能源；

③ 选用先进节能的专用设备和数控化设备，采用的大功率设备加装变频器；

④ 电力电缆采用电能损耗小的铜芯电缆；

⑤ 冷却水全部使用循环水，蒸汽冷凝水回收再利用；

⑥ 供热管道及厂房做好保温处理，减少热量的损失；

⑦ 变配电室设功率补偿器，提高车间电力系统的功率因数，节约电能损耗；

⑧ 空压机安装节电器；

⑨ 按照工艺流程设置仓储系统，组织流水生产，减少重复搬运，以节约能源；

⑩ 严格能源管理和工艺质量管理，最大限度减少废品率，提高能源有效利用率。

第 8 章

铅蓄电池行业污染防治设施管理

8.1
大气污染防治措施

8.1.1 废气治理基本要求

① 优化厂房设计（如微负压厂房），减少大气污染物无组织排放。

由于车间不可避免地存在门窗、洞口及缝隙，这些开放体系会对负压的形成产生非常不利的影响。因此，为营造车间岗位微负压环境，在整个厂房设计时应按照封闭式生产的模式，根据各个生产模块的功能和特点进行分区密闭，即将整个车间分解为铸板、熔铅、铅粉球磨、分刷称片和电池组装 5 个相对独立、密闭的生产功能区块。每个功能区块通过精细化加工、组装尽量减少缝隙和门窗以提高密闭性，同时设置独立的送排风系统。

② 加强工艺技术装备改造，提高资源利用效率，减少污染物产生量，减少大气污染物无组织排放。

③ 加强废气收集系统改造，提高废气收集率，减少大气污染物无组织排放。

④ 极板化成应包括抽风装置、酸雾回收装置、酸雾净化器等联合装置。极板化成工序产生的酸雾经过物理法和化学法两级处理。物理法采用网格捕集方法，滤网应定期清洗，以确保捕集效果。化学法采用水喷淋、碱喷淋方法。

⑤ 熔铅、铸板、烧焊、铸焊工序应配备铅烟净化装置。主要利用水或其他液体与含铅气体的作用去除烟气，经过多级条缝吸收、焦炭吸附、旋流导向分离、水雾喷淋等净化

装置，废气达标排放。净化装置用水循环利用，循环利用一段时间后，应将水排入含铅废水处理设施进行处理。

⑥ 切片、磨片、包片、称片、滚剪、装配等工序应配备铅尘处理装置。除尘器包括滤筒除尘器、布袋除尘器、旋风除尘器以及脉冲除尘器等多种类型。

⑦ 铅粉机尾气治理技术。采用负压风机将铅粉吸进集粉器内，再经过脉冲除尘器除尘，经除尘后的气体进入风机后送入高效滤筒除尘器，除尘后再进入二级风机或直接排放。

8.1.2 各类废气治理技术及发展情况

8.1.2.1 除尘设备分类

① 铅烟净化器，主要适用于铸板、铸粒、熔铅、焊接等工序产生的铅烟。

② 铅尘除尘器，主要适用于磨片、刷片、滚剪、称片、包片、入槽等工序产生的铅尘。

③ 和膏专用湿式除尘器，主要适用于和膏工序产生的含酸雾、铅尘等混合类气体。

> **知识要点**
>
> ① 铅烟。铅烟指铅料熔化过程中，大量铅分子克服液面阻力逸出的具有一定速度和功能的蒸气，铅蒸气在空气中迅速凝集，氧化成极细的氧化铅颗粒，其直径≤0.1μm。
>
> ② 铅尘。铅尘指在铅蓄电池生产过程中产生的飘浮于空气中的含铅固体微粒，其直径＞0.1μm。

8.1.2.2 铅烟净化器

第一代铅烟净化器为塑料 PVC 或 PP 焊接制成的水膜除尘器，其通过喷淋水来处理烟气，除尘效率 70%左右，由于处理效率低、容易着火而被淘汰。

第二代铅烟净化器为铁制的水膜除尘器。当铅尘经过塔内水雾喷淋与水膜或湿润的器壁相遇，经过条缝吸收、焦炭吸收、旋流导向分离等净化喷淋后，使得烟气中的尘粒与洁净空气分开，从而达到净化目的，除尘效率 80%左右，现已淘汰。

第三代净化器在第二代基础上增加了采用一级塑料材质的填料喷淋塔，除尘效率 95%左右。

第四代净化器为铁制的干式净化器，其采用阻火器+滤筒除尘器+高效过滤器的方式，或者采用静电除尘器+滤筒+高效过滤器的方式，除尘效率 99%左右。由于铸板工序的铅烟含有夹带软木粉的油性脱模剂，容易堵塞滤料，引起着火，目前已被淘汰。

第五代净化器在第四代基础上改进了预处理装置，采用了连续水浴+脱水器+高效过滤器的方式，除尘效率达到 99%以上。

8.1.2.3 铅尘除尘器

第一代除尘器为旋风除尘器。旋风除尘器具有结构简单、投资和操作费用低等特点，但由于除尘效率低而被淘汰。目前，旋风除尘器经常用于除尘工序预处理，除尘效率60%左右。

第二代除尘器为机械振打式除尘器。含尘气体通过除尘器内部的滤袋，通过机械振动，从而使粉尘从布袋掉落而被收集。机械振打式除尘器由于清灰不干净、自动化程度低而被淘汰，除尘效率80%左右。

第三代除尘器为扁布袋除尘器。废气进入除尘器时，大颗粒在高速离心力的作用下沿壁脱落，而细小的颗粒则被滤袋过滤捕捉，当滤袋过滤的阻力增大到上限时电气控制系统发出信号，启动反吹风机及反吹风旋臂传动机构逐个对布袋进行反吹，滤袋膨胀变形引起实质性震动，从而使布袋表面的粉尘掉入集灰斗。由于构造原因，大风量的扁布袋除尘器不适合现代交通工具道路的运输而逐步被淘汰。除尘效率90%左右。

第四代除尘器为脉冲布袋除尘器及滤筒除尘器。脉冲布袋除尘器是在布袋除尘器的基础上改进的新型高效脉冲袋式除尘。脉冲布袋除尘器由灰斗、上箱体、中箱体、下箱体等部分组成，上箱体、中箱体、下箱体为分室结构。工作时，含尘气体由进风道进入灰斗，粗尘粒直接落入灰斗底部，细尘粒随气流转折向上进入中箱体、下箱体，粉尘积附在滤袋外表面，过滤后的气体进入上箱体至净气集合管-排风道，经排风机排至大气。清灰时先切断该室的净气出口风道，使该室的布袋处于无气流通过的状态（分室停风清灰）。然后开启脉冲阀用压缩空气进行脉冲喷吹清灰，切断阀关闭时间足以保证在喷吹后从滤袋上剥离的粉尘沉降至灰斗，避免了粉尘在脱离滤袋表面后又随气流附集到相邻滤袋表面的现象，使滤袋清灰彻底，并由可编程序控制仪对排气阀、脉冲阀及卸灰阀等进行全自动控制。除尘效率90%左右。

脉冲布袋除尘器结构如图8-1所示。

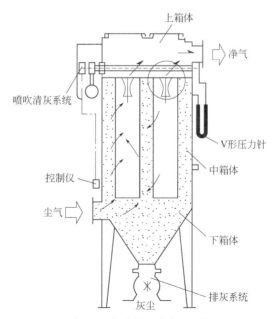

图8-1 脉冲布袋除尘器结构

第五代除尘器为脉冲布袋除尘器或综合除尘器（滤筒除尘器+二级水膜除尘器，采用二级净化处理工艺）。为提高除尘器的除尘效率，在除尘器后面增加的二级水膜除尘器通常为塑料 PP 或 PVC 制成的填料洗涤塔。除尘效率 95%左右。

第六代除尘器为斜插式滤筒或垂直式滤筒+高效过滤器的上下一体式超高效除尘器，除尘效率 99%以上。滤筒垂直式的安装方式比斜插式先进，垂直式安装喷吹清灰效果好，克服了斜插式滤筒上背部始终积灰且清不干净的弊病，并提高了滤料的有效使用面积。

8.1.2.4　和膏专用湿式除尘器

湿式除尘器为采用塑料材质的填料洗涤塔，里面的填料通常为 PP 材质的塑料多面空心球或鲍尔环、玻璃珠、焦炭三类。塑料具有良好的耐酸性，填料具有较大的表面积，过滤效率高于冲击式除尘器，维修方便。除尘效率 90%左右。

新型和膏除尘器为二级湿式填料除尘器，即在现有基础上增加一级填料喷淋塔，多台小塔串联 1 台大塔，使得净化后的气体再次被净化，除尘效率 95%以上。

和膏除尘和冷却系统应关注以下措施：

① 提高负压抽风量，确保各系统的风量冷却需求，改善和膏作业时粉尘回流和串气问题；

② 改进冷却方式，增加强制冷水循环冷冻机组，可缩短和膏时间，保证铅膏冷却均匀，从而提高铅膏性能，并满足达标排放要求。

部分铅蓄电池企业废气处理设施现场情况如图 8-2 所示。

8.1.3　废气处理设施运行与维护

（1）袋式除尘器

应定期进行检查和适当调节，以延长滤袋寿命，降低运行成本，应注意以下事项：

① 滤袋是否发生堵塞；

② 滤袋清灰是否正常；

③ 风量是否发生变化；

④ 除尘设备是否发生粉尘堆积现象；

⑤ 清灰过程中是否发生粉尘泄漏现象；

⑥ 滤袋上是否发生粉尘板结现象；

⑦ 清灰设备是否发生故障；

⑧ 风机转速是否发生变化；

⑨ 滤袋是否出现破损或脱落现象；

⑩ 除尘设备进风管是否发生堵塞现象；

⑪ 系统的阀门是否出现故障；

⑫ 滤袋室是否发生泄漏现象；

⑬ 压缩空气是否出现泄漏现象；

⑭ 系统管道是否发生破损等。

(a)

(b)

(c)

(d)

(e)

(f)

图 8-2　铅蓄电池企业废气处理设施

为确保除尘设备的有效运行，应每日对除尘系统进行巡查，制订维护检修计划，检修内容如表 8-1 所列。

表 8-1 除尘系统检修内容

部位	运行期检修内容	停运期检修内容
阀门	阀门开闭灵活性； 阀门密闭性	变形和破损； 阀门密闭性
输送机、刮板机等	驱动装置运行是否平稳； 润滑油是否充足	螺旋、刮板磨损情况； 输送设备内附着粉尘清除
卸灰阀	密封性是否良好； 润滑油是否充足	叶片磨损情况； 叶片附着粉尘清除
滤袋	测定阻力并记录	滤袋磨损、老化程度； 滤袋或粉尘是否有潮湿、板结等现象

除尘设备布袋和滤筒的更换原则：

① 反映滤筒或布袋是否正常的工作仪器是气压表，通过气室压力反映工作状态，气室压力差正常工况下在 180～1200Pa 之间；

② 气室压力差大于 1500Pa，在确定设备无故障后需更换；

③ 气室压力差长时间 1500Pa（4h 以上），在确认设备无故障并且清洁无效时需更换；

④ 由于设备问题造成滤筒或者布袋被污染时需更换；

⑤ 排放超标时必须更换。

（2）酸雾净化器

净化器应由专人负责管理，制订检查记录表，每日定期检查风机、水泵运转是否正常；贮液箱中的液位是否在正常刻度内；碱液浓度是否在规定范围内等。

8.1.4 排污口和自动监控装置建设及运行

8.1.4.1 排污口规范化设置

根据《环境保护图形标志——排放口（源）》（GB 15562.1—1995）的规定，铅蓄电池企业废气排放口标志如图 8-3 所示。

(a) 提示图形符号   (b) 警告图形符号

图 8-3 废气排污口环境保护图形标志

8.1.4.2 排污口标志牌规范化设置

（1）基本要求

企业应在排污口及监测点位设置标志牌，标志牌分为提示性标志牌和警告性标志牌两种。一般性污染物排放口及监测点位应设置提示性标志牌。排放剧毒、致癌物及对人体有严重危害物质的排放口及监测点位应设置警告性标志牌，警告标志图案应设置于警告性标志牌的下方。

标志牌应设置在距污染物排放口及监测点位较近且醒目处，并能长久保留。企业可根据监测点位情况，设置立式或平面固定式标志牌。

（2）技术规格

① 环保图形标志须符合《环境保护图形标志——排放口（源）》（GB 15562.1—1995）的相关规定。

② 图形颜色及装置颜色：a．提示标志，其底和立柱为绿色，图案、边框、支架和文字为白色；b．警告标志，其底和立柱为黄色，图案、边框、支架和文字为黑色。

③ 辅助标志内容：a．排放口标志名称；b．单位名称；c．排放口编号；d．污染物种类；e．××生态环境局监制；f．排放口经纬度坐标、排放去向、执行的污染物排放标准、标志牌设置依据的技术标准等。

④ 辅助标志字形：黑体字。

⑤ 标志牌尺寸。a．平面固定式标志牌外形尺寸：提示标志牌为 480mm×300mm；警告标志牌为边长 420mm。b．立式固定式标志牌外形尺寸：提示标志牌为 420mm×420mm；警告标志牌为边长 560mm；高度为标志牌最上端距地面 2m，地下 0.3m。

8.1.4.3 废气监测平台规范化设置

排气筒（烟道）是目前企业废气有组织排放的主要排放口，因此有组织废气的监测点位通常设置在排气筒（烟道）的横截断面（即监测断面）上，并通过监测断面上的监测孔完成废气污染物的采样监测及流速、流量等废气参数的测量。企业应按照相关技术规范、标准的规定，根据所监测的污染物类别、监测技术手段的不同要求，首先确定具体的废气排放口监测断面位置，再确定监测断面上监测孔的位置、数量。

废气排放口监测断面包括手工监测断面和自动监测断面，监测断面设置应满足以下基本要求。

① 监测断面应避开对测试人员操作有危险的场所，并在满足相关监测技术规范、标准规定的前提下，尽量选择方便监测人员操作、设备运输及安装的位置进行设置。

② 若一个固定污染源排放的废气先通过多个烟道或管道后进入该固定污染源的总排气管时，应尽可能将废气监测断面设置在总排气管上，不得只在其中的一个烟道或管道上设置监测断面开展监测并将测定值作为该源的排放结果，但允许在每个烟道或管道上均设置监测断面同步开展废气污染物排放监测。

③ 监测断面一般优先选择设置在烟道垂直管段和负压区域，应避开烟道弯头和断面急剧变化的部位，确保所采集样品的代表性。

监测孔一般包括用于废气污染物排放监测的手工监测孔、用于废气自动监测设备校验的参比方法采样监测孔。带有闸板阀的密封监测孔如图 8-4 所示。

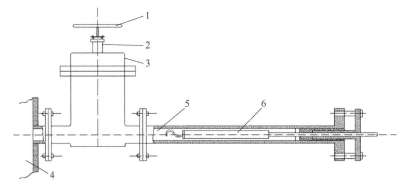

图 8-4　带有闸板阀的密封监测孔

1—闸板阀手轮；2—闸板阀阀杆；3—闸板阀阀体；4—烟道；5—监测孔管；6—采样枪

监测孔的设置应满足以下基本要求。

① 监测孔位置应便于人员开展监测工作，应设置在规则的圆形或矩形烟道上，不宜设置在烟道的顶层。

② 对于输送高温或有毒有害气体的烟道，监测孔应开在烟道的负压段；若负压段满足不了开孔需求，对正压下输送高温和有毒气体的烟道应安装带有闸板阀的密封监测孔。

③ 监测孔的内径一般不小于 80mm，新建或改建污染源废气排放口监测孔的内径应不小于 90mm；监测孔管长不大于 50mm（安装闸板阀的监测孔管除外）。监测孔在不使用时用盖板或管帽封闭，在监测使用时应易开合。

监测平台应设置在监测孔的正下方 1.2～1.3m 处，应安全、便于开展监测活动，必要时应设置多层平台以满足与监测孔距离的要求。

仅用于手工监测的平台可操作面积至少应大于 1.5m²（长度、宽度均不小 1.2m），最好应在 2m² 以上。用于安装废气自动监测设备和进行参比方法采样监测的平台面积至少在 4m² 以上（长度、宽度均不小 2m），或不小于采样枪长度外延 1m。

监测平台应易于人员和监测仪器到达。根据平台高度，按照《固定式钢梯及平台安全要求　第 1 部分：钢直梯》（GB 4053.1—2009）、《固定式钢梯及平台安全要求　第 2 部分：钢斜梯》（GB 4053.2—2009）的要求，设置直梯或斜梯。当监测平台距离地面或其他坠落面距离超过 2m 时不应设置直梯，应有通往平台的斜梯、旋梯或升降梯、电梯，斜梯、旋梯宽度应不小于 0.9m，梯子倾角不超过 45°。监测平台距离地面或其他坠落面距离超过 20m 时，应有通往平台的升降梯。固定式钢斜梯如图 8-5 所示。

监测平台、通道的防护栏杆的高度应不低于 1.2m，脚部挡板不低于 10cm。监测平台、通道、防护栏的设计载荷、制造安装、材料、结构及防护要求应符合《固定式钢梯及平台安全要求　第 3 部分：工业防护栏杆及钢平台》（GB 4053.3—2009）的要求。防护栏杆如图 8-6 所示。

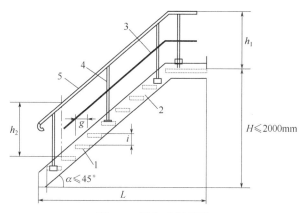

图 8-5　固定式钢斜梯

1—踏板；2—梯梁；3—中间栏杆；4—立柱；5—扶手；H—梯高；L—梯跨；
h_1—栏杆高；h_2—扶手高；α—梯子倾角；i—踏步高；g—踏步宽

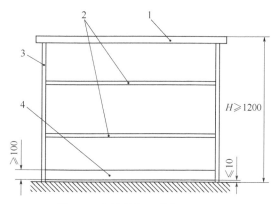

图 8-6　防护栏杆（单位：mm）

1—扶手（顶部栏杆）；2—中间栏杆；3—立柱；4—踢脚板；H—栏杆高度

8.1.4.4　废气自动监测设施规范化设置

废气自动监测站房的设置应达到如下要求。

① 应为室外的废气自动监测系统提供独立站房，监测站房与采样点之间距离应尽可能近，原则上不超过 70m。

② 监测站房的基础荷载强度应不小于 2000kg/m^2。若站房内仅放置单台机柜，面积应不小于(2.5×2.5)m^2。若同一站房放置多套分析仪表的，每增加一台机柜，站房面积应至少增加 3m^2，便于开展运维操作。站房空间高度应不小于 2.8m，站房建在标高不小于 0m 处。

③ 监测站房内应安装空调和采暖设备，室内温度应保持在 15～30℃，相对湿度应不大于 60%，空调应具有来电自动重启功能，站房内应安装排风扇或其他通风设施。

④ 监测站房内配电功率能够满足仪表实际要求，功率不少于 8kW，至少预留三孔插座 5 个、稳压电源 1 个、UPS 电源一个。

⑤ 监测站房内应根据需要配备不同浓度的有证标准气体，且在有效期内。低浓度标准气体可由高浓度标准气体通过经校准合格的等比例稀释设备获得（精密度≤1%），也可

单独配备。

　　⑥ 监测站房应有必要的防水、防潮、隔热、保温措施，在特定场合还应具备防爆功能。

　　⑦ 监测站房应具有能够满足废气自动监测系统数据传输要求的通信条件。

8.2
水污染防治措施

8.2.1　废水处理工艺技术要求

　　1）铅蓄电池生产企业应推行清洁生产，减少废水产生量。

　　2）铅蓄电池生产企业废水应分类收集、分质处理；工作服清洗水、洗浴水应作为含铅废水处理。其中，规定在车间或生产设施排放口监控的水污染物（铅、镉），应在车间或生产设施排放口收集和处理；规定在总排放口监控的污染物，应在废水总排放口收集和处理。

　　3）铅蓄电池生产企业含铅废水处理应采用混凝—沉淀—pH 调节—过滤的处理工艺。应实现 PLC 全自动控制，pH 自动监测，自动投药（碱液、PAM、明矾等）。某铅蓄电池企业废水处理工艺流程如图 8-7 所示。部分铅蓄电池企业废水处理装置如图 8-8 所示。

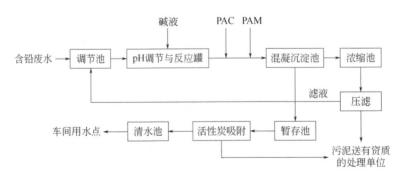

图 8-7　铅蓄电池废水处理工艺流程

　　4）废水处理站应设置应急事故水池，应急事故水池的容积应能容纳 12～14h 的废水量。

　　5）《中华人民共和国水污染防治法》第四十条规定"禁止利用无防渗漏措施的沟渠、坑塘等运输或者存贮含有毒污染物的废水、含病原体的污水和其他废弃物。"铅蓄电池生产企业含铅废水禁止利用无防渗漏措施的坑塘进行存贮。

　　6）企业应提高废水回用率，生活污水经处理后可用于绿化、冲厕等环节；企业可采用反渗透、超滤等工艺对含铅废水进行深度处理，降低废水含盐量，处理后的废水可用于纯水制备、车间设备、地面冲洗水、冷却水、绿化、冲厕等方面。其中，工业用水的再生水水质应符合《城市污水再生利用　工业用水水质》（GB/T 19923—2005）的相关规定，如表 8-2 所列。

(a)　　　　　　　　　　　　(b)

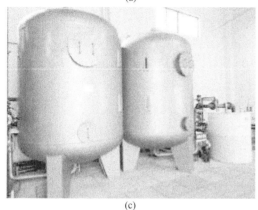

(c)　　　　　　　　　　　　(d)

图 8-8　铅蓄电池废水处理装置

表 8-2　工业循环用水应执行的水质标准

序号	控制项目	冷却用水		洗涤用水	锅炉补给水	工艺与产品用水
		直流冷却水	敞开式循环冷却水系统补水			
1	pH 值	6.5～9.0	6.5～8.5	6.5～9.0	6.5～8.5	6.5～8.5
2	悬浮物/(mg/L)	≤30	—	≤30	—	—
3	COD_{Cr}/(mg/L)	—	≤60	—	≤60	≤60
4	总碱度（以 $CaCO_3$ 计）/(mg/L)	≤350	≤350	≤350	≤350	≤350
5	硫酸盐/(mg/L)	≤600	≤250	≤250	≤250	≤250
6	溶解性总固体/(mg/L)	≤1000	≤1000	≤1000	≤1000	≤1000

注：详细水质要求见标准文本。

废水用于绿化、冲厕，其水质应符合《城市污水再生利用　城市杂用水水质》（GB/T 18920—2020）的相关规定，铅、镉等重金属水质应符合《农田灌溉水质标准》（GB 5084—2021）的相关规定，如表 8-3 所列。

表 8-3 城市杂用水部分水质标准

序号	项目	冲厕、车辆冲洗	绿化、道路清扫、消防、建筑施工
1	pH 值	6～9	6～9
2	BOD$_5$	10	10
3	氨氮	5	8
4	阴离子表面活性剂	0.5	0.5
5	溶解性总固体/(mg/L)	≤1000（2000）[①]	≤1000（2000）[①]
6	镉/(mg/L)	≤0.01	
7	铅/(mg/L)	≤0.2	

[①] 括号内指标值为沿海及本地水源中溶解性固体含量较高的区域的指标。

　　铅蓄电池生产企业利用工业废水进行绿化，应当防止污染土壤、地下水和农产品，应定期开展土壤等环境质量监测。

　　7）废水"零排放"技术

　　① 有条件"零排放"。含铅废水经过常规化学中和沉淀处理后，再经过两道膜处理，该方案可实现废水处理回用率大于85%。中水经过多介质过滤、一级超滤、二级反渗透等处理过程，可得到杂质离子浓度小于自来水的类纯水（电导率小于 40μS/cm，自来水为130μS/cm），可以回用到电池产品生产。

　　废水有条件"零排放"工艺流程如图8-9所示。

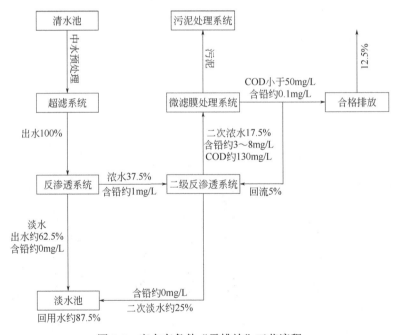

图 8-9　废水有条件"零排放"工艺流程

　　② 近"零排放"。即在上述有条件"零排放"方案基础上，在二级膜处理基础上，后续增加三效（或多效）蒸发器，将废水处理回用率从85%提高到大于95%。关于后续浓水，如采用多效蒸发器，吨水运行成本主要是蒸汽成本，吨水消耗蒸汽量300～400kg，独立运

行成本为 60～100 元/t。因此，对于企业所在区域强制性要求不设废水排放口的情况，才建议考虑实施该近"零排放"方案。废水近"零排放"工艺流程如图 8-10 所示。某铅蓄电池企业超滤系统如图 8-11 所示，蒸发系统如图 8-12 所示。

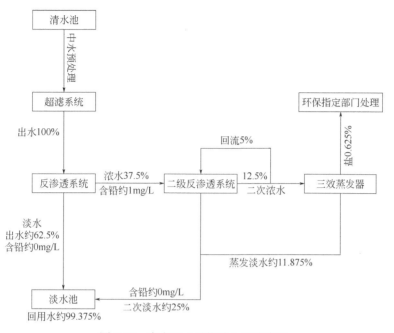

图 8-10　废水近"零排放"工艺流程

图 8-11　超滤系统

图 8-12　蒸发系统

8.2.2　废水处理设施运行与维护

① 废水处理站应建立操作规程、运行记录、水质检测、设备检修、人员上岗培训、应急预案、安全注意事项等处理设施运行与维护的相关制度，加强处理设施的运行、维护

与管理。

② 铅蓄电池企业应将废水处理设施作为生产系统的组成部分进行管理，应配备专职人员负责废水处理设施的操作、运行和维护。废水处理设备设施每年进行一次检修，其日常维护与保养应纳入企业正常的设备维护管理工作。

③ 铅蓄电池企业不得擅自停止含铅废水治理设施的正常运行。因维修、维护致使处理设施部分或全部停运时，应事先征得当地环保部门的批准。

④ 废水处理站的运行记录和水质检测报告作为原始记录，应妥善保存，不得丢失或撕毁。

⑤ 操作人员应遵守岗位职责，如实填写运行记录。运行记录的内容应包括：水泵及相关处理设备/设施的启动及停止时间、处理水量、水温、pH 值；电气设备的电流、电压；检测仪器的适时检测数据；投加药剂名称、调配浓度、投加量、投加时间、投加点位；处理设施运行状况与处理后出水情况等。

⑥ 废水处理设施在运行期间，每天均应根据设施的运行状况对处理水质进行检测，并建立水质检测报告制度。检测项目、采样点、采样频率、采用的检测分析方法应按照相关规定的要求进行。已安装在线监测系统的，也应定期取样，进行人工检测，比对数据。

8.2.3 排污口和自动监测装置建设及运行

8.2.3.1 排污口规范化设置

排污口设置应符合《排污口规范化整治技术要求》（环监〔1996〕470 号）的规定。具体要求包括：a. 合理确定污水排放口位置；b. 按照《污染源监测技术规范》设置采样点，如工厂总排放口、排放一类污染物的车间排放口、污水处理设施的进水和出水口等；c. 设置规范的、便于测量流量、流速的测流段等。

国家没有对企业排污口数量进行明确规定，铅蓄电池企业可根据地方规定执行。

① 《江苏省排污口设置及规范化整治管理办法》（苏环控〔1997〕122 号）规定：凡生产经营场所集中在一个地点的单位，原则上只允许设污水和"清下水"排污口各一个；生产经营场所不在同一地点的单位，每个地点原则上只允许设一个排污口。个别单位确因特殊原因，其排污口设置需要超过允许数量的，必须报经环保部门审核同意。

② 《广东省污染源排污口规范化设置导则》规定：凡生产经营场所集中在一个地点的单位，原则上只允许设污水和"清下水"排污口各一个。确因特殊原因需要增加排污口，须报经环保部门审核同意。排污者已有多个排污口的，必须按照清污分流、雨污分流的原则，进行管网、排污口归并整治。

8.2.3.2 排污口标志牌规范化设置

废水排放口应按照《环境保护图形标志——排放口（源）》（GB 15562.1—1995）的规定，设置与之相适应的环境保护图形标志牌。环境保护图形标志牌设置位置应距污染物排放口（源）或采样点较近且醒目处，并能长久保留。

企业污水排放口标志如图 8-13 所示。

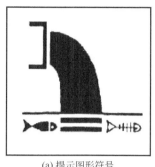

(a) 提示图形符号

(b) 警告图形符号

图 8-13　排污口图形标志

8.2.3.3　废水监测平台规范化设置

废水监测平台面积应不小于 $1m^2$，平台应设置高度不低于 1.2m 的防护栏、高度不低于 10cm 的脚部挡板。监测平台、梯架通道及防护栏的相关设计载荷及制造安装应符合《固定式钢梯及平台安全要求　第 3 部分：工业防护栏杆及钢平台》（GB 4053.3—2009）的要求。

应保证污水监测点位场所通风、照明正常，应在有毒有害气体的监测场所设置强制通风系统，并安装相应的气体浓度报警装置。

8.2.3.4　废水自动监测设施规范化设置

（1）废水自动监测站房的设置要求

① 新建监测站房面积应不小于 $7m^2$。监测站房应尽量靠近采样点，与采样点的距离不宜大于 50m。监测站房应做到专室专用。

② 监测站房应密闭，安装空调，保证室内清洁，环境温度、相对湿度和大气压等应符合《工业过程测量和控制装置工作条件　第 1 部分：气候条件》（GB/T 17214.1—1998）的要求。

③ 监测站房内应有安全合格的配电设备，能提供足够的电力负荷（不小于 5kW）。站房内应配置稳压电源。

④ 监测站房内应有合格的给、排水设施，应使用自来水清洗仪器及有关装置。

⑤ 监测站房应有完善规范的接地装置、避雷措施和防盗及防止人为破坏的设施。

⑥ 监测站房如采用彩钢夹芯板搭建，应符合相关临时性建（构）筑物设计和建造要求。

⑦ 监测站房内应配备灭火器箱、手提式二氧化碳灭火器、干粉灭火器或沙桶等。

⑧ 监测站房不能位于通信盲区。

⑨ 监测站房的设置应避免对企业安全生产和环境造成影响。

（2）废水自动监测设备的采样取水系统设置要求

① 采样取水系统应保证采集有代表性的水样，并保证将水样无变质地输送至监测站房供水质自动分析仪取样分析或采样器采样保存。

② 采样取水系统应尽量设在废水排放堰槽取水口头部的流路中央，采水的前端设在下流的方向，减少采水部前端的堵塞。测量合流排水时，在合流后充分混合的场所采水。采样取水系统宜设置成可随水面的涨落而上下移动的形式。应同时设置人工采样口，以便进行比对试验。

③ 采样取水系统的构造应有必要的防冻和防腐设施。

④ 采样取水管材料应对所监测项目没有干扰，并且耐腐蚀。取水管应能保证水质自动分析仪所需的流量。采样管路应采用优质的硬质 PVC 或 PPR 管材，严禁使用软管作采样管。

⑤ 采样泵应根据采样流量、采样取水系统的水头损失及水位差合理选择。取水采样泵应对水质参数没有影响，并且使用寿命长、易维护。采样取水系统的安装应便于采样泵的安置及维护。

⑥ 采样取水系统宜设有过滤设施，防止杂物和粗颗粒悬浮物损坏采样泵。

⑦ 氨氮水质自动分析仪采样取水系统的管路设计应具有自动清洗功能，宜采用加臭氧、二氧化氯或加氯等冲洗方式。应尽量缩短采样取水系统与氨氮水质自动分析仪之间输送管路的长度。

（3）现场废水自动分析仪的设置要求

① 现场水质自动分析仪应落地或壁挂式安装，采取有必要的防震措施保证设备安装牢固稳定。在仪器周围应留有足够空间，方便仪器维护。现场水质自动分析仪的安装还应满足《自动化仪表工程施工及质量验收规范》（GB 50093—2013）的相关要求。

② 安装高温加热装置的现场水质自动分析仪，应避开可燃物和严禁烟火的场所。

③ 现场水质自动分析仪与数据采集传输仪的电缆连接应可靠稳定，并尽量缩短信号传输距离，减少信号损失。

④ 各种电缆和管路应加保护管铺于地下或空中架设，空中架设的电缆应附着在牢固的桥架上，并在电缆和管路以及电缆和管路的两端做上明显标识。电缆线路的施工还应满足《电气装置安装工程　电缆线路施工及验收标准》（GB 50168—2018）的相关要求。

⑤ 现场水质自动分析仪工作所必需的高压气体钢瓶，应稳固地固定在监测站房的墙上，防止钢瓶跌倒。

⑥ 必要时（如南方的雷电多发区），仪器和电源也应设置防雷设施。

8.3
固体废物防治措施

8.3.1　固体废物的分类

铅蓄电池企业固体废物包括危险废物和一般固体废物两类。

《国家危险废物名录（2021年版）》（中华人民共和国生态环境部令 第15号，2020年11月25日）对铅蓄电池企业产生的危险废物规定如表8-4所列。

表8-4 国家危险废物名录（涉及铅蓄电池行业部分）

废物类型	行业来源	废物代码	危险废物	危险特性
HW31 含铅危险废物	电池制造	384-004-31	铅蓄电池生产过程中产生的废渣、集（除）尘装置收集的粉尘和废水处理污泥	T
	非特定行业	900-052-31	废铅蓄电池及废铅蓄电池拆解过程中产生的废铅板、废铅膏和酸液	T, C
HW48 有色金属冶炼废物	常用有色金属冶炼	321-029-48	铅再生过程中集（除）尘装置收集的粉尘和湿法除尘产生的废水处理污泥	T
HW08 废矿物油与含矿物油废物	非特定行业	900-214-08	车辆、机械维修和拆解过程中产生的废发动机油、制动器油、自动变速器油、齿轮油等废润滑油	T, I
HW49 其他废物	非特定行业	900-041-49	含有或沾染毒性、感染性危险废物的废弃包装物、容器、过滤吸附介质	T/In

8.3.2 危险废物贮存技术要求

铅蓄电池生产企业危险废物贮存应执行《中华人民共和国固体废物污染环境防治法》《危险废物贮存污染控制标准》（GB 18597—2001）等法律、法规和标准。铅蓄电池生产企业应重点关注以下事项。

① 危险废物应分别贮存。某铅蓄电池企业危险废物贮存情况如图8-14所示。

(a) 含铅污泥　　　　　　　　　　(b) 废电池　　　　　　　　　　(c) 废硫酸

图8-14 危险废物分类贮存

② 污泥脱水可采用污泥脱水设备进行机械脱水，也可通过污泥干化场自然脱水。污泥脱水设备的选型根据污泥性能和脱水要求，经技术、经济比较后确定。

③ 含铅污泥浓缩、固液分离构筑物和设备的排水，应收集到废水调节池。

④ 贮存场所地面应防渗，顶部防水、防晒；地面与裙脚要用坚固、防渗的材料建造，建筑材料必须与危险废物相容；门口要设置围堰。

⑤ 根据《危险废物贮存污染控制标准》（GB 18597—2001）的规定，铅蓄电池企业危险废物贮存场所标志如图8-15所示。

图 8-15　危险废物贮存场所标志

8.3.3　危险废物转移管理具体要求

（1）铅蓄电池生产企业

企业产生的含铅危险废物应按照国家要求交由具有危险废物处理资质的单位进行集中处理处置。

铅蓄电池生产企业在转移危险废物前，必须按照国家有关规定报批危险废物转移计划；经批准后，产生单位应当向移出地环境保护行政主管部门申请领取联单。

产生单位应当在危险废物转移前三日内报告移出地环境保护行政主管部门，并同时将预期到达时间报告接受地环境保护行政主管部门。

危险废物产生单位每转移一车、船（次）同类危险废物，应当填写一份联单。每车、船（次）有多类危险废物的，应当按每一类危险废物填写一份联单。

危险废物产生单位应当如实填写联单中产生单位栏目并加盖公章，经交付危险废物运输单位核实验收签字后，将联单第一联副联自留存档，将联单第二联交移出地环境保护行政主管部门，联单第一联正联及其余各联交付运输单位随危险废物转移运行。

（2）危险废物接收单位

危险废物接收单位应当按照联单填写的内容对危险废物核实验收，如实填写联单中接受单位栏目并加盖公章。接受单位应当将联单第一联、第二联副联自接受危险废物之日起十日内交付产生单位，联单第一联由产生单位自留存档，联单第二联副联由产生单位在二日内报送移出地环境保护行政主管部门；接受单位将联单第三联交付运输单位存档；将联单第四联自留存档；将联单第五联自接受危险废物之日起二日内报送接受地环境保护行政主管部门。

（3）联单保存

联单保存期限为五年。

8.3.4 危险废物运输要求

危险废物运输应符合《道路危险货物运输管理规定》《危险货物道路运输规则　第 1 部分：通则》（JT/T 617.1—2018）等要求。根据《危险废物收集　贮存　运输技术规范》（HJ 2025—2012）和《废铅酸蓄电池处理污染控制技术规范》（HJ 519—2020）等要求，含铅废物运输应符合以下规定：

① 危险废物运输应由持有危险废物经营许可证的单位按照其许可证的经营范围组织实施，承担危险废物运输的单位应获得交通运输部门颁发的危险货物运输资质；

② 废铅酸蓄电池公路运输车辆应按《道路运输危险货物车辆标志》（GB 13392—2005）的规定悬挂相应标志；

③ 废铅酸蓄电池运输时应采取有效的包装措施，以防止电池中有害成分的泄漏污染；

④ 废铅酸蓄电池运输车辆驾驶员和押运人员等必须经过危险废物和应急救援方面的培训，包括防火、防泄漏以及应急联络等。

部分危险货物车辆标志如图 8-16 所示。

(a)　　　　　　　　(b)　　　　　　　　(c)

图 8-16　部分危险货物车辆标志

底色：白色；图案：黑色

当废铅蓄电池跨区域转运时，还需要符合《废铅蓄电池污染防治行动方案》（环办固体〔2019〕3 号）、《铅蓄电池生产企业集中收集和跨区域转运制度试点工作方案》（环办固体〔2019〕5 号）的相关规定。

8.4
噪声污染防治措施

8.4.1 噪声排放执行标准

铅蓄电池企业主要噪声源主要包括铅锭冷切机、铅粉机等生产设备以及通风除尘用风机、泵、空压机等附属设备。

对产生噪声的车间及设备应采取有效阻隔、减震等降噪措施，确保厂界噪声达到《工业企业厂界环境噪声排放标准》（GB 12348—2008）相应标准要求，如表 8-5 所列。

表 8-5 噪声排放限值 单位：dB(A)

厂界外声环境功能区类别	时段	
	昼间	夜间
0	50	40
1	55	45
2	60	50
3	65	55
4	70	55

8.4.2 噪声控制技术要求

主要噪声控制措施介绍如下。

① 隔声措施：将引风机、泵、空压机、灌酸机等噪声较大的设备置于室内隔声，在建筑设计中采用隔声、吸声材料制作门窗、砌体等防治噪声的扩散和传播。

② 消声措施：空压机、风机等设备安装消声器。

③ 减震措施：风机、灌酸机、泵等设备安装降震垫。

④ 其他措施：在总图布置时，考虑地形、声源方向性、车间噪声强弱和绿化等因素，进行合理布局，以减轻噪声的危害。

8.5
环境监测技术要求

8.5.1　环境监测相关规定

目前，国家和地方相关文件对铅蓄电池企业提出了监测要求。

国家相关文件对铅蓄电池企业的环境监测要求如表 8-6 所列。

表 8-6　国家相关文件对铅蓄电池企业的环境监测要求

序号	文件名称	监测要求
1	《关于加强铅蓄电池及再生铅行业污染防治工作的通知》（环发〔2011〕56 号）	铅蓄电池企业要进一步规范排污口的管理，逐步安装铅在线监测设施并与当地环保部门联网，未安装在线监测设施的企业必须具有完善的自行监测能力，建立铅污染物的日监测制度，每月向当地环保部门报告
2	《铅蓄电池和再生铅企业环保核查指南》（环办函〔2012〕325 号）	逐步建立重金属特征污染物日监测制度，每月向当地环保部门报告监测结果，实现重金属污染物在线监测装置与环保部门联网
3	《关于促进铅酸蓄电池和再生铅产业规范发展的意见》（工信部联节〔2013〕92 号）	地方各级环境保护部门要定期对铅酸蓄电池和再生铅企业进行监督性监测，对企业周边环境开展经常性监测，对超标排放的企业要依法采取限期治理等措施，确保达标排放。铅酸蓄电池企业要逐步安装铅在线监测设施并与当地环境保护部门联网，逐月报告日常监测情况
4	《电池工业污染物排放标准》（GB 30484—2013）	企业应按照有关法律和《环境监测管理办法》等规定，建立企业监测制度，制定监测方案，对污染物排放状况及其对周边环境质量的影响开展自行监测，保存原始监测记录，并公布监测结果。新建企业和现有企业安装污染物排放自动监控设备的要求，按有关法律和《污染源自动监控管理办法》的规定执行

部分地方环境监测要求如表 8-7 所列。

表 8-7　部分地方环境监测要求

序号	文件名称	监测要求
1	《关于进一步加强广东省铅蓄电池行业污染整治推进产业转型升级的通知》（粤环〔2011〕115 号）	铅蓄电池企业进一步规范排污口的管理，逐步安装铅在线监测设施并与当地环保部门联网，未安装在线监测设施的企业必须具有完善的自行监测能力。2011 年底前配备专职环保监督员，建立监督检查台账和铅等特征污染物日监测报告制度
2	《湖北省重金属污染综合防治"十二五"规划》（鄂环发〔2011〕48 号）	建立重金属排放企业监督性监测和检查制度。各地每两个月对重金属排放企业车间（或车间处理设施排放口）、企业排污口水质及厂界无组织排放情况开展一次监督性监测。企业应建立特征污染物日监测制度，每月向当地环保部门报告。重金属废水排放企业要安装相应的重金属污染物在线监控装置，重金属废气排放企业优先安装汞、铅等在线监控系统，在线监测装置要与环保部门联网
3	浙江省、江西省、湖南省、安徽省等地发布《铅蓄电池企业污染综合整治验收标准》	废水总排口和涉及铅污染的车间废水排放口鼓励安装流量计及 pH 值、铅等指标的在线监控设施，并与环保部门联网。主要废气排放口鼓励安装铅污染因子在线监测装置。建立自行监测制度（内容包括每日对本企业排放污染物状况进行监测、保存监测数据、建立重金属排放档案），每月向当地环保部门报送自测报告

序号	文件名称	监测要求
4	上海市《铅蓄电池行业大气污染物排放标准》（DB 31/603—2012）	污染源监督性监测过程中，企业不得任意改变当时的运行工况；企业自行监测时应记录当时运行工况。企业应按有关规定建立污染物定期监测制度，排气筒监测频率每季度均不少于一次，保存监测原始记录，建立相应台账备查。企业在线监测设备安装使用按环保部门有关规定执行

8.5.2　自行监测技术要求

8.5.2.1　自行监测基本要求

（1）自行监测内容

① 污染物排放监测。污染物排放监测对于企业自行监测是基本要求，包括废气污染物、废水污染物和噪声污染。废气污染物包括有组织废气污染物排放源，也包括无组织废气污染物排放源。废水污染物包括直接排入环境的污染物，也包括排入公共污水处理系统的间接排放污染物。

② 周边环境质量影响监测。企业应根据自身排污对周边环境质量的影响情况，开展周边环境质量影响监测，从而掌握自身排放状况对周边环境质量影响的实际情况和变化趋势。

③ 关键工艺参数监测。在部分排放源或污染物指标监测成本相对较高，难以实现高频次监测的情况下，可以通过对与污染物产生和排放密切相关的关键工艺参数进行测试以补充污染物排放监测。

④ 污染治理设施处理效果监测。若企业认为有必要，可对污染治理设施处理效果进行监测，从而可以更好地对生产和污染治理设施进行调试。

（2）制定监测方案

铅蓄电池企业应对其污染源排放状况进行全面梳理，分析潜在的环境风险，制定能够反映实际排放状况的监测方案，内容包括企业基本情况、监测点位及示意图、监测指标、执行标准及其限值、监测频次、采样和样品保存方法、监测分析方法和仪器、质量保证与质量控制等。

当有以下情况发生时应变更监测方案：执行的排放标准发生变化；排放口位置、监测点位、监测指标、监测频次、监测技术任一项内容发生变化；污染源、生产工艺或处理设施发生变化。

（3）设置和维护监测设施

1）监测设施应符合监测规范要求

废水排放口及废气监测断面、监测孔的设置需满足相应要求，保证水流、气流不受干扰且混合均匀，采样点位的监测数据能够反映监测时污染物排放的实际情况。

2）监测平台应便于开展监测活动

① 到达监测平台方便；

② 监测平台空间足够大；

③ 监测平台备有电源等辅助设施。

3）监测平台应能保证监测人员的安全

① 高空监测平台周边有围栏，平台底部空隙不应过大；

② 平台附近有造成人体机械伤害、灼烫、腐蚀、触电等危险源的，应设置防护装置；

③ 平台上方有坠物隐患时，应设置防护装置；

④ 排放对人体有严重危害物质的监测点位应储备安全防护装备。

（4）开展自行监测

1）监测活动开展方式。自行监测开展方式有 3 种，即全部自行监测、全部委托监测、部分自行监测部分委托监测。同一企业不同监测项目可委托多家社会化检测机构开展监测。自行监测活动开展方式选择流程如图 8-17 所示。

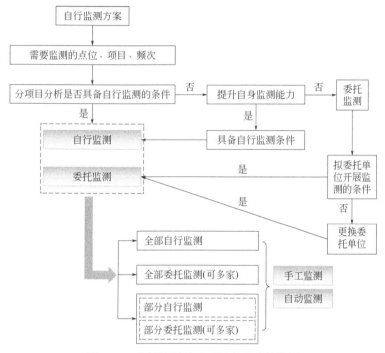

图 8-17　自行监测活动开展方式选择流程

2）企业自行监测应具备的条件

① 人员。企业应设置环境监测专职部门，配备充足的、符合任职能力要求的环境监测技术人员和管理人员，并实施人员培训及其有效性评价，保存记录。

② 实验室。企业应配置用于检测的实验室设施，包括能源、照明和环境条件等。实验室宜集中布置，做到功能分区明确、布局合理、互不干扰，有安全消防保障措施。实验室设计应执行国家现行有关安全、卫生及环境保护法规和规定。为确保监测结果准确性，企业应对影响监测结果的设施和环境条件等制定技术文件。

③ 仪器设备。企业应配备进行检测（包括采样、样品前处理、数据处理与分析）所要求的所有相关设备，达到要求的准确度，并符合检测相应的规范要求。铅蓄电池企业环境监测仪器设备如表 8-8 所列，部分设备如图 8-18～图 8-21 所示。设备在投入工作前应校准或核查。仪器设备由经过授权的人员操作，大型仪器设备有仪器设备操作规程，有仪器设备运行和保养记录；每一台仪器设备软件均有唯一性标识；保存对检测具有重要影响的每一台仪器设备及软件的记录，并存档。

表 8-8　铅蓄电池企业环境监测仪器设备

序号	检测指标/常规设备	设备名称	数量
1	分析总铅/总镉	石墨炉原子吸收光谱仪	1
2		数据工作站	1
3		高纯氩气瓶	1
4		减压阀	1
5		通风橱	1
6	元素分析	紫外可见分光光度计	1
7		数据工作站	1
8	pH 值	台式精密 pH 计	1
9	固体颗粒采样	智能粉尘采样仪	1
10		微电脑烟尘平行采样仪	1
11	制样/药品保存	冷藏冷冻箱	1
12	玻璃器皿清洁干燥	电热恒温鼓风干燥箱	1
13	样品称量	万分之一天平	1
14	精确取样	单道移液器	5

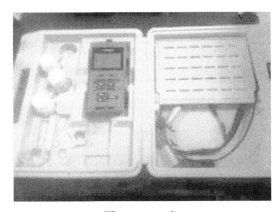

图 8-18　pH 仪

图 8-19　原子吸收分光光度计

图 8-20　智能粉尘采样仪

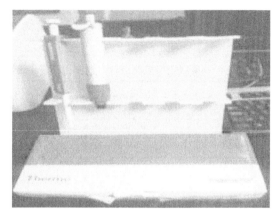

图 8-21　彩色单道移液管

④ 实验室质量体系。企业应建立实验室质量体系文件，制定质量手册、程序文件、作业指导书等，采取质量保证和质量控制措施，确保自行监测数据可靠。

3）委托单位相关要求。接受自行监测任务的社会化检测机构应具备监测相应项目的资质，出具的检测报告必须加盖 CMA 印章。企业除应检查委托检测机构资质外，还应对委托单位进行事前、事中、事后监督管理。

（5）做好监测质量保证与质量控制

自行开展监测的铅蓄电池企业应建立自行监测质量体系。质量体系应包括监测机构、人员、出具监测数据所需仪器设备、监测辅助设施和实验室环境、监测方法技术能力验证、监测活动质量控制与质量保证等内容。

委托具有资质的社会化检测机构代其开展自行监测的，企业无需建立监测质量体系，但应对社会化检测机构的资质进行确认。

（6）记录和保存监测数据

对于手工监测，应保留全部原始记录信息，全过程留痕。对于自动监测，除通过仪器记录监测数据外，还应记录运行维护信息。为了更好地说明污染物排放状况，了解监测数据的代表性，对监测数据进行交叉印证，形成完整证据链，还应详细记录监测期间的生产和污染治理状况。企业应将自行监测数据接入全国污染源监测信息管理与共享平台，公开监测信息。

8.5.2.2 自行监测方案的制定

《排污单位自行监测技术指南　总则》（HJ 819—2017）和《排污许可证申请与核发技术规范　电池工业》（HJ 967—2018）是铅蓄电池企业制定自行监测方案的重要依据。其中，《排污许可证申请与核发技术规范　电池工业》（HJ 967—2018）针对铅蓄电池企业废水、废气自行监测点位、监测因子及监测频次等提出具体要求，对其中未规定但《排污单位自行监测技术指南　总则》（HJ 819—2017）中明确规定的内容，应按照《排污单位自行监测技术指南　总则》（HJ 819—2017）执行。

（1）废水排放监测

《排污许可证申请与核发技术规范　电池工业》（HJ 967—2018）针对铅蓄电池企业废水自行监测点位、监测因子及最低监测频次提出要求，如表 8-9 所列。地方根据规定可相应加密监测频次。

表 8-9　铅蓄电池企业废水自行监测点位、监测因子及最低监测频次

类型	监测点位	污染物指标	最低监测频次	
			直接排放	间接排放
铅蓄电池企业	废水总排口	pH 值、流量、化学需氧量、氨氮	自动监测	
		悬浮物、总氮、总磷	月	季度
	车间或车间设施废水排放口	流量、总铅	自动监测/日[①]	
		总镉[②]	年	
	雨水排放口	pH 值[③]	日	—

① 铅水质自动在线监测仪验收技术规范发布前可按日监测。

② 含镉高于 0.002%的铅蓄电池企业已基本完成淘汰，镉不作为铅蓄电池企业常规污染控制因子。

③ 铅蓄电池企业雨水排放口在排放期间每日至少监测一次 pH 值，如果 pH 值超标，应尽快分析原因，并进行废水中总铅的监测。

（2）废气排放监测

《排污许可证申请与核发技术规范　电池工业》（HJ 967—2018）针对铅蓄电池企业废气（有组织、无组织）自行监测点位、监测因子及最低监测频次提出要求，如表 8-10 和表 8-11 所列。地方根据规定可相应加密监测频次。

表 8-10　铅蓄电池企业废气有组织排放自行监测点位、监测因子及最低监测频次

类型	产污环节	监测点位	监测因子	最低监测频次
铅蓄电池企业	制粉	污染物净化设施排放口	铅及其化合物	月
	和膏	污染物净化设施排放口	铅及其化合物	月
	板栅铸造	污染物净化设施排放口	铅及其化合物	月
	分片、刷片	污染物净化设施排放口	铅及其化合物	月
	包片	污染物净化设施排放口	铅及其化合物	月
	称片	污染物净化设施排放口	铅及其化合物	月
	焊接	污染物净化设施排放口	铅及其化合物	月
	外化成	污染物净化设施排放口	硫酸雾	季度
	内化成	污染物净化设施排放口	硫酸雾	季度

表 8-11　铅蓄电池企业废气无组织排放自行监测点位、监测因子及最低监测频次

类型	监测点位	监测因子	监测频次
铅蓄电池企业	企业边界（厂区主导风向上风向 1 个监测点、主导风向下风向 3 个监测点）	硫酸雾、铅及其化合物、颗粒物	半年

（3）厂界环境噪声监测

厂界环境噪声监测点位设置应遵循《工业企业环境噪声排放标准》（GB 12348—2008）、《排污单位自行监测技术指南　总则》（HJ 819—2017）中的规定。

厂界环境噪声监测主要考虑噪声源在厂区内的分布情况，同时根据不同噪声源的强度选择对周边居民影响最大的位置开展监测。厂界环境噪声每季度至少开展一次昼夜监测。周边有敏感点的，应提高监测频次，具体监测频次可由周边居民、企业、管理部门共同协商确定。

（4）周边环境质量影响监测

若环境影响评价文件及其批复［仅限 2015 年 1 月 1 日（含）后取得的环境影响评价批复］、相关环境管理政策有明确要求的，应按要求开展相应的周边环境质量要素的监测。

若管理上没有明确要求，企业为说清自身排放情况及其对周边环境质量影响状况，认为有必要时可对周边环境空气、地表水、海水、地下水和土壤开展监测。可按照《环境影响评价技术导则　地表水环境》（HJ 2.3—2018）、《污水监测技术规范》（HJ/T 91.9—2019）、《近岸海域环境监测技术规范》系列（HJ 442.1—2020~HJ 442.10—2020）、《环境影响评价技术导则　大气环境》（HJ 2.2—2018）、《环境空气质量手工监测技术规范》（HJ 194—2017）、《环境空气质量监测点位布设技术规范（试行）》（HJ 664—2013）、《环境影响评价技术导则　地下水环境》（HJ 610—2016）、《地下水环境监测技术规范》（HJ 164—2020）、《环境影响评价技术导则　土壤环境（试行）》（HJ 964—2018）、《土壤环境监测技术规范》（HJ/T 166—2004）及环境管理要求等设置监测断面和监测点位。

监测指标及最低监测频次应按照表 8-12 执行。

表 8-12　周边环境质量影响监测要求

环境要素	监测指标	监测频次
环境空气	铅	半年
地表水	pH 值、铅	季度
海水	pH 值、铅	半年
地下水	pH 值、铅	年
土壤	pH 值、铅	年

【案例】某企业周边环境质量影响监测结果

某铅蓄电池企业开展周边地表水和土壤环境质量监测，监测情况如表 8-13、表 8-14 所列。

表 8-13　地表水监测结果

采样点位	采样日期	监测结果	
		pH 值	铅/(mg/L)
厂界上游 50m 处	第一周期	8.5	<0.001
	第二周期	8.3	<0.001
	两周期平均	8.4	<0.001
厂界下游 50m 处	第一周期	8.2	<0.001
	第二周期	7.4	<0.001
	两周期平均	7.6	0.001
厂界下游 100m 处	第一周期	7.6	0.0011
	第二周期	7.5	0.0011
	两周期平均	7.5	0.0011

表 8-14　土壤监测结果

监测点位	pH 值	铅/(mg/kg)
厂界西侧 50m 处	4.9	28.4
厂界南侧 50m 处	5.1	28.2
厂界西侧 100m 处	4.8	27.7
厂界西侧 200m 处	5.0	26.9
厂界南侧 100m 处	5.1	25.1
厂界南侧 200m 处	5.1	25.5

8.5.3　自行监测技术要点

8.5.3.1　废水现场手工采样与测试

（1）采样点位

总铅、总镉监测点位设在车间或车间处理设施排放口，其他污染物监测点位设在企业废水总外排口。实际采样位置应位于废水排放管道中间位置，当水深大于 1m 时应在表层下 1/4 深度处采样；水深小于或等于 1m 时，在水深的 1/2 处采样。

（2）采样方法

采样方法主要分为瞬时采样和连续采样。根据监测项目选择不同的采样器。当水深很浅，可考虑使用不锈钢或塑料水瓢、长柄瓢、吊桶、提桶等采集水样。有条件的企业可配备水质自动采样装置进行时间比例采样和流量比例采样，自动采样器必须符合《水质自动采样器技术要求及检测方法》（HJ/T 372—2007）的要求。

常见废水采样器如图 8-22 所示。

（3）样品保存和运输

水样采集后应尽快送到实验室分析，一般可通过冷藏、冷冻、过滤、离心、添加保存剂等方式对样品进行保存。

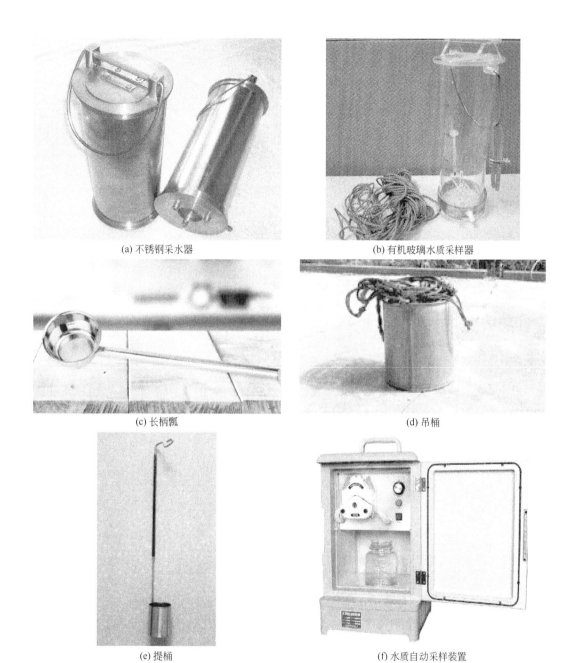

(a) 不锈钢采水器

(b) 有机玻璃水质采样器

(c) 长柄瓢

(d) 吊桶

(e) 提桶

(f) 水质自动采样装置

图 8-22　常见废水采样器

（4）留样

有污染物排放异常等特殊情况，需要留样分析时，应针对具体项目的分析用量同时采集留样样品，并填写"留样记录表"。

（5）污染物测定

《电池工业污染物排放标准》（GB 30484—2013）规定了铅蓄电池企业排放水污染物浓度的测定方法标准。该标准实施后国家发布的污染物监测方法标准，如适用性满足要求，同样适用于相应污染物的测定。

8.5.3.2 废水自动监测技术及运维

（1）自动监测技术

① 比色法原理的重金属自动监测仪。比色法原理的重金属自动监测仪基于某些重金属可以与特定化学物质发生化学反应生成有色物质，通过分光光度法进行定量分析。该方法在实验室重金属分析中较为常见，但基于该方法的重金属在线测定仪无法同时测定多种离子。

② 电化学原理的重金属自动监测仪。电化学方法将化学变化和电的现象紧密联系起来，依据化学变化以及电变化对水中重金属进行精确定量，是目前环境监测的一种重要的检测技术，包括阳极溶出伏安法、阴极溶出伏安法、极谱法、电位溶出法及库仑滴定法等。其中，阳极溶出伏安法和催化极谱法是目前水中重金属自动监测仪应用较多的方法。重金属检出限可达 0.1μg/L。某铅蓄电池企业废水重金属在线监测系统如图 8-23 所示。

(a)　　　　　　　　　　　(b)

图 8-23　某铅蓄电池企业废水重金属在线监测系统

（2）运行管理要求

自动监测设备运维单位应根据相关技术规范及仪器使用说明书进行运行管理工作。运维人员应按照国家相关规定，经培训合格持证上岗，并熟练掌握水污染源自动监测设备的原理、使用和维护方法。

设备验收完成后应对设备相关参数进行备案，备案参数应与设备参数保持一致，如需修改相关参数，应提交情况说明，重新进行备案。

日常运维过程中，需建立运行维护管理制度、日常巡检制度和定期校验制度，相关运维、巡检、校准、校验记录等应及时归档。

8.5.3.3 有组织废气现场手工采样与测试

（1）采样位置和采样点

① 采样位置应避开对测试人员操作有危险的场所。

② 采样位置优先选择在垂直管段，避开烟道弯头和断面急剧变化的部位。

③ 测试现场空间位置有限，很难满足上述要求时可选择比较适宜的管段采样，但采样断面与弯头等的距离至少是烟道直径的 1.5 倍，并应适当增加监测点的数量和采样频次。

④ 对于气态污染物，由于混合比较均匀，其采样位置可不受上述规定限制，但应避开涡流区。

⑤ 颗粒物和废气流量测量时，根据采样位置尺寸进行多点分布采样测量；排气参数（温度、含湿量、氧含量）和气态污染物一般情况在管道中心位置测定。

（2）采样频次和采样时间

采样频次和采样时间确定的主要依据为：相关标准和规范的规定和要求；实施监测的目的和要求；被测污染源污染物排放特点、排放方式及排放规律，生产设施和治理设施的运行状况；被测污染源污染物排放浓度的高低和所采用的监测分析方法的检出限。

（3）污染物测定

《电池工业污染物排放标准》（GB 30484—2013）规定了铅蓄电池企业排放水污染物浓度的测定方法标准。该标准实施后国家发布的污染物监测方法标准，如适用性满足要求，同样适用于相应污染物的测定。

根据环境保护部相关规定，在测定有组织废气中颗粒物浓度时应遵循表 8-15 中的规定选择合适的监测方法标准。

表 8-15　常用颗粒物监测标准方法的适用范围

序号	废气中颗粒物浓度范围	适用的标准方法
1	≤20mg/m³	《固定污染源废气　低浓度颗粒物的测定　重量法》（HJ 836—2017）
2	>20mg/m³，且≤50mg/m³	《固定污染源废气　低浓度颗粒物的测定　重量法》（HJ 836—2017）、《固定污染源排气中颗粒物测定与气态污染物采样方法》（GB/T 16157—1996）
3	>50mg/m³	《固定污染源排气中颗粒物测定与气态污染物采样方法》（GB/T 16157—1996）

8.5.3.4　无组织废气现场手工采样与测试

（1）监控点位置和数量

根据《大气污染物综合排放标准》（GB 16297—1996）的规定，监控点位置和数量的部分要求如下：

① 于无组织排放源上风向设参照点，且应在上风向 2～50m 范围内；

② 颗粒物的监控点设在排放源下风向 2～50m 范围内的浓度最高点；

③ 其他污染物的监控点设在单位周界外 10m 范围内的排放源下风向浓度最高点等。

（2）采样频次

按《大气污染物无组织排放监测技术导则》（HJ/T 55—2000）规定对无组织排放实行监测时，实行连续 1h 的采样，或者实行在 1h 内以等时间间隔采集 4 个样品计平均值。在进行实际监测时，为了捕捉到监控点最高浓度的时段，实际安排的采样时间可超过 1h。

（3）监测条件

监测时，被测无组织排放源的排放负荷应处于相对较高状态，或者处于正常生产和排放状态。主导风向（平均风速）便利于监控点的设置，并可使监控点和被测无组织排放源之间的距离尽可能缩小。

【案例】某企业无组织排放监测结果

某铅蓄电池企业无组织排放监测情况如表 8-16 所列。

表 8-16　某企业无组织排放监测情况　　　　　　　　　单位：mg/m³

日期	污染物	1#监控点	2#监控点	3#监控点	4#监控点	无组织排放浓度
2017-1-12	颗粒物	0.25	0.15	0.186	0.085	0.25
		0.15	0.15	0.15	0.085	0.15
		0.217	0.2	0.186	0.136	0.217
		0.15	0.133	0.186	0.169	0.186
	铅	6.5×10^{-4}	5.5×10^{-4}	7.0×10^{-4}	6.1×10^{-4}	7.1×10^{-4}
		9.6×10^{-4}	8.9×10^{-4}	8.6×10^{-4}	9.3×10^{-4}	9.6×10^{-4}
		6.7×10^{-4}	6.3×10^{-4}	7.1×10^{-4}	7.6×10^{-4}	7.6×10^{-4}
		6.6×10^{-4}	5.9×10^{-4}	7.4×10^{-4}	7.9×10^{-4}	7.9×10^{-4}
	硫酸雾	0.085	0.079	0.11	0.089	0.11
		0.12	0.105	0.094	0.121	0.121
		0.231	0.158	0.199	0.225	0.231
		0.092	0.068	0.093	0.088	0.093
2019-6-27	颗粒物	0.2	0.206	0.25	0.106	0.25
	铅	8.3×10^{-4}	7.96×10^{-4}	8.14×10^{-4}	8.07×10^{-4}	8.3×10^{-4}
	硫酸雾	0.106	0.185	0.191	0.204	0.204

8.5.3.5　厂界环境噪声监测

在测量厂界环境噪声时应重点关注两点：一是噪声排放是否超过标准规定的排放限值；二是是否干扰他人正常生活、工作和学习。

厂界一侧长度在 100m 以下，原则上可布设 1 个监测点位；300m 以下的可布设点位 2～3 个；300m 以上的可布设点位 4～6 个。测量应在无雨雪天气、风速为 5m/s 以下、被测声源正常工作时进行，同时注明当时的工况。分别在昼间、夜间两个时段测量。夜间有频发、偶发噪声影响时同时测量最大声级。噪声超标时，必须测量背景值，背景噪声的测量及修正按照《环境噪声监测技术规范　噪声测量值修正》（HJ 706—2014）进行。

【案例】某企业厂界环境噪声监测结果

某铅蓄电池企业厂界环境噪声按照《工业企业厂界环境噪声排放标准》（GB 12348—2008）3 类标准要求执行，监测情况如表 8-17 所列。

表 8-17　某企业厂界环境噪声监测情况

监测时间	监测点位	监测时段	监测结果/dB（A）	标准值/dB（A）	达标情况
2017-7-14	东厂界	昼间	51.0	65	达标
		夜间	44.3	55	达标
	北厂界	昼间	58.9	65	达标
		夜间	48.9	55	达标
	西厂界	昼间	59.0	65	达标
		夜间	49.1	55	达标

监测时间	监测点位	监测时段	监测结果/dB（A）	标准值/dB（A）	达标情况
2018-8-24	东厂界	昼间	54.3	65	达标
		夜间	44.2	55	达标
	北厂界	昼间	58.2	65	达标
		夜间	44.6	55	达标
	西厂界	昼间	56.4	65	达标
		夜间	47.7	55	达标
2019-4-22	东厂界	昼间	58	65	达标
		夜间	43	55	达标
	北厂界	昼间	54	65	达标
		夜间	47	55	达标
	西厂界	昼间	60	65	达标
		夜间	48	55	达标

8.5.4 信息记录与报告

8.5.4.1 信息记录内容

（1）手工监测记录

采用手工监测的指标，至少应记录以下内容：

① 采样日期、采样时间、采样点位、混合取样的样品数量、采样器名称、采样人姓名等相关记录；

② 样品保存和交接相关记录；

③ 样品分析相关记录，包括分析日期、样品处理方式、分析方法、质控措施、分析结果、分析人姓名等；

④ 质控结果报告单等质控记录。

（2）自动监测运维记录

自动监测运维记录包括自动监测系统运行状况、系统辅助设备运行状况、系统校准及校验工作等；仪器说明书及相关标准规范中规定的其他检查项目；校准、维护保养、维修记录等。

（3）生产和污染治理设施运行状况

生产和污染治理设施运行状况应记录的内容包括监测期间生产单元主要生产设施的累计生产时间、生产负荷、取水量、主要原辅料使用量、能源消耗（煤、电、天然气等）、产品产量等；废水处理量、废水排放量、废水回用量及回用去向、污泥产生量（记录含水率）、废水处理使用的药剂名称及用量、电耗等，废水处理设施运行、故障及维护情况等；废气处理使用的吸附剂、过滤材料等耗材名称和用量，废气处理设施运行参数、故障及维护情况等。上述信息需整理成台账保存备查。

8.5.4.2 信息报告及信息公开

（1）信息报告要求

自行监测年度报告至少包含以下内容：

① 监测方案的调整变化情况及变更原因；

② 企业及各主要生产设施全年运行天数，各监测点、各监测指标全年监测次数、超标情况、浓度分布情况；

③ 按要求开展的周边环境质量影响状况监测结果；

④ 自行监测开展的其他情况说明；

⑤ 实现达标排放所采取的主要措施。

自行监测年报不限于以上信息，任何有利于说明企业自行监测情况和排放状况的信息都可写入自行监测年报中。

（2）信息公开要求

铅蓄电池企业可以通过在厂区外或当地媒体上发布监测信息，使周边居民及时了解企业的排放状况。同时，企业应根据相关要求在各级生态环境管理部门建设的信息公开平台上发布信息，以便于各类群体间的相关监督。

具体来说，铅蓄电池企业自行监测信息公开内容及方式按照《企业事业单位环境信息公开办法》（环境保护部令 第31号）及《国家重点监控企业自行监测及信息公开办法（试行）》（环发〔2013〕81号）执行。

8.5.5 废气自动监测技术

目前，铅蓄电池企业废气监测主要是以地方生态环境监测站抽检和企业自检相结合的方式进行，生态环境监测站和企业的监测方法都是现场手工采样后进入实验室分析。该方式方法存在抽样代表性较差、监测周期长、响应慢等问题，不能实现污染物排放实时在线监测。铅及其化合物的在线实时监测将成为今后铅蓄电池行业污染防治的重点工作之一。

现阶段，X射线荧光光谱分析技术（即XRF技术）成为铅及其化合物在线监测技术研发的主流方向，该技术利用元素内层电子跃迁产生荧光光谱的原理，对重金属元素进行定性、定量分析。以XRF为原理的重金属在线监测系统由于无需进行样品的预处理，可以将分析时间缩短至几分钟之内，通过安装上述的重金属在线监测系统可以实现对铅及其化合物排放进行真正的实时在线监测。

重金属废气在线监测仪器如图8-24所示。

图8-24中的两款仪器分别是针对无组织排放和有组织排放的重金属在线监测系统。仪器的采样预处理系统采用钟罩等动力采样和全程伴热等先进技术，结合恒流采样和滤膜富集的关键技术，实现了排放中重金属污染物的有效富集，并以XRF无损检测技术快速地分析富集后滤膜中的重金属污染物含量信息。该仪器系统原理符合美国环境保护总署标准EPAIO3.3，并且具有采样样品可保存重复测量、精确度高和操作简便等优点。仪器的测试数据和状态信息（故障、温度、流量、压力和校准信息等）均可实现自动传输、查询等。

(a) 无组织重金属在线监测仪器　　　　　(b) 有组织重金属在线监测仪器

图 8-24　重金属在线监测仪器

　　铅及其化合物的实时在线监测一般要求测量周期为 1h（即仪器每小时出一个当前浓度平均值），且要求每天 24h 连续不间断测量。测量数据可上传至相关平台以供主管部门和企业方便、准确地掌握污染排放浓度。

　　某铅蓄电池企业废气在线监测应用现场如图 8-25 所示。

(a)　　　　　　　　　　　(b)　　　　　　　　　　　(c)

图 8-25　某铅蓄电池企业废气在线监测应用现场

8.5.6　污染物便携监测技术

8.5.6.1　便携监测必要性分析

　　自行监测、自证排放的科学化、规范化、制度化，是实施排污许可证监管功能的基本保障。《排污许可证申请与核发技术规范　电池工业》（HJ 967—2018）对铅蓄电池企业的自行监测提出了明确要求，如板栅制造、制粉等重点排污工序铅及其化合物的最低监测频次要求为月/次。而目前铅蓄电池企业的排气筒数量众多，若使用传统的原子吸收等检测方法开展每月一次的自行监测，必将耗费人力、物力。目前，有铅蓄电池企业已安装了含铅废气检测的在线监测仪器（采用 X 射线荧光光谱分析技术）。该技术应用于含铅废气的在线监测时，主要是利用滤膜对大气颗粒物进行自动采样，然后利用 XRF 技术对滤膜中的重金属铅进行分析，从而实现对铅的实时连续在线监测。但由于技术发展尚未成熟，且缺乏相关标准，该在线监测技术尚未在行业内得到广泛推广。

随着我国环境执法力度不断加强，若能在企业现场实现便携直读监测，第一时间获取企业的污染物排放情况，将对实现精准执法及提高执法效率具有重大意义。而目前环境执法均采用手工采样后带回实验室分析的方法，整个过程繁琐费时。

综上所述，对于能在企业现场实现快速、直读的便携式检测技术的需求强烈，便携式检测技术若能得到认可，既能缓解企业的自行监测任务繁重的难题，也能提高环境监察执法的效率。

8.5.6.2　便携监测技术

（1）技术现状

目前，XRF 仪器生产厂商以国外厂商为主。这类设备可用于现场快速准确无损分析土壤或水中的重金属含量，但无法直接用于废气中重金属的检测。但 XRF 设备本身具有的快速无损分析为含铅废气的环境监察执法提供了可能性，且已有的 XRF 在线监测技术为含铅废气的检测提供了借鉴。

（2）方法原理

面密度法采用的基本技术与在线监测仪器一致，也为 XRF 分析技术。其原理是使用高压激发游离电子 X 射线到被测物质表面，从检测器读取信号，通过软件分析能谱计算出元素含量。

面密度法原理如下：用 XRF 仪器对不同面密度的铅颗粒物石英标准膜片进行检测，得到铅特征强度和面密度的对应关系，绘制标准曲线。使用带有烘干功能的低浓度采样枪对含铅废气进行采样，颗粒物富集于采样枪中的滤膜上。采样完成后，使用 XRF 仪器分析富集在滤膜上的样品，用标准曲线标定样品的铅元素的面密度，计为 ρ。滤膜的面积为 S，采样枪自动读取的采样体积为 V。可得铅样品的质量为 ρS，废气中铅及其化合物的浓度为 $\rho S/V$。

（3）仪器设备

便携检测技术的仪器设备主要包含：采样仪器设备和检测仪器设备两部分。

采样仪器设备的核心功能单元是全自动烟尘采样器。全自动烟尘采样器应能测量废气含湿量（或者可以输入含湿量）、温度、压力、流速，并具备颗粒物等速采样和颗粒物浓度检测的功能。

全自动烟尘采样器由低浓度采样枪、采样头、气体计量系统以及连接管线组成，采样枪需带有伴热烘干功能。全自动烟尘采样器中滤膜安装于采样头后端。全自动烟尘采样器还包括采样仪器主机和电源等其他配件，均应符合《烟尘采样器技术条件》（HJ/T 48—1999）相关要求。全自动烟尘采样器气体计量系统如图 8-26 所示。

由于需要实现滤膜上颗粒物富集的均匀性，需对国家认可的低浓度采样枪的枪头进行改善，采样前端由之前的扁平状改成锥体形状，通过改变颗粒物在采样头中的路径，尽可能使颗粒物均匀富集在滤膜上。新旧采样头对比如图 8-27 所示。

图 8-26　全自动烟尘采样器气体计量系统

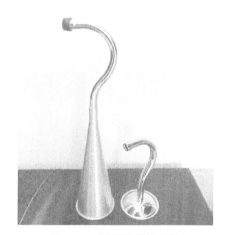

图 8-27　新旧采样头对比

XRF检测仪器包括检测仪器主机、采样杯等。检测仪器主机由X射线源、X射线探测器、数据分析处理单元等构成，如图8-28所示。X射线源应采用一定的防护措施，确保无射线泄漏；X射线源安装应牢固，确保在使用过程中不丢失。

由于市场主流的XRF检测仪器均是用于土壤或水质的检测，因此为满足含铅废气的检测，需要对检测仪器进行改善。改善时主要是对检测仪器的检测杯进行改进，使之能放置采样滤膜，并能实现结果直读。

（4）材料情况

使用到的主要材料为石英滤膜。目前市面上共有3种材质的滤膜，分别是石英滤膜、特氟龙滤膜和聚丙烯滤膜。抗破损实验结果表明，石英滤膜优于聚丙烯滤膜，优于特氟龙滤膜。因此，最终选择石英滤膜，采用的石英滤膜尺寸为47mm。

（5）采样检测

采样检测步骤包括绘制工作曲线、仪器校准、采样、检测。

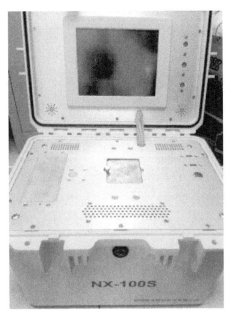

图 8-28　XRF 检测仪器主机

① 绘制工作曲线。对于新购置的 XRF 仪器需先绘制工作曲线。绘制工作曲线的步骤为：a. 选用至少 3 个已知铅面密度的石英标准膜片；b. 将标准膜片放入 XRF 仪器进行检测，检测时间为 2min，同时输入标准膜片的面密度；c. 根据检测结果，利用 XRF 仪器绘制出标准曲线，标准曲线可反映铅特征强度和面密度之间的关系。

② 仪器校准。采样仪器主机启动时，程序显示正常。XRF 仪器启动时，程序显示正常。

③ 采样。按照《固定污染源排气中颗粒物测定与气态污染物采样方法》（GB/T 16157—1996）中的要求，设置采样位置和采样点位。在选定的位置上查看采样孔的尺寸，采样孔的尺寸要求一般为 8~12cm。采样前，需进行采样仪器的气密性检查、烟气湿度的测试、采样时间的设置和采样参数的设置。具体地，按照《固定污染源排气中颗粒物测定与气态污染物采样方法》（GB/T 16157—1996）中的要求进行仪器的气密性检查、烟气湿度的测试。依据等速采样方法，采样时间一般为 50min 或者选择标况烟气体积达到 0.6m³ 以上的采样时间。在进行采样参数的设置时，按照采样主机面板上的提示逐步进行操作，设置烟道形状、直径、壁厚、测孔数量、采样时间等，采样要求等速采样。采样时，将石英滤膜安装至采样头上，按照《固定污染源排气中颗粒物测定与气态污染物采样方法》（GB/T 16157—1996）的要求进行等速采样。按上述确定的采样时间结束后，取下采样膜。

④ 检测。检测时间设置为 120s。在 XRF 检测仪器主机上进行检测参数的设置。按照 XRF 仪器主机面板上的提示逐步进行操作，设置样品名称、检测时间、检测次数、数据保存路径等。具体检测时采用"5 点位法"，即在圆形滤膜上选取 5 个点位分别进行检测，取平均值。XRF 检测仪器通过编程功能已可实现得到的结果即为铅及其化合物的浓度（mg/m³）。

8.5.6.3 便携监测能力建设

由于涉及采样和检测两大步骤，人工操作直接影响结果，具体表现为：面密度的单位一般是 $\mu g/cm^2$，即使是细微的偏差对最终的结果影响也很大。因此，需要提高相关人员的操作水平，减少因为人员操作带来的偏差。

另外，目前便携式监测还没有直接适用的仪器，都需要对仪器进行改进后才能应用，因此需要加快相关设备的研发；同时也需要制定配套的检测方法标准，这样自行监测和监督执法的结果才能被认定使用。

第 9 章

铅蓄电池行业环境风险防控管理

9.1
基本概念

　　环境风险是指由自然因素或人类活动所引起的,通过环境介质在环境中传播的,并且能对人类社会和环境产生破坏甚至产生毁灭后果的风险。在人们生活中,可以说环境风险是无处不在的,其表现方式和性质是多种多样的,可以从不同角度对其进行分类。例如,可以依据风险源危害大小将其分为一般危险源、重大危险源;按风险源分类,又可以将其分为物理风险、化学风险和自然灾害风险等;除此之外,还可以按风险承受的对象分类,将其分为人群风险、生态风险以及设施风险。谢科范等对环境风险特征进行了总结,得出的结论如下:

　　① 环境风险具有客观性,即环境风险不以人的意识为转移,它是客观存在的,并且独立于人类的意识之外。

　　② 环境风险具有相对性,即环境风险含义的定义会随着承受环境风险的主体不同、空间和时间等条件不同而变化。

　　③ 环境风险的发生具有随机性,即引发环境风险的环境因素、环境风险发生的时空及环境风险的具体表现形式都是随机的。

9.2
环境风险防控政策要求

我国针对环境风险防控提出了一系列的法律法规，部分要求如表 9-1 所列。

表 9-1 部分环境风险防控要求

序号	文件名称	相关要求
1	《中华人民共和国固体废物污染环境防治法》	产生危险废物的单位，应当按照国家有关规定制定危险废物管理计划；建立危险废物管理台账，如实记录有关信息，并通过国家危险废物信息管理系统向所在地生态环境主管部门申报危险废物的种类、产生量、流向、贮存、处置等有关资料，减少环境风险
2	《中华人民共和国长江保护法》	长江流域县级以上地方人民政府应当组织对沿河湖垃圾填埋场、加油站、矿山、尾矿库、危险废物处置场、化工园区和化工项目等地下水重点污染源及周边地下水环境风险隐患开展调查评估，并采取相应风险防范和整治措施
3	《企业突发环境事件风险评估指南（试行）》	推进企业突发环境事件风险评估，推动企业落实环境安全主体责任，提高企业环境应急预案编制水平
4	《铅蓄电池再生及生产污染防治技术政策》	铅蓄电池生产及再生应遵循全过程污染控制原则，以重金属污染物减排为核心，以污染预防为重点，积极推进源头减量替代，突出生产过程控制，规范资源再生利用，健全环境风险防控体系，强制清洁生产审核，推进环境信息公开
5	《铅蓄电池行业规范条件（2015年本）》	建立完善的环境风险防控体系，结合实际制定与园区及周边环境相协调的突发环境事件应急预案并备案
6	《化学物质环境风险评估技术方法框架性指南（试行）》	建立健全化学物质环境风险评估技术方法体系，规范和指导化学物质环境风险评估工作

9.3
环境风险评估技术要求

9.3.1 铅蓄电池行业环境风险源分析

9.3.1.1 环境风险源解析

环境风险源解析主要采用蝴蝶结分析法。

蝴蝶结分析法是通过设定风险事故类型，进而将造成事故发生的原因、事故发生后引起的后果以及在事故演化过程中的安全设备及控件全部识别出来，对事故发生历程进行包括原因、结果、安全设备在内的情景分析。

铅蓄电池生产行业铅污染事故的主要环境风险形式有：含重金属烟尘废气无组织排放，除尘系统管道裂缝及布袋破损、板结造成重金属烟尘废气泄漏引发的事故或风险；高铅渣和其他堆存废渣等危险固体废物堆存风险及其经雨水淋溶渗透造成周边土地、农田、地下水污染引发的粮食安全及人体健康风险。

以铅污染事故作为初始事件，采用蝴蝶结分析法进行典型环境风险事件分析，如图9-1所示。

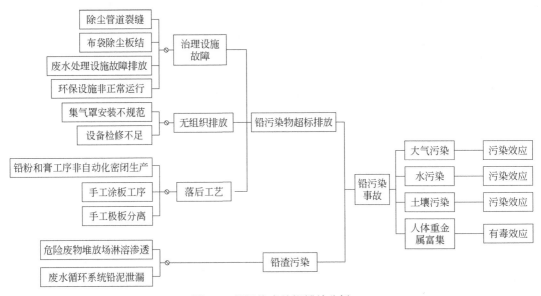

图 9-1　铅污染事故蝴蝶结分析

由图 9-1 可知，从横向看各列是不同层次的节点，故障树部分从右到左逐渐细化，直到可以操作和控制的细节。例如，针对布袋除尘板结采取的预防措施主要为缩短清灰的周期和时间、定期进行检查和适当调节等，这些控制措施都可以延长布袋除尘器的使用寿命，从而可降低由于布袋设施故障造成的铅污染物超标排放的概率；事件树部分从左到右，则是在初始事件发生后将控制目标逐渐明确的过程，例如一旦发生铅污染事故就会造成大气、水或土壤污染，控制目标就明确为对风险传播介质即风险场的控制，以阻止有毒效应和污染效应的产生。

9.3.1.2　环境风险源危险性分析

铅蓄电池环境风险源危险性分析主要从有毒有害性、易燃易爆危险性、累积污染事故危险性及控制机制有效性四个方面分析。

（1）突发环境风险源危险性

硫酸、乙炔在贮存和使用的过程中都可能引起燃烧、爆炸、中毒等突发环境污染事故，都为铅蓄电池企业突发环境污染事故的风险因子。若铅蓄电池生产企业厂内硫酸、乙炔等危险物质贮存量大于《危险化学品重大危险源辨识》（GB 18218—2018）中规定的临界量，则构成重大风险源，该企业发生硫酸和乙炔气体燃烧爆炸或中毒污染事故的可能性增加。

目前，常见的事故爆炸模型有 TNT 模型、TNO 模型和 CAM 模型。TNT 模型将易爆物质爆炸时产生的蒸气云的破坏力等效为 TNT 的破坏力，并计算该易爆物质产生的损害范围，理念简单，但在转换时需要确定该种易爆物质与 TNT 的当量系数（即转变系统）。TNO 模型与 TNT 模型有一定的不同，它计算不同燃烧条件下蒸气云的爆炸强度，并获得爆炸强度曲线，但通常计算结果小于实际情况；CAM 模型考虑了障碍物对湍流火焰的影响，通过决策树得到危险源爆炸强度，结果与实际较吻合，但计算过程复杂。

此处选用 TNT 模型来量化环境风险源爆炸危险度，但与常见的 TNT 模型使用目的不同，此处不采用爆炸危害半径来衡量爆炸危害的大小，而是直接用 TNT 的量来衡量危害大小。根据最大危险性原则，把风险源易燃易爆物质的贮存量作为初始爆炸物的量，其计算公式如式（9-1）所示。

$$W_{TNT} = \frac{aW_f Q_f}{Q_{TNT}}$$ （9-1）

式中　W_{TNT}——蒸汽云的 TNT 当量，kg；

　　　W_f——蒸汽云中燃料的总质量，kg；

　　　a——蒸汽云爆炸的效率因子，表明参与爆炸的可燃气体的百分数，%，一般取 3%或 4%；

　　　Q_f——可燃气体的燃烧热；

　　　Q_{TNT}——TNT 的爆炸热，MJ/kg，一般取 4.52MJ/kg。

危险物质有毒有害性则根据《建设项目环境风险评价导则》，用半致死浓度 LD_{50} 来求有毒物质对人和环境的影响。环境风险源有毒有害物质危险性计算如式（9-2）所示。

$$H_i = \frac{Q_i}{LD_{50}}$$ （9-2）

式中　H_i——有毒性物质 i 的危险指数；

　　　Q_i——第 i 种物质贮存量；

　　　LD_{50}——第 i 种物质的半致死浓度。

铅蓄电池企业突发环境风险源危害性概念模型如式（9-3）所示。

$$TS = \frac{W_{TNT}}{H_i}$$ （9-3）

式中　TS——铅蓄电池企业突发环境风险源危险指数；

　　　W_{TNT}——易燃易爆物质 TNT 当量值；

　　　H_i——有毒有害危险性。

（2）重金属累积环境污染事故风险源危险性

铅蓄电池企业重金属污染事故风险源危险性由企业的污染物排放水平和生产工艺水平共同决定，其中污染物排放水平由废水排放、废气排放、固体废物排放三个影响因素共同决定，而生产工艺由工艺类别和工艺先进程度两个影响因素共同决定。

按照污染物排放强度，重金属污染物环境风险源评估模式分为超标排放和达标排放两大类。当废水、废气的排放浓度超过污染物排放标准时为特大环境风险源。当污染物达标排放时，铅蓄电池企业重金属环境风险源危害性评估方法如式（9-4）所示。

$$M_1 = \frac{C_1}{S_1} \qquad (9-4)$$

式中 M_1——单一污染物环境风险危险性；

C_1——污染物排放强度，即浓度；

S_1——环境质量标准中环境风险源所在功能区对应的污染物排放标准值。

重金属综合风险源危害指数按式（9-5）计算。

$$M = \frac{\sum\limits_{i=1}^{n} M_i}{n} \qquad (9-5)$$

式中 M——重金属综合风险源危害指数；

n——企业废水排放、废气排放重金属种类。

铅蓄电池生产工艺分为外化成工艺和内化成工艺。外化成也称槽化成，是将生极板放入化成槽中化成充放电，极板需经干燥装入蓄电池、灌入电解质，经补充电生产电池的工艺；内化成是将生极板装配成电池，灌入电解质，经充放电生产蓄电池的工艺。内化成铅蓄电池生产工艺与外化成生产工艺基本相似，但内化成是将生极板组装成电池，再进行化成。目前，我国大部分铅蓄电池企业极板都采用外化成工艺，产生酸雾和含酸含铅废水，铅蓄电池内化成工艺可减少含铅含酸废水及酸雾产生，污水产量减少50%以上。因此，将内化成铅蓄电池企业重金属风险源危害性指数 I 确定为0.1，将外化成环境风险源危害性指数 I 确定为0.5。

按照清洁生产评价指标体系，将企业生产工艺水平划分为一级、二级、三级。当企业生产工艺水平为一级时，危害指数 A 确定为0.1；当企业生产工艺水平为二级时，危害指数 A 确定为0.2；当企业生产工艺水平为三级时，危害指数 A 确定为0.3。

铅蓄电池企业重金属风险源危险性概念模型如式（9-6）所示。

$$TA = MIA \qquad (9-6)$$

式中 TA——铅蓄电池重金属风险源危险性；

M——废气和废水重金属排放水平；

I——内化成或外化成生产工艺风险指数；

A——企业生产工艺水平风险指数。

9.3.1.3 环境风险源控制机制有效性

由铅蓄电池企业污染事故蝴蝶结分析方法可知，引起铅蓄电池企业环境污染事故的原因主要包括生产过程重金属烟尘废气无组织排放、除尘系统管道裂缝及布袋破损与板结造成重金属烟尘废气泄漏引发的事故或风险；由酸泵突发故障停止运行引起的配酸系统酸雾超标、爆炸等引发的次生/伴生事故或风险；因污酸处理系统设备故障造成的废水事故风险；铅渣、污酸渣和其他堆存废渣等危险固体废物堆存风险及其经雨水淋溶渗透造成周边土地、农田、地下水污染引发的粮食安全及人体健康风险等。

依据铅蓄电池污染事故蝴蝶结分析结果筛选的环境风险控制机制指标量化标准如表

9-2 所列。其中除尘系统管道裂缝或布袋破损事故排放、主要生产设备年故障率、环保易损设备购买记录、设备检修等指标主要针对企业生产设施或环保设施故障造成的事故排放风险；集气罩安装运行情况主要针对生产过程铅烟铅尘的无组织排放；危险化学品贮存、硫酸贮罐围堰、污染事故应急预案、消防废水收集系统和事故废水收集池主要针对硫酸、乙炔等危险化学品的突发环境风险；其他人员培训等管理措施主要针对由人为因素引起的铅蓄电池企业污染事故环境风险控制失效风险。

表 9-2　铅蓄电池企业控制机制指标量化标准

系统层	指标层	变量层		
		差	良	优
初级控制机制	除尘系统管道裂缝事故排放	除尘系统管道腐蚀严重，管道密封条损坏，无开停车管理制度	开停车科学管理，能识别事故原因	开停车科学管理，能快速识别事故原因，并在 1h 内进行更换或维修
	主要生产设备年故障率/(次/年)	>4	2～4	≤2
	布袋除尘等环保易损设备购买记录	无环保易损设备购买记录	有简单的环保易损设备购买记录	有具体完善的环保易损设备购买记录
	集气罩安装运行情况	球磨机采用整体密闭式排风罩；熔铅锅、和膏机、灌粉机采用局部密闭式排风罩；铸球机、铸板机、涂片机、化成槽采用上吸式排风罩；焊接工作台采用侧吸式排风罩；分片机和装配线采用下吸式排风罩。未能满足其中两项以上	球磨机采用整体密闭式排风罩；熔铅锅、和膏机、灌粉机采用局部密闭式排风罩；铸球机、铸板机、涂片机、化成槽采用上吸式排风罩；焊接工作台采用侧吸式排风罩；分片机和装配线采用下吸式排风罩。满足其中三项	球磨机采用整体密闭式排风罩；熔铅锅、和膏机、灌粉机采用局部密闭式排风罩；铸球机、铸板机、涂片机、化成槽采用上吸式排风罩；焊接工作台采用侧吸式排风罩；分片机和装配线采用下吸式排风罩
	设备检修/(次/年)	企业无设备检修记录	企业进行自检	委托有资质的单位进行检修，并有详细记录
	员工上岗培训	不进行员工上岗培训	企业内部组织员工进行上岗培训	委托专业机构对员工进行上岗培训
	可燃物质报警装置	无可燃物质报警装置	有可燃物质报警装置	有可燃物质及有毒气体报警装置
	企业环境管理体系	开展清洁生产审核、排污许可证申报；ISO 14000、ISO 18000 开展一项以上	清洁生产审核、排污许可证申报、ISO 14000、ISO 18000 全部开展	清洁生产审核、排污许可证申报、ISO 14000、ISO 18000 全部开展，开展 6S 环境管理工作
	危险化学品贮存	有简单的化学品贮存管理制度	有固定危险化学品贮存场所，对主要危险化学品贮存管理有完善制度，并严格执行	有固定危险化学品贮存场所，对所有危险化学品贮存管理有具体完善制度，并严格执行
	固体废物管理	采用符合国家规定的废物处理处置方法处置废物。含铅污泥等危险废物委托有处理资质的单位进行处理	采用符合国家规定的废物处理处置方法处置废物。含铅污泥等危险废物委托有处理资质的单位进行处理，并向环境行政主管部门备案危险废物管理计划	采用符合国家规定的废物处理处置方法。含铅污泥等危险废物委托有处理资质的单位进行处理。针对危险废物的产生、收集、贮存、运输、利用、处置，制定意外事故防范措施和应急预案

系统层	指标层	变量层		
		差	良	优
次级控制机制	雨污分流	未进行雨污分流	雨污分流	雨污分流,建立初级雨水收集池
	硫酸贮罐围堰	有简单的硫酸贮罐围堰	围堰设计符合《石油化工企业设计防火规范》	围堰设计符合《石油化工企业设计防火规范》,且围堰外设置地下容池
	物质泄漏爆炸等污染事故应急预案	有应急预案	有完善的应急预案,并定期进行应急演练	有针对性较强的应急预案、应急管理平台,并定期进行应急演练
	消防废水收集系统和事故废水收集池	有简单的消防废水收集系统和事故废水收集池	专业机构设计消防废水收集系统和事故废水收集池	消防废水收集系统和事故废水收集池符合《建筑设计防火规范》

铅蓄电池企业环境风险控制机制指标主要是定性的描述指标。定性描述指标通常是被判断事物很难用定量的方法表征时,用有模糊意义的表达(如优、良、中、差)等来进行描述。

在对环境风险控制机制有效性进行评价时,不仅要考虑影响控制机制各要素属性,还要尽量减少个人主观臆断带来的弊端。

9.3.1.4 环境风险源控制机制有效性

铅蓄电池企业环境风险源危害性由突发环境风险源自身危害性、重金属累积环境风险源危害性及控制机制有效性三因素共同决定。

铅蓄电池企业环境风险源综合危险性概念模型如式(9-7)所示。

$$ERS = \frac{TA \times TS}{C_i} \quad (9\text{-}7)$$

式中　ERS——铅蓄电池企业风险源综合危险性;

　　　TA——铅蓄电池企业重金属累积风险源危险性;

　　　TS——铅蓄电池企业突发环境风险源危害性;

　　　C_i——铅蓄电池企业控制机制有效性。

9.3.2 铅蓄电池行业污染事故环境风险受体

1988年,美国学者 Clements 提出"脆弱性"一词,在大规模人类经济活动或严重的自然灾害干扰下,生态系统平衡状态的破坏是导致生态脆弱性的结果,但 Clements 却未能在当时说明脆弱性所包含的内容。

此后,国内外不同的专家学者对"脆弱性"进行了自己的理解。薛纪渝(1995)用其描述相关系统及其组成要素易于受到的影响和破坏,并缺乏抗拒干扰、恢复初始状态的能力;蒋勇军(2001)则从受体自身属性特征的角度,将脆弱性理解为易受伤或易受损的程度。李辉霞等(2003)在此基础上将脆弱性的概念进一步放大,指区域易受损或易受害的程度,即区域对自然灾害损害的承受能力,反映一定历史时期内区域的脆弱特征。

2006 年 *Global Environmental Change* 一书对脆弱性的定义进行了深刻的阐述，该书指出脆弱性包含暴露、敏感性、弹性/适应力等特征，尤其是敏感性和适应力应当属于脆弱性的重要特征。在这个内涵框架下，有学者还探讨了生态系统-社会复合系统的敏感性、适应力、脆弱性的内涵（Adger，2006；Smit & Wandel，2006）。此后，Adger 在专刊中特别指出脆弱性定义和内涵，表明了区域尺度范围内生态系统与社会经济系统脆弱性研究的复杂性、层次性和开放性，指出：a. 研究区域尺度的脆弱性才有意义，即脆弱性的研究应当以一定的区域为对象；b. 脆弱性分析包含受体的敏感性分析和适应力分析，在综合考虑其敏感性和适应力的基础上，说明其脆弱性；c. 风险受体的脆弱性评估必须从社会、生态双维出发。

基于以上观点，常见的脆弱性分析构成要素为暴露、敏感和适应力。暴露受体的敏感性越强，脆弱性就越大；而适应力越强，则脆弱性越低。因此，选择暴露受体敏感性和适应力来构建环境风险受体脆弱度指数概念模型，其概念模型可用式（9-8）表示：

$$VI=SI/ACI \tag{9-8}$$

式中　VI——风险受体脆弱度指数；

SI，ACI——敏感度指数及适应力指数。

区域尺度下环境污染事故风险受体通常是一个包含社会、经济、自然等因素的复合系统，因此环境风险受体综合脆弱度模型如式（9-9）所示。

$$SV=\alpha VI_s+\beta VI_e \tag{9-9}$$

式中　SV——突发环境污染事故环境风险受体综合脆弱度；

VI_s——社会经济脆弱度指数；

VI_e——生态系统脆弱度指数；

α，β——社会经济和生态系统不同受体的权重值，其权重值均取 0.5。

根据《铅蓄电池行业规范条件（2015 年本）》，铅蓄电池企业不得建于医院、居住区、食品加工企业、学校等环境敏感点周边。

将铅蓄电池企业所在行政单元的社会和生态系统作为环境风险受体脆弱性研究对象。铅蓄电池企业环境风险受体脆弱性指标的选取既要考虑重金属累积污染事故对社会经济系统和生态环境系统的影响，又要考虑硫酸等危险化学品泄漏爆炸污染事故风险受体的脆弱性。铅蓄电池企业环境风险受体脆弱性指标既要体现突发环境污染事故风险受体特征，又要体现重金属污染环境风险受体特征，评价指标的选取应既考虑指标的特征性，又考虑指标的可获得性。铅蓄电池企业环境风险受体脆弱性指标如表 9-3 所列，其中人口密度、儿童数量比例、人均 GDP、公共教育占 GDP 的比例、植被覆盖率、农田面积覆盖率以统计数据为主，医院个数以实际数量为准。

表 9-3　铅蓄电池企业环境风险受体脆弱性指标

铅蓄电池企业环境风险受体脆弱性	社会经济系统受体脆弱性	社会经济系统敏感性	人口密度
			儿童数量比例
			医院个数
		社会经济系统适应性	公共教育占 GDP 的比例
			区域污染事故应急预案

			农田面积覆盖率
铅蓄电池企业环境风险受体脆弱性	生态系统受体脆弱性	生态系统敏感性	饮用水源保护区
		生态系统适应性	植被覆盖率
			区域环境污染治理

铅蓄电池企业社会经济系统风险受体敏感性等级划分如表 9-4 所列。

表 9-4　铅蓄电池企业社会经济系统风险受体敏感性等级划分

	指标	指标阈值	赋值
社会经济敏感性	人口密度/(人/km^2)	≤500	1
		(500，1200]	2
		>1200	3
	儿童数量比例	≤15%	1
		(15%，20%]	2
		>20%	3
	医院个数	≤300	1
		300～500	2
		>500	3

社会经济敏感度指数 $f(SI_s)$ 按式（9-10）计算。

$$f(SI_s) = \mu P' + \sigma H' + \varphi C' \qquad (9\text{-}10)$$

式中　P'——人群敏感性；

　　　H'——医院敏感性；

　　　C'——儿童敏感性；

μ，σ，φ——指标权重值，其权重值分别为 0.2，0.5，0.3。

社会经济系统适应力指数 $f(RCI_s)$ 的计算如下：

$$f(RCI_s) = 公共教育占 GDP 的比例 \times (1 + E_i) \qquad (9\text{-}11)$$

其中，当风险源所在行政区有区域环境污染事故应急预案时，E_i 的取值为 1；无区域环境污染事故应急预案时 E_i 的取值为 0。

铅蓄电池企业生态系统敏感度指数 $f(SI_e)$ 按下式计算：

$$f(SI_e) = 农田面积覆盖率 \times (1 + D_i) \qquad (9\text{-}12)$$

其中，当风险源所在行政区有饮用水源保护区时，D_i 的取值为 1；当风险源所在行政区无饮用水源保护区时，D_i 的取值为 0。

生态系统适应力指数 $f(RCI_e)$ 的计算如下：

$$f(RCI_e) = 植被覆盖率 \times EAI \qquad (9\text{-}13)$$

式中　EAI——区域环境污染治理指数，用区域环保投资比衡量区域环境污染治理情况。

9.3.3 铅蓄电池企业环境风险等级划分

9.3.3.1 铅蓄电池企业环境风险等级划分模型

铅蓄电池企业环境风险等级由环境风险源危险性、环境风险场特征性和环境风险受体脆弱性三个因素共同决定，其等级划分依据的概念模型如式（9-14）所示。

$$ER=ERS \times ERF \times SV \tag{9-14}$$

铅蓄电池企业环境风险综合指数 ER 是风险等级划分的依据，ERF 为环境风险场特征性，将该评分结果与环境风险等级进行比较后，确定该铅蓄电池企业的环境风险等级。

根据环境风险等级划分评价指标体系的原则，将铅蓄电池企业环境风险划分为五级，如表 9-5 所列。

表 9-5　铅蓄电池企业环境风险等级划分

环境风险级别	环境风险综合指数
一级（风险很高）	≥0.8
二级（风险较高）	[0.6，0.8)
三级（风险偏高）	[0.4，0.6)
四级（一般风险）	[0.2，0.4)
五级（低风险）	<0.2

9.3.3.2 不具备铅蓄电池企业环境风险等级划分的情形

当铅蓄电池企业具有如下一种情景时应停止环境风险等级的划分，直接定义为"一级环境风险"。

① 曾经发生过确是企业生产等原因造成"血铅超标"事故的，停止企业环境风险等级划分。

② 企业周边 5km 范围内有饮用水源保护区的，停止企业环境风险等级划分。

③《地表水环境质量标准》（GB 3838—2002）的有关要求指出，Ⅰ～Ⅲ类功能类别的水域周边 2km 内禁止新、改扩建项目。因此，企业周边 2km 范围内有Ⅰ～Ⅲ类功能类别水域的，停止企业环境风险等级划分。

④ 根据《建设项目环境影响评价分类管理名录》相关规定，新建、改扩建铅蓄电池及其含铅零部件生产项目不得建在各级各类自然保护区、文化保护地等环境敏感区内，以及土地利用总体规划确定的耕地和基本农田保护范围内，违反上述要求的铅蓄电池企业停止环境风险等级的划分。

9.4
环境风险源精细化管理

9.4.1 突发环境风险源管理

铅蓄电池企业环境污染事故的诱发原因多为安全生产事故，事故主要由设备故障、人为误操作等因素引发。设备故障是指危险物质相关的设备老化、异常运行等，可造成火灾、爆炸等事故进而引发危险物质泄漏；人为误操作是指由于工作人员的非法操作或不作为等导致环境污染的行为。铅蓄电池企业硫酸和乙炔是导致突发环境污染事故的直接原因，涉及硫酸及乙炔的场所主要是贮罐、库房、物质的使用、物质转运的管道等，均为突发环境污染事故风险的主要环节。

铅蓄电池企业突发环境污染事故风险源日常管理的重点涉及硫酸及乙炔危险物贮存的贮罐、库房、生产场所和污染物处理排放的场所，应严格控制危险物质的存放数量和贮罐、库房等危险物质存放设备，并在罐区和库区安装浓度监控及报警设施；在使用环节应加强对运输管道、反应釜的维护和监管，安装温度、压力等感应装置与紧急停车装置；建设企业安全生产与环境风险管理系统平台，对企业内硫酸、乙炔等危险物质贮存的各个环节进行实时监控；建立健全企业安环管理责任制度并根据实际情况制定应急预案，定期进行设备的维护与更新，加强高风险岗位工作人员的职业技能培训。

9.4.2 重金属累积环境风险源管理

铅蓄电池企业铅污染事故主要指铅烟、铅尘、含铅废水、废渣等固体废物在土壤、地下水中累积导致的污染事故。

铅蓄电池生产过程铸板、化成和组装工序产生铅烟污染物；制粉、涂板、固化、干燥和化成工序产生铅尘；铅粉制造、纯水制备、和膏、生极板固化和干燥、极板漂洗与干燥、化成、充电、制水配酸等工序是产生含铅酸废水的主要工序。此外，在化成工序还将产生硫酸雾。除了上述主要污染物外，在生产过程中还将产生包括浮渣、废极板、废电池、废塑料、废封口材料、污泥等固体污染物。其中浮渣是铅熔融过程产生的氧化杂质；废电池、废极板、废塑料等来源于电池制造过程中的不合格品；污泥是工业废水处理的产物。

铅蓄电池企业重金属累积环境风险源管理的重点内容如下。

（1）废气收集装置管理

铅蓄电池企业重金属风险源管理应重点对各生产工序废气收集装置与废气污染物的

配套设施进行管理，确保铅烟、铅尘、硫酸雾进行有效收集。如铅粉机应采用整体密封式集气罩；熔铅锅、灌粉机、和膏机、熔铅炉应采用局部的密封式集气罩；铸球机、化成槽、涂板机、铸板机应采用上吸式集气罩；装配线和分片机应采用下吸式集气罩；焊接工作台应采用侧吸式集气罩。

（2）废气处理工艺技术要求

① 极板化成应包括抽风装置、酸雾回收装置、酸雾净化器等联合装置。极板化成工序产生的酸雾经过物理法和化学法两级处理。物理法采用网格捕集方法，滤网应定期清洗，以确保捕集效果。化学法采用水喷淋、碱喷淋方法。

② 熔铅、铸板、烧焊、铸焊工序应配备铅烟净化装置。主要利用水或其他液体与含铅气体的作用去除烟气，经过多级条缝吸收、焦炭吸附、旋流导向分离、水雾喷淋等净化装置，废气达标排放。净化装置采用水循环利用，循环利用一段时间后，应将水排入含铅废水处理设施进行处理。

③ 切片、包片、称片、装配等工序应配备铅尘处理器。除尘器包括滤筒除尘器、布袋除尘器、旋风除尘器以及脉冲除尘器等多种类型。

（3）废水管理

铅蓄电池生产废水来源于涂板工序的地面冲洗、化成工序的极板冲洗和地面冲洗、灌酸充电工序的地面冲洗和冷却、铅蓄电池冲洗、湿法除尘设施排放的含铅循环废水、厂区工人的淋浴水、工作服清洗废水等。

铅蓄电池企业废水排放重金属污染风险管理重点包括定期对废水处理设施的运行情况、污泥产生量等进行记录，依此判断废水处理设施是否长期稳定运行；检查每日的废水进出水质、水量及环保设施运行、加药、检修记录等。在污染物排放口安装污染物浓度监控装置，及时检测污染物排放浓度，确保铅等重金属污染物的达标排放，尤其应杜绝工业废水进入周边农田灌溉系统。

（4）职业卫生防护

根据《工作场所有害因素职业接触限值　第 1 部分：化学有害因素》（GBZ 2.1—2019）中的相关规定，对车间空气质量定期开展日常监测；依据《职业慢性铅中毒的诊断》（GBZ 37—2015）中的相关规定，对企业员工定期进行血铅检查，定期排铅；制定企业内部严格的职业卫生防护制度，并明确规定机构配置、管理要求、专业人员的配备等；定期对车间员工进行安全教育，告知铅对人体健康影响危害和预防措施；按照企业环境污染防治手册中的相关规定，加强企业生产场所的监管，在危险物品存放及堆放场所要张贴警示标志；对工人个人劳保用品管理提出更加严格的管理规定；此外，定期对车间内通风设施、铅烟铅尘处理设备的运转情况进行检查，生产结束后对车间墙壁、地面和设备表面进行湿法清洗。

危险废物贮存场所设置危险废物识别标志，含铅危险废物交由有危险废物处理资质的单位进行处理。危险废物产生单位每转移一车、船（次）同类危险废物，应当填写一份联单；每车、船（次）有多类危险废物的，应当按每一类危险废物填写一份联单。跟踪记录危险废物在生产单位内部运转的整个流程，与生产记录相结合，建立危险废物台账。记载产生铅渣、废酸的数量、贮存、处置、流向等信息。提高危险废物管理水平以及危险废物申报登记数据的准确性。

9.4.3　园区管理

铅蓄电池园区集中管理可以减少原料运输、污染物处理的成本，有助于政府对企业进行统一的监控和管理。

未来新建、扩建铅蓄电池企业应进行园区化管理，重金属污染防控重点区域禁止新建、改扩建增加重金属污染物排放的生产项目。对新上铅蓄电池项目应向废水集中处理，硫酸、乙炔、铅等原料集中供应，基础设施完善的工艺园区搬迁聚集，以加强风险防范和监管。

9.5
污染事故风险管理措施

环境风险分级管理不但可以提高风险源管理的针对性，还能有效降低风险管理成本，提高风险管理的效率。

在考虑环境风险源危险性、大气风险场、水系风险场及环境风险受体脆弱性的基础上，铅蓄电池企业环境风险等级可划分为五级，分别为一级（风险很高）、二级（风险较高）、三级（风险偏高）、四级（一般风险）、五级（低风险）。

在环境风险等级划分的基础上可对铅蓄电池企业进行分级管理。例如，风险很高和较高的企业风险预防和应对处理处置工作由省、市和县（区）三级环保部门共同负责，省级环保部门负责指导、协调全省风险较高和偏高的铅蓄电池监督检查工作；风险偏高的铅蓄电池企业风险预防和应对处理处置工作由市级环保部门负责，主要负责指导、协调环境风险源监督检查工作；一般和较低环境风险源的预防和应对处理处置工作由县（区）环保部门负责。

环保部门在对不同等级的铅蓄电池企业进行监管时，要具体根据等级划分过程中的实际情况，针对环境风险较大的环节和对象进行监管。根据环境风险等级，铅蓄电池企业要定期向辖区环境保护部门提交环境风险报告。报告内容包括企业生产经营状况、污染治理设施运行情况、清洁生产执行情况、原辅材料消耗量、废水产生量、废气产生量、废渣产生量、处置排放达标情况、有毒有害危险化学品贮运风险防范措施、有资质监测机构对企业卫生防护距离内的环境监测报告、企业环境污染事故应急预案等。

铅蓄电池企业日常环境风险源日常风险精细化管理和事故管理能对污染事故的预防起到事半功倍的效果，可将环境污染事故控制在萌芽状态，能明显增加环境风险管理的效率和效果。

9.5.1 铅烟、铅尘废气污染事故环境风险管理措施

9.5.1.1 风险预防措施

铅烟、铅尘废气污染事故风险预防措施主要包括：定期检查和适当调节袋式除尘器；定期检查滤袋是否发生堵塞、板结、破损和脱落现象；定期检查系统管道是否发生破损；由于反映滤筒或布袋是否正常的工作仪器是气压表，当设备压力差大于1500Pa，或长时间1500Pa或1800Pa在4h以上时，需更换设备；制订企业铅烟、铅尘废气处理设施定期维护检修计划。

9.5.1.2 应急管理措施

铅烟、铅尘废气污染事故风险应急措施主要包括：当控制系统出现报警，如气压表压力差出现异常时，先检查设备是否异常，如果异常则启动备用设备；紧急通知当地政府和下风向企业，疏散厂区内职工，并配合政府疏散下风向居民；制定铅蓄电池废气处理设施故障企业紧急停车制度。

9.5.2 含铅废水泄漏污染事故环境风险管理措施

9.5.2.1 风险防范措施

含铅废水泄漏污染事故风险防范措施主要包括：污水处理站的沉淀池、雨水池、清水池平常液位保持在1.5m以下；配备必需的备品备件、水处理药剂等；使用双电路供电；处理站机电设备关键部位建议采用一用一备方式；厂废水排放口安装水质在线监测仪，监控水质达标情况；废水处理站应设置应急事故水池，应急事故水池的容积应能容纳12～14h的废水量。

9.5.2.2 应急管理措施

含铅废水泄漏污染事故应急管理措施主要包括：设立厂区紧急停车制度；厂内设有污酸池、稀酸池、澄清池、中间水池、出水池等污酸存储池体；污水处理系统设有储水池和高位水池；配有应急输送泵和管道；采用消防沙、碱片进行中和处理，及时进行封闭、隔离、洗消、检测等措施。

9.5.3 硫酸泄漏事故环境风险管理措施

9.5.3.1 硫酸泄漏环境风险预防

按照《危险化学品重大危险源辨识》（GB 18218—2018），对铅蓄电池企业硫酸储存和使用装置、设施或者场所进行重大危险源辨识，若企业存在硫酸重大风险源，则严格按照

《危险化学品重大危险源监督管理暂行规定》中的相关要求执行。

除满足《危险化学品重大危险源监督管理暂行规定》中的相关要求外，储槽装完硫酸后，人孔、进酸口、出酸口等应及时密封好，尽可能减少空气漏入槽内，以免硫酸浓度变稀。

硫酸泄漏环境风险预防措施如下。

① 储槽顶部设置呼吸管，便于槽内氢气随时外逸，防止氢气聚积在槽内顶部，以提高储槽的本质安全。经过氢气排净置换的储槽、管道，在动火前必须进行氢气浓度的分析检验。

② 根据储槽氢气浓度检测结果，办理动火证后才能进行切割、电焊等动火作业，并派专人现场监护。

③ 储罐检修人员应从头到脚穿戴耐酸头盔、手套、胶靴、面罩、衣裤等防护用品；现场照明应采用防爆型低压行灯。

④ 管道硫酸输送须明确输送量、输送线路图、阀门和加（减）压站的位置及安全保护措施情况。

9.5.3.2　硫酸泄漏环境风险应急管理措施

根据蝴蝶结分析法，铅蓄电池企业硫酸泄漏包括储罐设备的泄漏和管道泄漏。管道泄漏一般出现在冲刷比较严重的部位，如在弯头、法兰或三通部位；而储罐设备的泄漏通常出现在设备焊接处。需要注意的是当硫酸穿透储罐的内衬后，出现泄漏点通常也在焊缝处，即便此处的漏点不是由于焊缝引起的。

因此，硫酸泄漏的原因主要包括管道（包含直管、弯头、三通等）穿孔、法兰泄漏、硫酸储罐穿孔等。硫酸泄漏后，根据泄漏的原因和位点不同进行区别对待。通常来讲，当管道泄漏并且口径较小时，处理的方法简单，只做安全防护处理，定期进行检修和更换；当大口径的管道泄漏时，漏点可以在一定时间内进行焊补处理时，也可以参照口径较小的管道泄漏时的处理方式。

铅蓄电池企业硫酸泄漏应急处理措施如下。

① 应急处理人员戴自给正压式呼吸器，穿防毒服，从上风向进入现场，确认漏酸罐及其漏酸部位。

② 将漏酸大罐和空罐的排酸阀打开（实现液位平衡），同时打开漏酸大罐排污阀（进行倒酸应急处理）并切换好倒酸阀门。

③ 将应急槽或应急空罐的阀门打开进行倒酸，并同时控制好液位。

④ 将罐区地面酸进行回收，并将回收的酸打至空罐等候处理。

⑤ 倒酸、排污同时进行，确认漏酸大罐酸已被排空后停止倒酸。

⑥ 喷洒雾状水对气体进行稀释、溶解，操作人员严格按要求佩戴防护用品，并构筑围堤收容产生的废水，或将废水引流至硫酸系统废液收集池内。

⑦ 在采取以上措施的同时对酸库的废水排放口及其沿路下水道加电石渣、生石灰或弱碱中和。

⑧ 若泄漏硫酸流入河流等地表水，应迅速堵住污染的河流，不让它流向别处。同时消防部门用水稀释浓硫酸，并从周围调集烧碱进行酸碱中和处理，并在进行烧碱中和的同

时，测量河水的 pH 值。

⑨ 抢救人员可用水浸湿的毛巾掩口鼻短时间进入现场，快速将中毒者移至上风处，并立即就医。皮肤、眼睛受硫酸轻度腐蚀的脱去污染的衣物，用大量流动清水冲洗污染的皮肤、眼睛至少 15min。对烧伤人员用 2%碳酸氢钠溶液冲洗后，配合医务人员将伤员送往医院急救。

9.5.4 乙炔泄漏环境风险管理措施

9.5.4.1 乙炔泄漏事故环境风险预防措施

按照《危险化学品重大危险源辨识》（GB 18218—2018），对铅蓄电池企业乙炔储存和使用装置、设施或者场所进行重大危险源辨识，若企业存在乙炔重大风险源，则严格按照《危险化学品重大危险源监督管理暂行规定》中的相关要求执行。

除满足《危险化学品重大危险源监督管理暂行规定》中的相关要求外，使用具有防爆性能的通风设备和系统，可及时防止有害气体泄漏到车间等工作场所空气中。

乙炔爆炸事故环境风险预防措施如下：

① 配备一定数量的、相应品种的消防器材及小剂量泄漏时应急消除的药品或设备；

② 储存于通风、阴凉的库房或特定的储存场所，储存场所一定范围内禁止火种、热源的存在，库房的温度最高不宜超过 30℃；

③ 禁止在同一库房与酸类、氧化剂、卤素混合混储，安装有毒气体泄漏报警装置；

④ 库房采用防爆型照明设备，禁止存放或使用易产生火花的机械工具和设备。

9.5.4.2 乙炔泄漏事故应急管理措施

乙炔泄漏事故应急管理措施如下：

① 乙炔气体泄漏后，立即停车，切断气源后，合理通风，加速扩散；

② 应急处理人员戴自给正压式呼吸器，穿防静电工作服；

③ 停止一切明火作业，禁止穿化纤服及带钉子鞋的人员入内，禁止从事一切铁器作业；

④ 迅速将泄漏污染区人员撤离至上风处，并进行隔离；

⑤ 喷雾状水稀释、溶解，构筑围堤或挖坑以收容产生的废水；

⑥ 启用事故应急池，防止消防废水和事故废水进入外环境。

9.5.5 土壤铅污染事故环境风险管理措施

9.5.5.1 土壤铅污染事故环境风险预防措施

铅蓄电池土壤铅污染事故环境风险预防措施如下：

① 规范含铅危险废物的储存场所，严格按照《危险废物贮存污染控制标准》（GB 18597—2001）进行规范化管理；

② 在企业厂界外下风向布置监测点位，定期对企业厂界周边土壤进行铅的监测；

③ 若土壤中铅浓度连续上升，应增加监测频率，并开启污染事故应急预案，识别造成土壤铅浓度连续上升的原因。

9.5.5.2　土壤铅污染治理措施

土壤铅污染治理措施主要包括物理法和化学法。

（1）物理法

物理法是将含有重金属铅的土壤转移出去的一种修复技术，主要包括换土法、隔离法、淋滤法和吸附固定法。

换土法是把重金属污染的土壤替换成未被污染的土壤。淋滤法是使用淋洗剂清洗受污染的土壤，使土壤中污染物随淋洗剂流出，从而达到修复污染土壤的目的的方法。吸附固定法运用物理或化学的方法将土壤中的有害物质固定起来或转为不活泼的化学物质，阻止其在环境中迁移扩散。

（2）化学法

化学法利用改良剂与铅之间的化学反应，对污染土壤中的铅进行固定、分离、提取等，主要包括化学固定法、螯合剂调节法、土壤 pH 值调节控制法、土壤氧化还原电位调节法和土壤重金属离子拮抗法。

9.6
应急能力建设

铅蓄电池企业应根据自身条件以及可能发生的环境污染事故的类型、严重程度和影响范围，成立相应的应急救援专业队伍，在应急指挥部的统一指挥下，快速、有序地开展应急救援行动，以尽快处置事故，使事故的危害降到最低。各救援组的工作职责如表 9-6 所列。

表 9-6　各救援组的工作职责

序号	救援组名称	工作职责
1	通信联络组	① 负责应急指挥部与各救援专业队以及政府有关部门的通信联系； ② 确保事故处理外线畅通，应急指挥部处理事故所用电话迅速、准确无误
2	抢险消防组	① 抢修队接到通知后迅速集合队伍奔赴现场，根据事故情形正确佩戴个人防护用具，切断事故源； ② 有计划、有针对性地预测设备、管道泄漏部位，进行计划性检修，并进行封、围堵等抢救措施的训练和实战演习； ③ 现场抢救人员，消除危险物品，开启现场固定消防装置进行灭火
3	医疗救护组	① 熟悉厂区内危险物质对人体危害的特征及相应的医疗急救措施，储备足量的急救器材和药品，并能随时取用； ② 事故发生后，应迅速做好准备工作，中毒者送来后，根据中毒症状及时采取相应的急救措施，对伤者进行输氧急救，重伤员及时转院抢救； ③ 当公司内急救力量无法满足需要时，向其他医疗单位申请救援并迅速转移伤者
4	洗消去污组	担负事故现场及可能受到污染的环境的有毒有害物质的清洗消除任务

序号	救援组名称	工作职责
5	治安组	担负现场治安，指挥交通，设立警戒，指导群众疏散
6	后勤保障组	① 根据毒物爆炸（泄漏）影响范围设置禁区，布置岗哨，加强警戒，巡逻检查，实行交通引导，严禁无关人员进入禁区； ② 对事故发生企业实行交通引导，维持企业内道路交通秩序，引导外来救援力量进入事故发生点，严禁外来人员入场围观； ③ 负责准备抢险抢救物资及设备等工具； ④ 根据事故的程度及时与外单位联系，调剂物资、工程器材等； ⑤ 负责抢救受伤、中毒人员的生活必需品的供应； ⑥ 负责抢险救援物资的运输
7	应急环境监测组	① 由该组成员联系环境监测站的监测专家； ② 根据环境污染事故污染物的扩散速率和事故发生地的气象和地域特点，确定污染物扩散范围； ③ 根据监测结果综合分析环境污染事故污染变化趋势，并通过专家咨询和讨论的方式，预测并报告环境污染事故的发展情况和污染物的变化情况，作为环境污染事故应急决策的依据
8	公众疏散组	负责工厂及周围公众的组织疏散工作等

根据可能发生的事故类型和危害程度，公司必须备足、备齐应急设施（设备）与物资，具体情况如表 9-7 所列。

表 9-7　应急设施（设备）与物资

类型	名称	位置	备注
急救器材	应急车	—	24h 待命
	担架	保安部	相关岗位
	解毒药剂	办公室	—
个人防护器材	防毒面具	仓库常备	—
	防毒口罩	仓库常备	—
	棉纱口罩	仓库常备	—
	防尘口罩	仓库常备	—
	防护手套	仓库常备	—
	氧气呼吸器	保安部	—
	酸碱防化服	仓库	—
	安全帽	—	—
消防器材	消防水池	厂区内	—
	消防水泵（大）	厂区内	$\Phi300$
	消防水泵（小）	厂区内	—
	水龙带	厂区内	—
	消防栓	厂区内	室外 30 只
	手提式干粉灭火器	车间、办公室	4kg
	二氧化碳灭火器	车间、办公室	—
	推车式干粉灭火器	车间、罐区	35kg
	灭火毯	车间、罐区	—
	消防沙	车间、罐区	—

类型	名称	位置	备注
监测设备	风向风速仪器	厂区高处	—
	COD 恒温加热器	分析室	—
	大气采样器	分析室	—
	气相色谱仪	分析室	—
	恒温培养箱	分析室	—
通信设备	对讲机	分析室	—
	手机、电话、传真	办公室	—
泄漏控制设备	黄泥	雨水口附近	—
	笀筐、平铲专用扳手、密封用袋、铁箍、无火花工具等	车间	—

第 10 章

铅蓄电池行业职业卫生防护管理

10.1
铅蓄电池行业职业病危害因素及职业病

10.1.1 职业病危害因素及职业病

根据铅蓄电池行业生产工序特点，相应职业病危害因素及职业病如表 10-1 所列。

表 10-1　职业病危害因素及职业病

序号	工作区域	职业病危害因素	职业病危害因素产生来源	导致的法定职业病
1	铸板	铅烟	铸板机、熔铅炉等设备在生产时需将铅锭熔化，在熔化过程中会产生铅烟	铅及其化合物中毒、金属烟热
		一氧化碳	铸板机、熔铅炉使用的燃料为天然气，燃烧中会产生一氧化碳	职业性一氧化碳中毒
		高温、热辐射	铸板机、熔铅炉、合金锭铸造机均为高温设备，会产生热辐射	职业性中暑
	铅粉	噪声	铅粉机主机为球磨机，运行过程中产生噪声	职业性听力损伤（噪声聋）
		铅尘	铅粉机、铅粉输送系统产生铅尘	铅及其化合物中毒
	和膏	噪声	和膏机运行过程中产生噪声	职业性听力损伤（噪声聋）
	涂板	铅尘	涂板机上的分片机在切片时会产生铅尘	铅及其化合物中毒
		一氧化碳	涂板线上的干燥机燃料为天然气，燃烧尾气中含有一氧化碳	职业性一氧化碳中毒

序号	工作区域	职业病危害因素	职业病危害因素产生来源	导致的法定职业病
1	涂板	高温、热辐射	涂板线上的干燥机燃料为天然气,会产生高温	职业性中暑
		噪声	分片机在切片时产生噪声	职业性听力损伤(噪声聋)
	固化干燥	高温、热辐射	固化室采用蒸汽加热,会产生高温	职业性中暑
2	电池装配	铅烟	装配工段的铅零件铸造、铸焊均要熔化铅,会产生铅烟	铅及其化合物中毒、金属烟热
		铅尘	装配工段的分片、包封配组设备会产生铅尘	铅及其化合物中毒
		一氧化碳	装配工段的铅零件铸造、铸焊均以天然气为燃料,在燃烧过程中会产生一氧化碳	职业性一氧化碳中毒
		高温、热辐射	装配工段的铅零件铸造、铸焊均以天然气为燃料,在燃烧过程中会产生高温	职业性中暑
		噪声	分板机、包封配组机等均产生噪声	职业性听力损伤(噪声聋)
		树脂	在装配过程中使用树脂	接触性皮炎
	电池灌酸	硫酸雾	灌酸过程中会产生硫酸雾	化学性眼部灼伤、化学性皮肤灼伤、接触性皮炎、牙酸蚀病
	电池化成	硫酸雾	化成充放电过程产生硫酸雾	化学性眼部灼伤、化学性皮肤灼伤、接触性皮炎、牙酸蚀病
		高温、热辐射	化成时充放电过程会产生热,同时化成充电机也会产生热	职业性中暑
3	制水配酸站	硫酸雾	配酸机、配酸储罐等设备均含有硫酸,在操作过程中会挥发硫酸雾	化学性眼部灼伤、化学性皮肤灼伤、接触性皮炎、牙酸蚀病
		氢氧化钠(固体)	制备纯水的过程中需要加入氢氧化钠作为中和剂	化学性眼部灼伤、化学性皮肤灼伤、接触性皮炎、职业性角化过度、皲裂
4	车间变电所	热辐射	变压器和配电柜均会产生热	职业性中暑
		工频电场	检修电气或是绝缘性降低发生漏电形成电击	电击性白内障
5	压缩空气站	噪声	空压机在运行过程中会产生噪声	职业性听力损伤(噪声聋)
6	锅炉房	高温、热辐射	燃料燃烧时产生热量	职业性中暑
		噪声	锅炉风机在运行时会产生噪声	职业性听力损伤(噪声聋)
		一氧化碳	燃气蒸汽锅炉采用的燃料为天然气,燃烧尾气中含有一氧化碳	职业性一氧化碳中毒
7	生产废水处理站	氢氧化钠(固体)	废水处理站采用氢氧化钠调节污水 pH 值	化学性眼部灼伤、化学性皮肤灼伤、接触性皮炎、职业性角化过度、皲裂
		其他粉尘	废水处理时要加入聚丙烯酰胺等辅料	其他尘肺(肺尘埃沉着病)
		硫酸雾	废水中含有硫酸,在处理过程中会产生酸雾	化学性眼部灼伤、化学性皮肤灼伤、接触性皮炎、牙酸蚀病
8	生活污水处理设施	硫化氢	化粪池、污水井在清淤时会挥发出硫化氢	硫化氢中毒
		硫酸雾	加入硫酸过程中硫酸挥发形成硫酸雾	化学性眼部灼伤、化学性皮肤灼伤、接触性皮炎、牙酸蚀病
9	水泵房	噪声	水泵运行过程中产生噪声	职业性听力损伤(噪声聋)

10.1.2　主要物质化学毒性

10.1.2.1　铅

（1）名称及编码

元素名称：铅（lead，Pb）。

CAS 号：7439-92-1。

（2）理化特性

晶体结构：晶胞为面心立方晶胞。

物理性质：高密度、柔软的蓝灰色金属，熔点 327.502℃，沸点 1740℃，密度 11.3437g/m³，比热容 0.13kJ/(kg·K)，莫氏硬度 1.5，质地柔软，抗张强度小，对电和热的传导性能差。

铅不溶于水，溶于稀硝酸、碳酸和有机酸，但加热至 400～500℃时即有大量铅蒸气逸出，并在空气中迅速氧化成氧化亚铅（Pb_2O）而凝集为烟尘。

（3）体内过程

工业生产中金属铅及铅化合物主要以粉尘、烟或蒸气经呼吸道进入人体，少量经消化道进入人体。进入血液循环的铅，约 90%与红细胞结合，10%在血浆。血液中的铅初期分布于肝、肾、脾、脑等器官中；数周后，约 95%可溶性磷酸氢铅以不溶性磷酸铅[$Pb_3(PO_4)_2$]形式储存在骨骼、牙齿、毛发、指甲等硬组织中。转移并储存在骨骼内的不溶性磷酸铅，半排期长达 10 年以上，血液和软组织中的可溶性磷酸氢铅结合铅半排期为 20～60d。吸收的铅主要经尿排出，正常人每日排 20～80μg；其次经粪便、唾液、乳汁、汗液、月经等排出。

（4）临床症状

工业生产中与铅接触工人通常是慢性中毒，主要出现头晕、头痛、无力、肌肉关节酸痛、睡眠障碍、纳差等神经衰弱症候群。早期出现感觉和运动神经传导速度减慢，肢端麻木或呈手套、袜套样感觉迟钝或缺失，重者可致瘫痪。铅中毒性脑病在职业性中毒中已极为少见。慢性中毒还伴有食欲不振、恶心、腹胀、腹隐痛、腹泻或便秘等消化系统症状和轻度低色素性正常细胞性贫血、尿卟啉代谢产物异常增高、网织红细胞增多等。口腔卫生不好者，在齿龈与牙齿交界边缘上可出现硫化铅颗粒沉淀形成的暗蓝色线，即铅线。长期接触铅还可引起慢性间质性肾炎，甚至出现慢性肾功能衰竭。

10.1.2.2　硫酸

（1）名称及编码

名称：硫酸（sulfuric acid，H_2SO_4）。

CAS：7664-93-9。

（2）理化特性

硫酸纯品为透明、无色、无臭的油状液体，有杂质颜色变深，甚至发黑。分子量 98.08。相对密度及凝固点随其含量变化而不同，相对密度 1.841（96%～98%），凝固点 10.35℃

（100%）、3℃（98%）、−32℃（93%）、−38℃（78%）、−44℃（74%）、−64℃（65%）。沸点290℃。蒸气压0.13kPa（145.8℃）。对水有很大亲和力，从空气和有机物中吸收水分。与水、醇混合产生大量热，体积缩小。用水稀释时应把酸加到稀释水中，以免酸沸溅。加热到340℃硫酸分解成三氧化硫和水。

稀硫酸能与许多金属反应，放出氢气。浓硫酸是一种强酸性氧化剂，对铅和低碳钢无腐蚀，与许多物质接触能燃烧甚至爆炸，能与氧化剂或还原剂反应。

（3）体内过程

硫酸可经呼吸道、消化道和皮肤进入人体。经黏膜和皮肤能迅速被吸收并分布于大多数器官，并代谢成硫酸盐或硫化物，大部分经肾脏排出，少量随粪便排出。

（4）临床症状

① 急性中毒。吸入酸雾后可引起明显的上呼吸道刺激症状及支气管炎，重者可迅速发生化学性肺炎或肺水肿，高浓度时可引起喉痉挛和水肿而致窒息。伴有结膜炎和咽炎。口服硫酸可引起消化道灼伤，立即出现口、咽部、胸骨后及腹部剧烈烧灼痛，唇、口腔、咽部糜烂、溃疡，声音嘶哑，吞咽困难，呕血，呕吐物中可有食道和胃黏膜碎片，便血；严重的可发生喉水肿或胃肠道穿孔，肾脏损害。如溅入眼内还可引起结膜炎、结膜水肿、角膜溃疡甚至穿孔。另外，皮肤接触浓硫酸后局部刺痛，未做处理者可由潮红转为暗褐色，继而可发生溃疡。

② 慢性中毒。长期暴露于硫酸雾中可出现鼻腔黏膜萎缩，嗅觉减退、消失，牙齿酸蚀，上呼吸道及支气管黏膜萎缩，慢性支气管炎等，亦有支气管哮喘和肺硬化的报道。

10.2
职业卫生管理部门职责及管理方针制度

10.2.1 职业卫生防护方针

铅蓄电池企业应依据国家有关职业病防治的法规、政策、标准的要求，根据本单位的规模和活动类型，在征询劳动者及其代表意见的基础上，制定书面的职业卫生方针。

10.2.1.1 职业卫生方针制定原则

① 遵守国家有关职业病防治的法律、法规、标准和规范；
② 预防和控制职业病及工作相关疾病，保护劳动者健康；
③ 应符合本单位实际，适合本单位的规模和活动性质；
④ 保证全员参与。

10.2.1.2 职业卫生方针基本要求

① 内容明确，注明制定日期，并经法定代表人签字生效，或签发实施；
② 及时公布，保证全体劳动者及所有相关方及时得知；
③ 定期评估，确保职业卫生方针持续的适用性。

10.2.2 职业卫生防治计划

铅蓄电池企业制订的年度职业病防治计划应包括目的、目标、措施、考核指标、保障条件等内容。实施方案应包括时间、进度、实施步骤、技术要求、考核内容、验收方法等内容。

铅蓄电池企业每年应对职业病防治计划和实施方案的落实情况进行必要的评估，并撰写年度评估报告。评估报告应包括存在的问题和下一步的工作重点。书面评估报告应送达决策层阅知，并作为下一年度制订计划和实施方案的参考。

10.2.3 职业卫生管理制度

铅蓄电池企业应根据国家、地方的职业病防治法律法规的要求，结合本单位实际情况制定相应的规章制度。依据《工作场所职业卫生监督管理规定》（国家安全生产监督管理总局令 第 47 号）规定，铅蓄电池企业应制定的职业卫生管理制度包括：

① 职业病危害防治责任制度；
② 职业病危害警示与告知制度；
③ 职业病危害项目申报制度；
④ 职业病防治宣传教育培训制度；
⑤ 职业病防护设施维护检修制度；
⑥ 职业病防护用品管理制度；
⑦ 职业病危害监测及评价管理制度；
⑧ 建设项目职业病防护设施"三同时"管理制度；
⑨ 劳动者职业健康监护及其档案管理制度；
⑩ 职业病危害事故处置与报告制度；
⑪ 职业病危害应急救援与管理制度；
⑫ 岗位职业卫生操作规程；
⑬ 法律、法规、规章规定的其他职业病防治制度。

10.2.4 职业卫生管理部门设置

根据《中华人民共和国职业病防治法》的规定，为了预防、控制和消除职业病危害，防治职业病，保护员工的健康及其相关权益，改善生产作业环境，做好职业卫生工作，铅蓄电池企业应成立职业卫生管理部门。

某铅蓄电池企业职业卫生管理组织架构如图 10-1 所示。

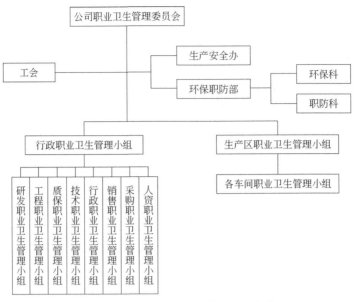

图 10-1 某企业职业卫生管理组织架构

10.2.5 职业卫生管理部门工作职责

① 职业病防治领导机构由企业法定代表人、管理者代表、相关职能部门以及工会代表组成,其主要职责是审议职业卫生工作计划和方案,布置、督查和推动职业病防治工作。

② 企业应明确工会、人事及劳动工资、企业管理、财务、生产调度、工程技术、职业卫生管理等相关部门在职业卫生管理方面的职责和要求。

③ 企业应当配备专职职业卫生管理人员,对职业卫生工作提供技术指导和管理。公司按职工总数的千分之二到千分之五配备职业卫生专职人员。要有职业卫生专(兼)职人员书面聘用文件、个人资质(职业卫生专业知识背景、工作经历和执业医师资格)文件和专业档案。

④ 组织对接触职业危害因素职工定期进行职业卫生培训,经考核合格后方可上岗。培训的内容包括职业卫生法律、法规、规章、操作规程,所在岗位的职业病危害及其防护设施,个人防护用品的使用和维护,铅作业劳动者个人生活中的保健方法,紧急情况下的急救常识和避免意外伤害的紧急应对方法,劳动者所享有的职业卫生权利等,应做好培训记录并存档。

⑤ 识别和告知职业危害,以书面形式告知工作人员(包括防护服清洗人员等)暴露在铅工作环境中的潜在健康影响。

⑥ 制定职业病防治方案,编制岗位安全卫生操作规程。

⑦ 对职业健康监护和职业病人进行管理。

⑧ 组织开展职工职业病危害因素检测评价,按照《职业健康监护技术规范》(GBZ 188—2014)规定告知职工职业健康检查结果,并保护劳动者的隐私。

⑨ 按照国家有关法律法规和标准规定，为职工提供合格的、足量的个人防护用品，包括防尘或防酸工作服、防尘口罩、防毒（酸）口罩、护耳器、防护鞋和手套等防护用品。

10.3
材料、设备管理及工作场所布局

10.3.1 一般要求

在职业卫生活动中，材料和设备是决定职业病危害因素的种类、强度和浓度的重要因素。因此，材料（生产原料、辅料）的选择和使用以及设备的工作原理、基本性能、密闭性等方面在职业卫生管理中不容忽视。

国家鼓励和支持研制、开发、推广、应用有利于职业病防治和保护劳动者健康的新技术、新工艺、新设备、新材料，应积极采用有效的职业病防治技术、工艺、设备、材料，限制使用或者淘汰职业病危害严重的技术、工艺、设备、材料。

铅蓄电池企业应当优先采用有利于防治职业病和保护劳动者健康的新技术、新工艺、新设备、新材料，逐步替代职业病危害严重的技术、工艺、设备、材料。

企业选择有利于职业病防治和保护劳动者健康的新技术、新工艺和新材料，其中包括：
① 选择清洁无害的原辅材料；
② 生产工艺密闭化、自动化；
③ 劳动者远距离操作、机械操作，体力劳动强度和紧张度较小；
④ 使整个生产工艺过程产生的职业危害较小而且容易通过工程技术加以控制等。

10.3.2 材料管理

10.3.2.1 主导原材料供应商的选择

企业使用的主导原材料供应商应符合《中华人民共和国职业病防治法》要求。企业在选择主导原材料供应商时，应要求主导原材料供应商承诺遵守《中华人民共和国职业病防治法》，并出具与企业同等的职业卫生方针承诺文件，主导原材料供应商应建立相关的职业卫生管理制度，采取相关的职业病防治措施，并为企业提供符合《中华人民共和国职业病防治法》的有关原材料的完整、真实、可靠的中文物质安全数据清单（MSDS）。

10.3.2.2 关于化学品的中文说明书和有毒物品的警示

使用、生产、经营可能产生职业病危害的化学品，应有中文说明书。企业购进或售出有职业病危害的化学品时，应索取或提供中文说明书。企业应建立化学品的台账，包含化学品化学式、商品名、产地、使用地、使用量、保管人，储存地的管理是否安全、规范，包装是否具有规范的标识，是否具有中文说明书，中文说明书是否规范等内容。规范的中文说明书应载明产品特性、主要成分、存在的有害因素、可能产生危害的后果、安全使用注意事项、职业病防护以及应急救治措施等内容。

有毒物品包装上应具有明显的警示标识和中文警示说明。规范的中文说明书应载明产品特性、存在的有害因素、可能产生危害的后果、安全使用注意事项、职业病防护以及应急救治措施等内容。

10.3.2.3　材料危害在醒目位置的公示告知与警示

对所采用的材料不隐瞒其危害。企业应在醒目位置对有职业危害的材料用中文公示，并采取各种措施告知劳动者，包括以职业卫生培训的方式告知。

使用、生产、经营、储存可能产生职业病危害的化学品，应在工作地点醒目位置设置职业病危害警示标识和中文警示说明。

10.3.2.4　建立化学品管理制度

企业应建立化学品管理制度，责任到人，做好化学品管理工作。

10.3.2.5　进口化学品的报批手续

国内首次使用或者首次进口与职业病危害有关的化学材料时，使用单位或者进口单位按照国家规定经国务院有关部门批准后，应当向国务院卫生行政部门、安全生产监督管理部门报送该化学材料的毒性鉴定以及经有关部门登记注册或者批准进口的文件等资料。

10.3.3　设备管理

10.3.3.1　设备的中文说明书

企业购进可能产生职业病危害的设备时，应索取中文说明书，且中文说明书应符合国家有关规定。企业应建立设备台账，包括型号、厂家、厂家联系方式、责任人、维修记录、中文说明书、是否设置警示标识和中文警示说明、中文警示说明是否规范等内容。

企业应确保相关的劳动者了解中文说明书的相关内容。

10.3.3.2　设备警示标识和中文警示说明

企业购进可能产生职业病危害的设备时，应在设备醒目位置设置警示标识和中文警示说明。警示说明中应载明设备性能、可能产生的职业病危害、安全操作和维修注意事项、职业病防护以及应急救援措施等内容。

10.3.3.3　设备管理及管理制度

企业应建立相应的管理制度，设置或指定专职（兼职）人员负责做好可能产生职业病危害的设备的管理工作。

10.3.4　工作场所布局

10.3.4.1　工作场所布局的基本要求

根据《工作场所职业卫生监督管理规定》（国家安全生产监督管理总局令　第47号）规定，公司工作场所应符合下列基本要求：

① 生产布局合理，有害作业与无害作业分开；

② 工作场所与行政办公场所分开，工作场所不得住人，企业生产区设置分离设施，部分企业生产区门卫室如图10-2所示；

③ 有与职业病防治工作相适应的有效防护设施；

④ 职业病危害因素的强度或者浓度符合国家职业卫生标准；

⑤ 企业内应设置包括盥洗设备、休息室、淋浴室、更衣室、洗衣房、孕妇休息间等卫生辅助用房；

⑥ 洗衣房、更衣室、淋浴室必须设置在劳动者进出生产区的出入口；

⑦ 设备、工具、用具等设施符合保护劳动者生理、心理健康的要求；

⑧ 法律、法规、规章和国家职业卫生标准的其他规定。

(a)　　　　　　　　　　　　　　　　　　(b)

图10-2　生产区门卫室

10.3.4.2　工作场所的应急和卫生设置要求

企业的职业危害可引发急性职业损伤。因此，在存在高毒物品的工作场所应满足应急和卫生设置配备的要求。企业可能发生急性职业损伤的有毒、有害物质及条件包括硫酸、氢氧化钠、一氧化碳、硫化氢、二氧化硫及高温等。铅烟尘属于高毒物品，但一般情况下只引起慢性职业中毒，急性铅中毒一般存在于误食的情况下。

（1）应在可能发生急性职业损伤的有毒、有害工作场所设置报警装置

可能发生急性职业损伤的有毒、有害工作场所，是指可能发生毒物、强腐蚀物质、刺激性物质泄漏等对劳动者生命健康造成急性危害的工作场所。

报警装置必须经相关部门检定通过，并应建立相应的制度，责任到位，有人负责，班前定期检查，及时维修保证报警装置能够正常运转。

（2）应在可能发生急性职业损伤的有毒、有害工作场所配置现场急救用品

现场急救用品包括发生事故时急救人员所用的个人职业病防护用品（如携气式呼吸器、全封闭式化学防护服、防护手套、防护鞋靴等），以及对被救者施救所需的急救用品（如做人工呼吸所需单向阀防护口罩、现场止血用品、防暑降温用品、给氧器，有特殊需求的可配备急救车、防护小药箱等）。

急救用品的配置应根据现场防护的需要，在专业人员的指导下考虑生产条件、化学物质的理化性质和用量，如存在硫酸灼伤危险的工作场所需配备 5%碳酸氢钠溶液，存在氢氧化钠灼伤危险的工作场所需配备 3%硼酸溶液和 0.5%～5%乙酸溶液或 10%枸橼酸溶液。急救用品应存放在车间内或临近车间的地方，一旦发生事故应保证在 10s 内能够获取。急救用品存放地的醒目位置应有警示标识，确保劳动者知晓，并应使劳动者掌握如何使用急救用品。

现场急救用品应安全有效，并应建立相应管理制度，责任到位，有人负责，每日巡检，及时维修或更新，保证现场急救用品的安全有效性。

（3）可能发生急性职业损伤的有毒、有害工作场所配置应急撤离通道

应急通道必须保持通畅，设置应急照明设施，并在醒目位置设置明显的警示标识。撤离通道的宽窄应根据需要设置，如需用车辆、担架的，宽度应能保证车辆、担架顺利通过。

应建立相应的管理制度，责任到位，有人负责，定期检查，保证应急通道畅通。

（4）可能发生急性职业损伤的有毒、有害工作场所配置冲洗设备

冲洗设备主要指冲眼器、流动水龙头以及冲淋设备。在可能发生皮肤黏膜或眼睛烧灼、存在有腐蚀性与刺激性化学物质的工作场所应配备冲洗设备，特别强调冲洗设备应取用方便且不妨碍工作，保证在发生事故时劳动者能在 10s 内得到冲洗。冲洗用水应安全并保证是流动水。设置冲洗设备的地方应有明显的标识，醒目易找。某企业冲眼器如图 10-3 所示。

冲洗设备应保证能正常使用，并应建立相应的管理制度，责任到位，有人负责，每日巡检，及时维修。

（5）可能发生急性职业损伤的有毒、有害工作场所配置必要的泄险区

根据生产条件、所使用化学品的理化特性和用量考虑泄险区设置的位置、大小和选材。泄险区周围不能存在可能与排放到泄险区的有毒有害物质发生易燃、易爆等化学反应的物质。泄险区四周的选材不应与泄险物质发生反应，泄漏物质和冲洗水应纳入工业废水处理系统。

应在泄险区周围的醒目位置设置明显的警示标识以及中文警示说明。事故性泄险应制

图 10-3　冲眼器

定泄险预案，明确泄险的条件、泄险命令的发布人、泄险时如何进行人群疏散、泄险物质的无害化处理、消除发生次生事故的危险、泄险后的善后处理工作，还应建立相应的管理制度，明确相关人员负责泄险的日常管理，并保证无关人员不能进入泄险区。

（6）有毒、有害工作场所及职业病危害事故现场警示标识的设置

有毒、有害工作场所及职业病危害事故现场警示标识的设置按照《工作场所职业病危害警示标识》（GBZ 158—2003）和《高毒物品作业岗位职业病危害告知规范》（GBZ/T 203—2007）设定。生产、储藏和使用一般有毒物品的工作场所应用黄色区域警示线将其与其他区域分隔开。高毒工作场所和事故现场都设定红色警示线。

（7）高毒作业场所设置车间淋浴间要满足的条件

淋浴间应男女分别设置。淋浴间内按 6 个淋浴器设一具盥洗器，每 8 人设一个淋浴龙头。墙面瓷砖到顶，地面铺贴防滑地砖，顶面扣板或铝塑板弦型吊顶。淋浴间内部构造应易于使用卫生清扫设备，并采取防水、防潮、排水措施。安装机械通风换气设施和保暖装置。高毒作业女用浴室不能设浴池。

（8）高毒作业场所设置更衣室要满足的条件

更衣室分隔为清洁区和污染区。更衣室应配置闭锁式衣柜。便服、工作服应分区分柜存放，避免工作服污染便服。为每位劳动者配备防尘、防毒口罩专用存放柜，并有明显标识。

离开高毒作业场所时，应更换衣服，不可将工作服带出生产区。

浴室、更衣室卫生管理制度上墙。配备专职卫生管理人员，及时清理劳动者丢弃物，对墙面、地面进行经常性清洗，保持室内空气流通、整洁卫生，对损坏的洗浴设施及时维修。

（9）高毒作业场所应设置有毒物品存放专用间

有毒物品应实行分类存放。对于高毒物品，应根据生产条件、所使用化学品的理化特性和用量来考虑有毒物品存放专用间设置的位置、大小和选材。有毒物品存放专用间应在醒目的位置设置明显的警示标识，其内部存放的物品不能相互发生燃烧、爆炸等化

学反应。

企业应建立相应的制度，明确相关人员负责有毒物品存放专用间的日常管理，并保证无关人员不能进入有毒物品存放专用间。

（10）设置规范化洗衣房

洗衣房应设置工作服清洗和整理领用两个功能区，清洗区内必须有工作服浸泡池、工业洗衣机、脱水机、烘干机。浸泡池的大小以实用为原则，数量按日清洗量设置。整理领用区内应设置工作服整理台、衣服存放柜或衣架等设施，墙面瓷砖到顶，地面铺贴地砖，顶面吊顶。清洗区应安装机械通风换气设施。

洗衣房各功能区卫生管理制度、操作规程上墙，有专人负责，加强洗衣设施维护，确保其正常运行，洗衣房内物品存放整齐。洗衣、工作服领用台账记录完整（包括洗衣烘干时间、数量、洗衣剂名称及用量、工作服发放记录、月汇总表等），每月将资料整理后移交公司职业卫生管理部门存档。

夏秋季节每天更换清洗工作服；冬春季节 3d 更换清洗一次工作服。

企业职业卫生专职管理人员应加强洗衣房的检查管理，及时发现存在的问题，如出现严重影响洗衣工作情况时，应立即向公司分管领导汇报，并采取相应措施。

部分企业工作服收取系统如图 10-4 所示，规范化洗衣房如图 10-5 所示。

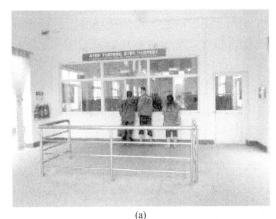

(a)

(b)

图 10-4　工作服收取系统

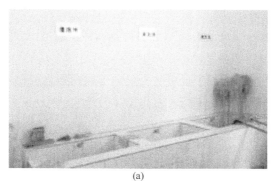

(a)

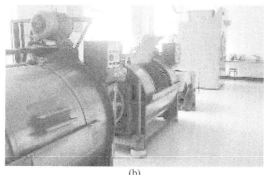

(b)

图 10-5　规范化洗衣房

10.4
防护设施和个人职业病防护用品管理

10.4.1　防护设施

职业病危害防护设施是以预防、消除或者降低工作场所的职业病危害，减轻职业病危害因素对劳动者健康的损害或影响，达到保护劳动者健康为目的的装置。

10.4.1.1　职业病防护设施配备需齐全有效

铅蓄电池企业应根据工艺特点、生产条件和工作场所存在的职业病危害因素性质选择相应的职业病防护设施。职业病防护设施应符合产品自身的质量标准，应是经过国家质量监督检验合格的正规产品，应符合特定使用场所职业病防护要求，应能消除或降低职业病危害因素对劳动者健康的影响。

企业除符合《铅作业安全卫生规程》（GB 13746—2008）的要求外，还应满足以下要求。

① 通风除尘管道设置应合理，避免水平铺设和直角弯角。

② 排风罩设计应符合《排风罩的分类及技术条件》（GB/T 16758—2008），罩口与管口面积比不应超过 16：1，罩子的扩张角度宜小于 60°。

③ 产生铅尘的作业台面四周应设有防铅尘洒落的围挡。

④ 涉及熔铅的设备应密闭化生产，防止铅烟外逸。

⑤ 岗位新风送风口和风量设置应合理，避免造成二次扬尘和气流混乱，影响吸风罩的除尘（烟）效果。

⑥ 新风口设置合理。《工业建筑供暖通风与空气调节设计规范》（GB 50019—2015）规定：应直接设在室外空气较清洁的地点；进风口的下缘距室外地坪不宜小于 2m，当设在绿化地带时，不宜小于 1m。《全国民用建筑工程设计技术措施》规定：进风口应设在室外空气较清洁的地方，且在排风口的上风侧；当进风口、排风口在同侧时，排风口宜高于进风口 6m；进风口、排风口在同侧同一高度时，水平距离不宜小于 10m。

⑦ 配酸、加酸、充电岗位的喷淋浴眼装置设置应符合规范，并保证其服务半径小于 15m。

⑧ 禁止通过吹风、抖动或任何将防护服中的铅污染物散落到空气中的行为。

10.4.1.2 职业病防护设施的保管制度及台账

企业应建立职业病防护设施的保管制度，保证责任到位，有人负责，定期检查，及时维修，每天上班之前应有人检查防护设施是否能正常运转，并有日常运转记录，还应建立制度保障这些设备维修时的安全。

企业应建立职业病防护设施台账。台账包括设备名称、型号、生产厂家名称、主要技术参数、安装部位、安装日期、使用目的、防护效果评价、使用和维修记录、使用人、保管责任人等内容。职业病防护设施台账应有人负责保管，定期更新，并应制定借阅登记制度。

10.4.1.3 职业病防护设施及时维护并定期检测

职业病防护设施对于保护劳动者的健康意义重大，如果不能正常运转势必影响防护效果，所以企业应进行经常性的维护、检修，定期检测其性能和效果，确保其处于正常状态，不得擅自拆除或者停止使用。同时应建立相应的制度，明确维修时间、责任人、维护周期，保证防护设施能正常运转。

10.4.1.4 外包及承包时的防护设备要求

企业若将具有职业病危害的作业外包时，应告知接收者将要外包的作业所存在的职业病危害以及相关的防护条例，并要求接收者采取措施达到这些防护条件，如配置通风、除尘、消声、防暑、隔离等防护设施，或配备个人职业病防护用品。如接收者没有条件或不愿采取措施达到上述防护条件，企业不能将具有职业病危害的作业外包。

10.4.2 个人职业病防护用品

个人职业病防护用品是指劳动者在职业活动中个人随身穿（佩）戴的特殊用品。如果职业病危害隐患没有消除，职业病防护设施达不到防护效果，作为最后一道防线，就应佩戴个人职业病防护用品，以消除或减轻职业病危害因素对劳动者健康的影响。个人职业病防护用品有防护帽、防护服、防护手套、防护眼镜、防护口（面）罩、防护耳罩（塞）、呼吸防护器和皮肤防护用品等。企业各作业类别可以使用和建议使用的个人防护用品如表 10-2 所列。

表 10-2　企业各作业类别可以使用和建议使用的个人防护用品

作业类别	可以使用的防护用品	建议使用的防护用品
承受全身振动的作业	防振鞋	—
低压带电作业（1kV 以下）	绝缘手套 绝缘鞋 绝缘服	安全帽（带电绝缘性能） 防冲击护目镜
高压带电作业 （在 1～10kV 带电设备上进行作业时）	安全帽（带电绝缘性能） 绝缘手套 绝缘鞋 绝缘服	防冲击护目镜 带电作业屏蔽服 防电弧服
高温作业	安全帽 防强光、紫外线、红外线护目镜或面罩 隔热阻燃鞋 白帆布类隔热服 热防护服	镀反射膜类隔热服 其他零星防护用品
吸入性气相毒物作业	防毒面具 防化学品手套 化学品防护服	劳动护肤剂
密闭场所作业	防毒面具（供气或携气） 防化学品手套 化学品防护服	空气呼吸器 劳动护肤剂
吸入性气溶胶毒物作业	工作帽 防毒面具 防化学品手套 化学品防护服	防尘口罩（防颗粒物呼吸器） 劳动护肤剂
噪声作业	耳塞	耳罩
荧光屏作业	防微波护目镜	防放射性服
腐蚀性作业	工作帽 防腐蚀液护目镜 耐酸碱手套 耐酸碱鞋 防酸（碱）服	防化学品鞋（靴）
易污作业	工作帽 防毒面具 防尘口罩（防颗粒物呼吸器） 耐酸碱手套 防静电鞋 一般防护服 化学品防护服	耐油手套 耐油鞋 防油服 劳动护肤剂 其他零星防护用品
恶味作业	工作帽 防毒面具 一般防护服	空气呼吸器 其他零星防护用品
一般性作业	—	一般防护服 普通防护装备

10.4.2.1 制订个人职业病防护用品计划并组织实施

企业应建立个人职业病防护用品管理制度，并制订个人职业病防护用品配备计划，明确经费来源、防护用品的技术指标、更换周期等。根据工种台账，按工种存在的职业病危害因素及水平配备相应的个人职业病防护用品；个人职业病防护用品应保证安全有效，应符合职业病危害个人职业病防护用品的标准（特种劳动防护用品必须取得特种劳动防护用品安全标志），并应建立相应的制度，责任到位，有人负责，定期检查、维修，及时更换超过有效期的用品，确保劳动者持有并会使用及维护。

10.4.2.2 按标准配备符合职业病防治要求的个人职业病防护用品

企业应根据工作场所的职业病危害因素的种类、对人体的影响途径、现场生产条件、职业病危害因素的水平以及个人的生理和健康状况等特点，为劳动者配备适宜的个人职业病防护用品。

所使用的个人职业病防护用品应是由有生产个人职业病防护用品资质的厂家生产的符合国家或行业标准的产品。有关个人职业病防护用品的配备、选用标准参见有关国家标准，技术参数和防护效率应达到要求。

接触铅尘（烟）的个人防护基本用品应包括防护帽、防尘（毒）口罩（面具必须贴合性好，滤棉防护等级采用 P100 级以上，如 3M 的 2091 滤棉）、工作衣裤、工作鞋和手套等；接触酸雾的岗位个人防护基本用品应包括防护帽、防酸雾口罩、橡胶手套、工作衣裤、雨靴、防酸围裙及护目镜等；其他岗位除配备基本的工作衣帽外，也应配备密闭性较好的口罩。

10.4.2.3 建立个人职业病防护用品发放登记制度

企业在发放个人职业病防护用品时应做相应的记录，包括发放时间、工种、个人职业病防护用品名称与数量、领用人或代领人签字等内容。

10.4.2.4 及时维护并定期检测个人职业病防护用品

企业应对个人职业病防护用品进行经常性的维护、检修，定期检测其性能和效果，确保其安全有效，并不得擅自让劳动者停止使用。在发生事故使用个人职业病防护用品后，也应及时维修。如果发生损坏，应及时更换，防止发生意外事故。职业病个人职业病防护用品的回收处理按有关要求执行。企业应建立相应的管理制度，责任到位，有人负责，定期维护、检修，保证个人职业病防护用品能正常使用。

10.4.2.5 个人职业病防护用品的判废标准和判废程序

出现下列情况之一即予判废，包括：
① 所选用的个人职业病防护用品技术指标不符合国家有关标准或行业标准；
② 所选用的个人职业病防护用品与所从事的作业类型不匹配；
③ 个人职业病防护用品标识不符合产品要求或国家法律法规的要求；
④ 个人职业病防护用品在使用或保管储存期内遭到破损或超过有效使用期；

⑤ 所选用的个人职业病防护用品经定期检验和抽查为不合格；

⑥ 当发生使用说明中规定的其他报废条件时。

10.4.3　个人防护管理

员工进入作业场所前，必须先在洗衣房领取干净的工作服后在更衣室内更换好工作衣帽，将自身衣物储存于更衣柜的上层，正确佩戴好个人防护用品后方可进入车间，水杯、食物等个人用品不得带入车间。企业应安排人员在车间出入口对每位员工的个人防护用品穿戴情况进行检查，确认正确佩戴后方可允许其上岗工作。

工作期间，企业职业卫生管理人员必须加强巡查，发现劳动者有未佩戴个人防护用品或佩戴不规范者应予以告诫，并立即要求其纠正，对不配合者应当停止其作业。管理人员的巡查频率每两个小时不应少于一次。

员工上岗期间必须坚持正确佩戴个人防护用品，期间如需进入休息室休息，其手套、口罩等个人防护用品应暂存于休息室的防护用品存放处，不得将个人防护用品存放于作业岗位上。并应在休息室出入口洗手处在流水下按照"6步洗手法"程序（如图10-6所示）进行洗手，对指甲缝、皮肤褶皱处等部位必须使用软刷进行彻底清刷，彻底清洗双手后方可在休息室进行饮水、吸烟等活动。午餐时，必须在更衣室内更换工作服，并将其存放于更衣柜的下层，进入食堂前必须彻底清洗双手，经检验液检测双手无铅污染后方可进餐。工作结束后，员工必须在浴室洗浴后确保无铅尘污染方可下班，工作衣帽交由洗衣房清洗，不得带出厂门。

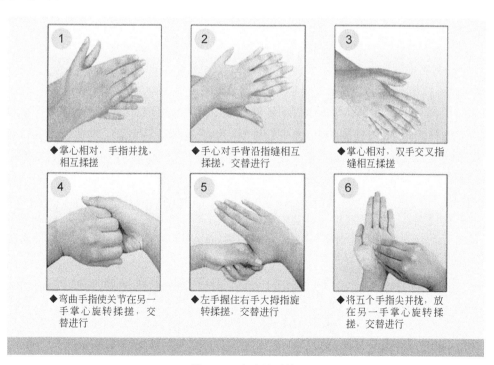

图10-6　六步洗手法

10.5
职业病危害告知与培训管理

10.5.1　危害告知管理

10.5.1.1　醒目位置的公示告知

① 规章制度的公示告知。公司应建立健全职业病防治的规章制度,并在厂区的醒目位置以书面形式公布。包括职业卫生方针、目标、职业卫生管理制度等。

② 操作规程的公示告知。公司应制定操作规程,并在工作场所的醒目位置公告。操作规程应简明易懂、条款清楚、用词规范,还应保证劳动者理解掌握。操作规程应保证劳动者的职业卫生安全。

③ 急性职业病危害事故应急救援措施的公示告知。公司应建立健全岗位职业病危害事故应急救援措施并在工作场所/岗位的醒目位置公告。应急救援措施公告应简明易懂、条款清楚、用词规范,还应保证劳动者理解掌握。应急救援措施应针对作业岗位的特点,其主要内容应包括事故发生后的报告程序和时限、自救与他救方法和临时应急处理原则等。

10.5.1.2　签订劳动合同时的告知

① 职业病危害的种类、危害程度及其后果的告知。公司应与所有形式的劳动者签订劳动合同。在劳动合同中,公司应将工作过程中可能产生的职业病危害的种类、危害程度及其后果告知劳动者,将职业病危害告知作为劳动合同的必备条款。劳动合同签订后,公司变更劳动者工作岗位或工作内容,使劳动者接触原订立的劳动合同中没有告知的职业病危害因素时,应如实向劳动者告知并做说明。

② 职业病防护措施和待遇的告知。在公司和劳动者签订的劳动合同中应载明职业病防护措施和待遇。劳动合同签订后,公司变更劳动者工作岗位或工作内容,使劳动者接触原订立的劳动合同中没有告知的职业病危害因素时,应如实向劳动者告知新增职业病防护措施和待遇,并做说明。

知识要点

《中华人民共和国职业病防治法》第三十条第一款规定:用人单位与劳动者订立劳动合同(含聘用合同)时应当将工作过程中可能产生的职业病危害及其后果、职业病防护措施和待遇等如实告知劳动者,并在合同中写明,不得隐瞒或者欺骗。

10.5.1.3　警示标识的告知

　　熔铅、铸板及铅零件、铅粉制造、分板刷板（耳）、装配焊接、废极板处理等存在或者产生职业病危害的工作场所、作业岗位、设备、设施，应当在醒目位置设置图形、警示线、警示语句等警示标识和中文警示说明。警示说明应当载明产生职业病危害的种类、后果、预防和应急处置措施等内容。

　　存在或产生高毒物品的作业岗位，应当按照《高毒物品作业岗位职业病危害告知规范》（GBZ/T 203—2007）的规定，在醒目位置设置高毒物品告知卡。告知卡应当载明高毒物品的名称、理化特性、健康危害、防护措施及应急处理等告知内容与警示标识。某企业职业卫生警示标识如图 10-7 所示。

图 10-7　某企业职业卫生警示标识

10.5.1.4　涉及个人隐私内容的告知

　　① 劳动者职业健康检查结果告知。对从事接触职业病危害作业的劳动者，公司应按照国务院卫生行政部门的规定组织上岗前、在岗期间、离岗前和应急时的职业健康检查，并将检查结果如实告知劳动者。

　　② 职业病或职业禁忌症告知。公司对职业健康检查中发现的职业病或职业禁忌症应以适当方式及时告知劳动者本人。

10.5.1.5　其他告知

　　① 工作场所职业病危害因素监测、评价结果告知。公司应通过公告栏、合同、书面通知或其他有效方式告知劳动者工作场所职业病危害因素监测及评价结果。

　　② 工伤范畴、工伤申报和工伤保险待遇告知。公司应通过公告栏、合同、书面通知或其他有效方式告知劳动者工伤范畴、工伤申报程序及工伤保险待遇等相关内容。

10.5.2　职业卫生培训

10.5.2.1　主要负责人与管理人员的职业卫生培训

　　企业的法定代表人、管理者代表、管理人员及职业卫生管理人员应自觉遵守职业病防治法律、法规，并应接受职业卫生培训，同时还应按规定组织本单位的职业卫生培训工作。培训内容应包括职业卫生相关法律、法规、规章和国家职业卫生标准，职业病危害预防和控制的基本知识，职业卫生管理相关知识等。部分地区开展铅蓄电池行业职业卫生管理培训如图 10-8 所示。

(a)

(b)

图 10-8　部分地区开展铅蓄电池行业职业卫生管理培训

10.5.2.2　上岗前劳动者的职业卫生培训

企业应对上岗前劳动者进行职业卫生培训。因变更工艺、技术、设备、材料或者岗位调整导致劳动者接触的职业病危害因素发生变化时，企业也应当重新对劳动者进行上岗前的职业卫生培训。未经上岗前职业卫生知识培训的劳动者一律不得安排上岗。培训的内容应包括职业卫生法律、法规、规章、操作规程、所在岗位的职业病危害及其防护设施、个人职业病防护用品的使用和维护、劳动者所享有的职业卫生权利等内容。企业应做好记录及存档工作，存档内容包括培训通知、教材、试卷、考核成绩等，档案资料应有专人负责保管。

10.5.2.3　劳动者在岗期间定期的职业卫生培训

企业应定期对在岗期间的劳动者进行职业卫生培训。企业根据实际情况制订培训计划，确定培训周期。培训的内容应包括职业卫生法律、法规、规章、操作规程、所在岗位的职业病危害及其防护设施、个人职业病防护用品的使用和维护、应急救援知识、劳动者所享有的职业卫生权利等内容。企业应做好记录及存档工作，存档内容包括培训通知、教材、试卷、考核成绩等，档案资料应有专人负责保管。

10.6
职业病危害项目的申报

10.6.1　职业病危害项目申报管理

铅蓄电池企业应当按照《职业病危害项目申报办法》（国家安全生产监督管理总局令第48号）的规定，及时、如实向所在地安全生产监督管理部门申报危害项目，接受安全生产监督管理部门的监督管理。

职业病危害项目是指存在职业病危害因素的项目。职业病危害因素按照《职业病危害因素分类目录》（国卫疾控发〔2015〕92号）确定。

职业病危害项目申报工作实行属地分级管理的原则。中央企业、省属企业及其所属用人单位的职业病危害项目，向其所在地设区的市级人民政府安全生产监督管理部门申报。其他用人单位的职业病危害项目，向其所在地县级人民政府安全生产监督管理部门申报。职业病危害项目申报同时采取电子数据和纸质文本两种方式。用人单位应当首先通过"职业病危害项目申报系统"进行电子数据申报，同时将《职业病危害项目申报表》加盖公章并由本单位主要负责人签字后，连同有关文件、资料（《职业病危害项目申报办法》第4条规定，应当同时提交：a. 用人单位的基本情况；b. 工作场所职业病危害因素种类、分布情况以及接触人数；c. 法律法规和规章规定的其他文件、资料）一并上报所在地设区的市级、县级安全生产监督管理部门。受理申报的安全生产监督管理部门应当自收到申报文件、资料之日起5个工作日内，出具《职业病危害项目申报回执》。职业病危害项目申报不得收取任何费用。

10.6.2　职业病危害项目申报要求

按照《职业病危害项目申报办法》（国家安全生产监督管理总局令　第48号）的要求，企业有下列情形之一的，应当向原申报机关申报变更或注销职业病危害项目内容：

① 进行新建、改建、扩建、技术改造和技术引进建设项目的，自建设项目竣工验收之日起30日内进行申报；

② 因技术、工艺、设备或材料等发生变化导致原申报的职业病危害因素及其相关内容发生重大变化的，自发生变化之日起15日内进行申报；

③ 企业工作场所、名称、法定代表人或者主要负责人发生变化的，自发生变化之日起 15 日内进行申报；

④ 经过职业病危害因素检测、评价，发现原申报内容发生变化的，自收到有关检测、评价结果之日起 15 日内进行申报；

⑤ 企业终止生产经营活动的，应当自生产经营活动终止之日起 15 日内向原申报机关报告并办理注销手续。

10.7
职业健康监护

职业健康监护以预防为目的，根据劳动者的职业接触史，通过定期或不定期的医学健康检查和健康相关资料的收集，连续性地监测劳动者的健康状况，分析劳动者健康变化与所接触的职业病危害因素的关系，并及时地将健康检查和资料分析结果报告给公司和劳动者本人，以便及时采取干预措施，保护劳动者健康。职业健康监护主要包括职业健康检查和职业健康监护档案管理等内容。

10.7.1　职业健康检查

根据《职业健康检查管理办法》（国家卫生健康委员会令　第 2 号）和有关标准的规定，用人单位应组织上岗前、在岗期间、离岗时职业健康检查，并将检查结果如实告知劳动者。

10.7.1.1　上岗前的职业健康检查

新录用、变更工作岗位或工作内容的劳动者在上岗前，公司应委托依法取得相应资质的机构根据劳动者拟从事的工种和工作岗位，分析该工种和岗位存在的职业病危害因素以及其对人体健康的影响（如靶器官、靶组织和生物效应指标），按照国家的有关规定及《职业健康监护技术规范》（GBZ 188—2014）的规定，确定特定的健康检查项目，安排劳动者到省级以上卫生行政部门批准的、有职业健康检查资格的医疗卫生机构进行职业健康检查。

铅作业的职业禁忌症包括贫血、卟啉病、多发性周围神经系统疾病 3 种。孕妇和哺乳期妇女严禁从事涉铅作业。铅作业上岗前健康检查包括症状询问、体格检查、实验室和其他检查。症状询问应重点了解神经系统和贫血症状，如头痛、头晕、乏力、失眠、多梦、记忆力减退、四肢麻木等。体格检查包括内科常规检查和神经系统常规检查。实验室和其他检查分必检项目和选检项目，必检项目包括血常规、尿常规、心电图、血清丙氨酸转氨酶（ALT）4 项，选检项目包括血铅或尿铅、血红细胞锌原卟啉（ZPP）或血红细胞游离原卟啉（FEP）。

10.7.1.2　在岗期间的职业健康检查

为了及时发现健康损害和健康影响，企业应根据劳动者所从事的工种和工作岗位存在的职业病危害因素及其对人体健康的影响规律，对劳动者进行动态健康观察，按《职业健康监护技术规范》（GBZ 188—2014）确定特定的健康检查项目，并进行健康检查。普通员工每年至少应进行一次体检；对工作在产生严重职业病危害作业岗位的员工，应采取预防铅污染措施，每半年至少进行一次血铅检测，经诊断为血铅超标者，应按照《职业性慢性铅中毒的诊断》（GBZ 37—2015）进行驱铅治疗。

10.7.1.3　离岗时的职业健康检查

企业应根据国家有关规定及《职业健康监护技术规范》（GBZ 188—2014）安排离岗时的劳动者进行健康检查。对准备脱离所从事的职业病危害作业或者岗位的劳动者，企业应当在劳动者离岗前 30 日内组织劳动者进行离岗时的职业健康检查。劳动者离岗前 90 日内的在岗期间的职业健康检查可以视为离岗时的职业健康检查。

10.7.1.4　对遭受或可能遭受急性职业病危害的劳动者进行健康检查和医学观察

发生急性职业病危害事故后，企业应及时组织救治遭受急性职业病危害的劳动者，同时应对可能遭受急性职业病危害的劳动者进行健康检查和医学观察。可能遭受急性职业病危害的劳动者是指在发生急性职业病危害事故现场工作的、直接或间接接触了职业病危害因素的劳动者，或者是参与急性职业病危害事故应急救援而接触了职业病危害因素但未出现危害后果或危害后果不明显的劳动者。

10.7.1.5　对接触有慢性毒性化学品的劳动者开展医学随访

企业发现本单位生产所使用的化学品有慢性毒性，尤其是有致畸性、致癌性、致突变性等时应积极对劳动者开展医学随访。

10.7.1.6　离退休人员定期健康监护

企业应对离退休人员进行定期健康监护（医学随访）。如接触的职业病危害因素具有慢性健康影响或发病有较长的潜伏期，在脱离接触后仍有可能发生职业病，需进行医学随访检查。铅作业劳动者不需要开展离岗后医学随访检查，因为离岗时健康检查已较好地反映了劳动者接触铅危害的程度以及对健康的影响。

知识要点

《中华人民共和国职业病防治法》第三十二条第一款规定：对从事接触职业病危害作业的劳动者，用人单位应当按照国务院卫生行政部门的规定组织上岗前、在岗期间和离岗时的职业健康检查，并将检查结果如实告知劳动者。职业健康检查费用由用人单位承担。

10.7.2 职业病诊断与病人权利保障

10.7.2.1 如实提供职业病诊断、鉴定所需要的资料

当劳动者需要进行职业病诊断时，公司应如实提供与职业病诊断、鉴定有关的职业卫生和职业健康监护方面的资料。职业卫生资料包括工作场所职业病危害因素定期检测资料、职业卫生防护设备及个人职业病防护用品配置情况。职业健康监护资料包括职业接触史、上岗前健康检查结果，以及在岗期间定期健康检查结果的资料，退休、离岗人员以及换岗（调离原单位）人员还需提供离岗后医学追踪观察资料。因工作场所突发意外急性职业病危害事故或职业安全事故导致大范围环境污染的，其接触者还应提供应急健康检查结果的资料。

10.7.2.2 积极安排劳动者进行职业病诊断和鉴定

如果劳动者在工作过程中感到不适，又排除其他疾病的，经劳动者申请，公司应安排劳动者的职业病诊断，对职业病诊断结果有异议的可申请职业病诊断鉴定。为了保证受到职业病危害的劳动者享有充分的权利，职业病诊断、鉴定费用由公司承担。

10.7.2.3 安排疑似职业病病人的职业病诊断

在同一工作环境中，同时或短期内发生两例或两例以上健康损害表现相同或相似病例病因不明确，又不能以常见病、传染病、地方病等群体性疾病解释的，或者职业健康检查机构、职业病诊断机构依据职业病诊断标准，认为需要做进一步的检查、医学观察或诊断性治疗以明确诊断的疑似职业病病人，公司应安排进一步的职业病诊断。

10.7.2.4 安排职业病病人的治疗、定期检查和康复

劳动者被确诊患有职业病后，公司应根据职业病诊断医疗机构的意见，安排其医治或康复疗养。公司同时应建立相应的制度，对职业病病人治疗、定期检查、康复等内容进行明确规定，责任到位，确保有人负责相关工作。

10.7.2.5 调离和妥善安置职业病病人

劳动者被确诊患有职业病后，经医治或康复疗养后被确认为不宜继续从事原有害作业或工作的，公司应将其调离原工作岗位，另行安排。公司应为确诊患有职业病的劳动者按照《工伤保险条例》的规定申报工伤，对留有残疾、影响劳动能力的，应进行劳动能力鉴定，并根据其鉴定结果安排适合其本人职业技能的工作。公司同时应建立相应的制度，责任到位，有人负责妥善安置职业病病人的相关工作。

10.7.2.6 及时向有关部门报告职业病病人和疑似职业病病人

企业应建立职业病报告制度，责任到位，有人负责，当发现有职业病病人时应当及时

向卫生行政部门和安全生产监督管理部门报告，不得虚报、漏报、拒报、迟报、伪造和篡改。

10.7.3 职业健康检查结果的应用

10.7.3.1 禁止有职业禁忌证的劳动者从事其所禁忌的作业

职业健康监护应涵盖对职业禁忌症的处理。公司应该根据工作场所职业有害因素的特点，按工种确定其相应的职业禁忌症，并根据职业健康监护结果，按照国家的有关规定，对患有职业禁忌症的劳动者进行妥善处理。如果是在上岗前体检发现的，不能安排患有职业禁忌症的劳动者从事其所禁忌的作业；如果是在岗期间发现的，应将劳动者从禁忌的作业岗位调离或者使其暂时脱离。

10.7.3.2 调离并妥善安置有职业健康损害的劳动者

妥善处理已发生职业健康损害的劳动者是职业健康监护的重要内容。公司在在岗期间定期体检中，一旦发现劳动者出现与从事的职业相关的健康损害，应将其调离或暂时脱离原岗位，做好再就业的技术培训，同时还应进行妥善安置，包括调换工种和岗位、医学观察、诊断、治疗和疗养等一系列措施。

10.7.3.3 对健康检查结果异常的及时复查和诊断

对需要复查的劳动者，按照职业健康检查机构要求的时间安排复查和医学观察；对疑似职业病病人，按照职业健康检查机构的建议安排其进行医学观察或者职业病诊断。

10.7.3.4 对存在职业病危害的岗位采取措施

对存在职业病危害的岗位，立即改善劳动条件，完善职业病防护设施，为劳动者配备符合国家标准的职业病危害防护用品。

10.7.3.5 未进行离岗前职业健康检查，不得解除或者终止劳动合同

劳动者在离岗前，公司应无偿为劳动者进行离岗前职业健康检查，没有进行检查的不得解除或者终止劳动合同。

10.7.4 职业健康监护档案

10.7.4.1 职业健康监护档案的建立

根据规定，企业应为存在劳动关系的劳动者（含临时工）建立健全职业健康监护档案。劳动者名册应按照上岗前、在岗期间和离岗分别建立存档。

职业健康监护档案应包括以下内容：

① 劳动者姓名、性别、年龄、籍贯、婚姻、文化程度、嗜好等情况；

② 劳动者职业史、既往史和职业病危害接触史；

③ 历次职业健康检查结果及处理情况；

④ 职业病诊疗资料；

⑤ 需要存入职业健康监护档案的其他有关资料。

10.7.4.2 职业健康监护档案的管理

企业应按照《职业健康监护技术规范》（GBZ 188—2014）妥善保存职业健康监护档案。企业应建立相应的管理制度，责任到位，有人负责职业健康监护档案保存工作，并根据有关病案的保密原则，保护劳动者的隐私权。应对借阅做出规定，规定职业健康监护档案的借阅和复印权限，企业不允许未授权人员借阅，并做好借阅登记和复印记录。

10.7.4.3 为劳动者提供职业健康监护档案复印件

企业有义务在劳动者离岗时为其提供职业健康监护档案复印件，并在所提供的复印件上签章，不得弄虚作假，不得向劳动者收取任何费用。

10.7.5 特殊人群的健康监护

10.7.5.1 禁止安排未成年工从事接触职业病危害的作业

未成年工的身体、组织、器官尚未完全成熟，对职业病危害因素更为敏感，后果更严重。因此，用人单位不得安排未成年工从事接触职业病危害的作业（注：未成年工指年满十六周岁、未满十八周岁的劳动者）。

10.7.5.2 不安排孕期、哺乳期的女职工从事对其本人和胎儿、婴儿有危害的作业

孕期和哺乳期女职工接触职业病危害因素，不仅可能对劳动者本人产生职业病危害，也可能通过胎盘或哺乳影响胎儿或婴儿的健康，因此用人单位不得安排孕期、哺乳期的女职工从事对其本人和胎儿、婴儿有危害的作业。应制定相应的规定，建立女职工档案，包括育龄女职工、孕期女职工或者哺乳期女职工。

孕期女职工不得从事的劳动范围包括：工作场所空气中铅及其化合物、氮氧化物、一氧化碳等有毒物质浓度超过国家卫生标准的行业；伴有全身强烈振动的作业，如风钻、捣固机、锻造等作业，以及拖拉机驾驶等；工作中需要频繁弯腰、攀高、下蹲的作业；《高处作业分级》（GB/T 3608—2008）所规定的高处作业。

哺乳期女职工不得从事的劳动范围包括：工作场所空气中铅及其化合物、氮氧化物、一氧化碳等有毒物质浓度超过国家卫生标准的行业；《工业场所有害因素职业接触限值　第1部分：化学有害因素》（GBZ 2.1—2019）所规定的体力劳动强度分级第Ⅲ级体力劳动强度的作业等。

10.8
职业病危害因素检测与评价

10.8.1 职业病危害因素日常监测

企业应配备专职人员负责职业病危害因素日常监测，并确保监测系统正常运转。

职业病危害因素检测可以分为公司进行的内部日常监测和委托外部职业卫生服务机构开展的法定检测两种。职业病危害因素检测主要是利用现代采样仪器和检验仪器设备，按照国家有关规定的要求，对生产过程中产生的职业病危害因素进行检验、识别与鉴定，掌握工作场所中职业病危害因素的性质、强度及其在时间、空间的分布情况，调查职业病危害因素对接触人群健康的损害，评价工作场所作业环境、劳动条件职业卫生质量是否符合职业卫生标准的要求；为制定卫生标准和完善卫生防护设施，改善不良条件，预防控制职业病，保障劳动者健康提供科学依据。

企业应当按照国家职业卫生标准的限值，使其工作场所存在的各种有害的化学、物理、生物因素以及其他职业有害因素的强度或者浓度符合要求。某企业职业危害因素检测现场如图 10-9 所示。

图 10-9　某企业职业危害因素检测现场

其中，铅应符合《工作场所有害因素职业接触限值　第 1 部分：化学有害因素》（GBZ 2.1—2019）的相关规定，如表 4-12 所列。

10.8.2 定期委托检测评价

企业应每年至少进行一次对工作场所职业病危害因素的检测、评价。企业应建立相应的制度，责任到位，专人负责定期检查。监测点的布置、监测项目、监测方法、监测频率、监测结果的处理等应按国家规定的有关标准执行。

10.8.3 现状评价

现状评价可以确保企业全面掌握职业病危害状况。企业现有项目属于职业病危害严重的建设项目，依据规定企业应当委托具有相应资质的职业卫生技术服务机构，至少每三年进行一次职业病危害现状评价。

此外，有下述情形之一的，企业应当及时委托具有相应资质的职业卫生技术服务机构进行职业病危害现状评价：

① 初次申请职业卫生安全许可证，或者职业卫生安全许可证有效期届满申请换证的；
② 发生职业病危害事故的；
③ 国家安全生产监督管理总局规定的其他情形。

10.8.4 检测评价结果存档、公布、上报及应用

工作场所职业病危害因素检测与评价资料，包括职业病危害因素检测与评价委托书、职业病危害因素检测记录与评价报告，均应按年度存档，妥善保存。进行现状评价时，企业应当落实职业病危害现状评价报告中提出的建议和措施，并将职业病危害现状评价结果及整改情况存入企业职业卫生档案。

企业应将检测、评价结果定期向所在地安全生产监督管理部门报告并定期向劳动者公布。

企业在日常职业病危害因素监测或者定期检测、现状评价过程中，发现工作场所职业病危害因素不符合国家职业卫生标准和要求时，应当立即采取相应治理措施，确保其符合职业卫生环境和条件的要求。仍然达不到国家职业卫生标准和要求的，必须停止存在职业病危害因素的作业。职业病危害因素经治理后，符合国家职业卫生标准和卫生要求的，方可重新作业。

10.9
职业病危害事故的应急救援

10.9.1 建立、健全职业病危害事故应急救援预案

企业应建立、健全职业病危害事故应急救援预案并形成书面文件予以公布。职业病危害事故应急救援预案应明确责任人、组织机构、事故发生后的疏通线路、紧急集合点、技术方案、救援设施的维护和启动、医疗救护方案等内容。

10.9.2　定期演练职业病危害事故应急救援预案

企业应对职业病危害事故应急救援预案的演练做出相关规定，对演练的周期、内容、项目、时间、地点、目标、效果评价、组织实施以及负责人等予以明确。应急救援演练的周期应按照相关标准和作业场所职业病危害的严重程度分别管理，制定最低演练周期、演练要求及监督部门的监督职责。企业应如实记录实际演练的全程并存档。

10.9.3　配备应急救援设施并保持完好

企业应配备应急救援设施并对其进行经常性的维护、检修，定期检测其性能和效果。在发生事故使用应急救援设施后，也应及时维修，并检测其性能和效果，确保其处于正常状态。同时应建立相应的管理制度，责任到位，有人负责，定期维护、检修，保证应急救援设施能正常运转。

10.9.4　职业病危害事故的应急和报告

企业一旦发生职业病危害事故，应当及时向所在地安全生产监督管理部门和有关部门报告，并采取有效措施，减少或者消除职业病危害因素，防止事故扩大。对遭受或者可能遭受急性职业病危害的劳动者，企业应当及时组织救治、进行健康检查和医学观察，并承担所需费用。企业不得故意破坏事故现场、毁灭有关证据，不得迟报、漏报、谎报或者瞒报职业病危害事故。

10.10
案例分析

某铅蓄电池企业开展职业卫生防护设施改造，主要措施如下所述。

① 车间通风排毒集尘设施改造，组装生产线的自动包板机进行局部密封，作业点上方送冷气降温并加大除尘系统的功率，每日安排 2 次车间湿式清洁。

② 采取宣传培训、发放职业卫生手册等方式进行职业健康教育，提高员工个人防护意识。

③ 加强卫生管理制度，改变工人卫生习惯，落实卫生责任人，使职业卫生管理的每一环节清晰明了。

④ 在厂内增添了 2 个风淋房，要求工人下班后必须进行风淋，然后沐浴更衣。修建洗衣房对工作服每日统一清洗。

⑤ 设立检查表，对工人个人防护用品的发放和使用进行监督，对工人个人卫生习惯

（如饮食前洗手、勤剪指甲、勤理发、不在车间内饮食等）进行定期考核并予以奖惩。

⑥ 落实就业前健康检查和定期健康检查。

该企业治理前后各作业点铅浓度测定结果如表 10-3 所列，治理前后工人血铅浓度变化情况如表 10-4 所列。

表 10-3　治理前后各作业点铅浓度测定结果

工种	铅分类	治理前		治理后	
		平均浓度/(mg/m³)	超标倍数	平均浓度/(mg/m³)	超标倍数
铅粉	铅尘	0.125	1.50	0.032	0
铸造	铅尘	0.095	0.90	0.025	0
涂片	铅尘	0.086	0.72	0.039	0
化成	铅尘	0.038	0	0.033	0
组装	铅尘	0.168	4.60	0.028	0

表 10-4　治理前后工人血铅浓度变化情况

组别	检查人数/人	血铅平均浓度/(μmol/L)
治理前	210	1.36
治理后	210	1.01

第 11 章

土壤污染防治要求

11.1
背景说明

国土资源部相关研究表明，全国每年仅因重金属污染而减产粮食 1000 多万吨，另外被重金属污染的粮食每年也多达 1200 万吨，合计经济损失至少 200 亿元，足以每年多养活 4000 多万人。

国家环保部门组织的《典型区域土壤环境质量状况探查研究》调查显示，珠江三角洲部分城市有近 40%的农田菜地土壤重金属污染超标，其中 10%属严重超标。

中国电池工业协会发布的中国蓄电池行业市场研究分析认为，铅蓄电池属于高污染产品，其制粉和加酸两个生产环节对周边环境污染较大，严重时会引起铅中毒或易导致酸雨的形成。

美国自然资源保护委员会（NRDC）在云南某矿区开展三年的调查研究。研究结论中提出，现行标准体系只针对铅排放浓度限值，并没有考虑总的累积排放量对环境的影响，单纯基于污染物浓度限制的标准不足以强制工业污染源最大限度地减少排放，也没有考虑一个工业集中区域的累积污染。含铅废气排放很容易在周围土壤沉降并聚集，尽管工业污染源的烟道排放没有超标，周围环境媒介却未必能够达到空气质量标准和其他周围环境质量标准的要求。最后还指出，环境中的铅浓度超标也不能启动任何程序或措施以促使达到标准。

铅蓄电池企业在生产过程中会排放铅烟、铅尘、含铅废水以及含铅危险废物，由于重金属污染的累积性，铅蓄电池企业对土壤的污染真实存在，不可忽视。

近年来，随着经济社会发展、城市化进程加快和产业布局调整，很多污染企业关停并转。部分企业实施关闭和搬迁后，原址遗留固体废物及污染土壤未能得到及时妥善处置，留下环境污染隐患。

此外，由于欠佳的环境、健康和安全业绩是我国很多企业普遍存在的问题，因此在交易框架中的环境尽职调查，可以帮助在收购和剥离中最大化企业的"环境价值"，并在整个交易周期中控制实际和预期的环境风险。

依据《重金属污染综合防治"十二五"规划》的要求，"十二五"期间，为防治重金属污染，全国共淘汰铅蓄电池 $9622×10^4 kVA·h$。2016 年发布的《土壤污染防治行动计划》明确将土壤中的铅、镉、汞、砷、铬等重金属作为监管重点，并将铅蓄电池行业作为涉重金属重点工业行业加强污染防控，提高铅蓄电池行业落后产能淘汰标准，逐步退出落后产能，要求 2020 年重点行业的重点重金属排放量要比 2013 年下降 10%。随后浙江、山西、江苏等地也发布了地方的土壤污染防治工作方案，均将铅蓄电池行业作为土壤污染防治的重点行业。并要求在 2020 年年底前完成全省重点行业企业用地中的污染地块调查，按照国家规定定期组织开展更新调查。

如上所述，必须加强铅蓄电池等涉重金属企业生产或搬迁过程中的环境污染防治工作。

11.2
防治要求

20 世纪末至 21 世纪初，随着污染场地数量的增加和场地环境调查、环境风险评估、污染场地修复等工作的陆续开展，土壤污染防治问题日益得到重视。我国颁布了一系列规范和标准，对城市工业活动、矿区开采冶炼、废物堆放储存及农业生产生活等造成的土壤污染的调查和治理工作提出了一系列的要求。随着 2019 年《中华人民共和国土壤污染防治法》的实施，我国在完善政策法规、建立管理体制、明确责任主体等方面取得了重要的进展，在"十三五"期间基本建立了系统性的污染场地有关的土壤污染防治相关的法律法规体系。2020 年以来，在 2019 年土壤污染防治法出台基础上各地在建设用地名录和政策方面进一步推进细化，完善和出台了一系列土壤污染防治相关的地方政策和技术标准。部分土壤污染防治法规、政策及标准如表 11-1 所列。

表 11-1 部分土壤污染防治法规、政策及标准

文件类型	文件名称
法律法规	《中华人民共和国环境保护法》（2014 年修订） 《中华人民共和国土壤污染防治法》（2019 年 1 月 1 日正式实施）
政策文件	《关于切实做好企业搬迁过程中环境污染防治工作的通知》（环办〔2004〕47 号） 《国务院关于落实科学发展观加强环境保护的决定》（国发〔2005〕39 号） 《关于加强土壤污染防治工作的意见》（环发〔2008〕48 号） 《关于加强重金属污染土壤防治工作指导意见的通知》（国办发〔2009〕61 号） 《关于征求〈污染场地土壤环境管理暂行办法〉（征求意见稿）意见的函》（环办函〔2009〕1321 号）

文件类型	文件名称
政策文件	《国务院关于加强环境保护重点工作的意见》（国发〔2011〕35号）
	《关于保障工业企业场地再开发利用环境安全的通知》（环发〔2012〕140号）
	《近期土壤环境保护和综合治理工作安排的通知》（国办发〔2013〕7号）
	《关于推进城区老工业区搬迁改造的指导意见》（国办发〔2014〕9号）
	《关于加强工业企业关停、搬迁及原址场地再开发利用过程中污染防治工作的通知》（环发〔2014〕66号）
	《国务院关于印发土壤污染防治行动计划的通知》（国发〔2016〕31号）
	《工矿用地土壤环境管理办法（试行）》（环发〔2018〕3号）
技术导则、规范、指南	《土壤环境质量　建设用地土壤污染风险管控标准（试行）》（GB 36600—2018）
	《建设用地土壤污染风险管控和修复术语》（HJ 682—2019）
	《建设用地土壤污染状况调查技术导则》（HJ 25.1—2019）
	《建设用地土壤污染风险管控和修复监测技术导则》（HJ 25.2—2019）
	《建设用地土壤污染风险评估技术导则（试行）》（HJ 25.3—2018）
	《建设用地土壤修复技术导则》（HJ 25.4—2019）
	《污染地块风险管控与土壤修复效果评估技术导则（试行）》（HJ 25.5—2018）
	《污染地块地下水修复和风险管控技术导则》（HJ 25.6—2019）
	《地块土壤和地下水中挥发性有机物采样技术导则》（HJ 1019—2019）
	《关于发布〈工业企业场地环境调查评估与修复工作指南（试行）〉的公告》（环保部公告〔2014〕第78号）
	《企业拆除活动污染防治技术规定（试行）》（环保部公告〔2017〕第78号）
	《关于发布〈建设用地土壤环境调查评估技术指南〉的公告》（环保部公告〔2017〕第72号）
	《全国土壤污染状况详查土壤样品分析测试方法技术规定》（环办土壤函〔2017〕1625号）
	《全国土壤污染状况详查地下水样品分析测试方法技术规定》（环办土壤函〔2017〕1625号）
	《重点行业企业用地调查信息采集技术规定（试行）》（环办土壤〔2017〕67号）
	《在产企业地块风险筛查与风险分级技术规定（试行）》（环办土壤函〔2017〕67号）
	《关闭搬迁企业地块风险筛查与风险分级技术规定（试行）》（环办土壤函〔2017〕67号）
	《重点行业企业用地调查疑似污染地块布点技术规定（试行）》（环办土壤函〔2017〕67号）
	《重点行业企业用地调查样品采集保持和流转技术规定（试行）》（环办土壤函〔2017〕67号）
	《重点行业企业用地调查质量保证与质量控制技术规定（试行）》（环办土壤函〔2017〕1896号）

11.2.1　工业企业场地土壤相关法律

工业企业场地土壤相关法律要求如表11-2所列。

表11-2　工业企业场地土壤相关法律要求

序号	法律名称	主要内容
1	《中华人民共和国环境保护法》	在保护和改善环境部分强调国家加强对大气、水、土壤等的保护，建立和完善相应的调查、监测、评估和修复制度
2	《中华人民共和国土壤污染防治法》	该法包含了建设用地地块的土壤污染防治的基本原则、土壤污染防治基本制度、预防保护、管控和修复、保障和监督以及法律责任等相关内容。 ① 在总则中提出，任何组织和个人都有保护土壤、防止土壤污染的义务。土地使用权人从事土地开发利用活动，企业事业单位和其他生产经营者从事生产经营活动，应当采取有效措施，防止、减少土壤污染，对所造成的土壤污染依法承担责任。

序号	法律名称	主要内容
2	《中华人民共和国土壤污染防治法》	② 在土壤污染防治基本制度中，规定相关部门需要重点监测的建设用地地块主要包括曾用于生产、使用、贮存、回收、处置有毒有害物质的；曾用于固体废物堆放、填埋的；曾发生过重大、特大污染事故的；以及国务院生态环境、自然资源主管部门规定的其他情形的建设用地地块。 ③ 在预防和保护的相关内容中规定，相关管理部门和建设用地的使用单位和个人应当做好土壤污染的预防和防护，采取有效措施避免土壤受到污染。企业事业单位拆除设施、设备或者建筑物、构筑物时，应当采取相应的土壤污染防治措施。有关尾矿库的相关单位和行业进行土壤污染状况监测和定期评估。禁止在居民区和学校、医院、疗养院、养老院等单位周边新建、改建、扩建可能造成土壤污染的建设项目。 ④ 在风险管控和修复中，明确土壤污染风险管控和修复包括土壤污染状况调查和土壤污染风险评估、风险管控、修复、风险管控效果评估、修复效果评估、后期管理等内容。实施土壤污染状况调查和风险评估活动过程中，应当编制土壤污染状况调查报告和污染风险评估报告，并对报告内容做了详细规定。实施风险管控、修复活动，不得对土壤和周边环境造成新的污染。同时对实施风险管控、修复活动前，实施过程中以及后期管理的相关内容做了要求。 ⑤ 由于土壤污染治理经费数额巨大，在保障和监督部分中，明确建立土壤污染防治基金制度，设立中央土壤污染防治专项资金和省级土壤污染防治基金，主要用于责任人或使用权人无法认定或者消亡的土壤污染治理以及政府规定的其他事项。同时规定对《中华人民共和国土壤污染防治法》实施之前产生的，并且土壤污染责任人无法认定或者消亡的污染地块，土地使用权人实际承担风险管控和修复的，可以申请土壤污染防治基金，集中用于土壤污染治理。 ⑥ 法律责任部分，对土壤污染防治相关的单位和个人的法律责任做出了规定。其中，规定土壤污染重点监管单位应当制定、实施自行监测方案，并将监测数据报生态环境主管部门，同时保证数据的客观真实性；土壤污染重点监管单位应当按年度报告有毒有害物质排放情况并建立土壤污染隐患排查制度；拆除设施、设备或者建筑物、构筑物，企业事业单位应采取相应的土壤污染防治措施；土壤污染重点监管单位应制定、实施土壤污染防治工作方案；同时对尾矿库运营、管理以及建设和运行污水集中处理设施、固体废物处置设施等做出了要求。此外，对于违反本法规定中的其他情形的法律责任进行了规定

11.2.2　工业企业场地土壤相关政策

工业企业场地土壤相关政策要求如表 11-3 所列。

表 11-3　工业企业场地土壤相关政策要求

序号	法律名称	主要内容
1	《关于切实做好企业搬迁过程中环境污染防治工作的通知》（环办〔2004〕47 号）	要求改变原土地使用性质的工业企业以及对于已经开发和正在开发的外迁工业区域，需要进行土壤调查和修复，并且规定由原生产经营单位负责治理
2	《国务院关于落实科学发展观加强环境保护的决定》（国发〔2005〕39 号）	提出对污染企业搬迁后的原址进行土壤风险评估和修复，并开始拟定有关土壤污染、环境损害赔偿和环境监测等方面的法律法规
3	《关于加强土壤污染防治工作的意见》（环发〔2008〕48 号）	提出进行全国土壤污染状况调查，建立健全土壤污染防治法律法规和标准体系，加强污染场地土壤环境保护监督管理，对污染场地特别是城市工业遗留、遗弃污染场地土壤进行系统调查，建立污染场地土壤档案和信息管理系统，建立污染土壤风险评估和污染土壤修复制度。对污染企业搬迁后的厂址和其他可能受到污染的土地进行开发利用的，应开展污染土壤风险评估、治理和修复等工作

序号	法律名称	主要内容
4	《关于加强重金属污染防治工作指导意见》（国发〔2009〕61号）	提出重点防控的重金属污染物是铅、汞、镉、铬和类金属砷，"重点防控"具有潜在环境危害风险的重金属排放企业。鼓励发展产污强度低、能耗低、清洁生产水平先进的工艺；进一步扩大重点防控行业落后产能和工艺设备的淘汰范围；提出妥善解决历史遗留重金属污染问题；对于责任主体明确的历史遗留重金属污染问题，由责任主体负责解决
5	《国务院关于加强环境保护重点工作的意见》（国发〔2011〕35号）	要求对重点防控的重金属污染地区、行业和企业进行集中治理；积极妥善处理重金属污染历史遗留问题；开展地下水污染状况调查、风险评估、修复示范；被污染场地再次进行开发利用的，应进行环境评估和无害化治理
6	《关于保障工业企业场地再开发利用环境安全的通知》（环发〔2012〕140号）	对于腾出的工业企业场地作为城市建设用地被再次开发利用以及防范场地污染提出了要求。 ① 对关停搬迁企业的要求　对已关停并转、破产、搬迁的化工、金属冶炼、农药、电镀和危险化学品生产、储存、使用企业，且原有场地拟再开发利用的以及其他重点监管工业企业开展场地环境调查和风险评估，建立被污染场地数据库。经风险评估对人体健康有严重影响的被污染场地，未经治理修复或者治理修复不符合相关标准的，不得用于居民住宅、学校、幼儿园、医院、养老场所等项目开发。 关停并转、破产或搬迁工业企业原场地进行场地环境调查及风险评估，属于被污染场地的，应当明确治理修复责任主体并编制治理修复方案。未进行场地环境调查及风险评估的，未明确治理修复责任主体的，禁止进行土地流转。 污染场地应进行治理修复工作，被污染场地未经治理修复的，禁止再次进行开发利用，禁止开工建设与治理修复无关的任何项目。 ② 对新（改、扩）建的建设项目的要求　在环境影响评价阶段应当对建设用地的土壤和地下水污染情况进行环境调查和风险评估，提出防渗、监测等场地污染防治措施；建设项目竣工环境保护验收时，应对场地污染防治措施等进行验收。企业享有的土地使用权发生变更时，该企业要对土壤和地下水情况进行监测，造成污染的要依法治理修复。 ③ 责任主体　按照"谁污染、谁治理"的原则，造成场地污染的单位应当承担环境调查、风险评估和治理修复责任
7	《国务院办公厅关于推进城区老工业区搬迁改造的指导意见》（国办发〔2014〕9号）	提出要落实场地污染者或使用者治理修复责任，对于土壤、水体污染严重的区域，采取措施进行专项治理；在企业异地迁建或依法关停前，企业应对搬迁过程中产生的废物和企业生产、储存设施进行安全的处理处置，防止污染扩散，并防止发生二次污染和次生突发环境事件，同时对于保留的工业建筑物也应进行环境和健康的风险评估，确定其污染特性，并要求对污染的建筑物进行治理后方可使用
8	《关于加强工业企业关停、搬迁及原址场地再开发利用过程中污染防治工作的通知》（环发〔2014〕66号）	要求加强工业企业关停、搬迁过程的污染防治，对各类设施拆除流程提出要求，开展关停、搬迁工业企业场地环境调查，控制污染场地流转和开发建设审批，关停、搬迁工业企业场地使用权人等相关责任人应开展原址场地的环境调查和风险评估工作，并对污染场地进行治理和修复。 对于拟开发利用的关停、搬迁企业场地，未开展场地环境调查及风险评估的，未明确治理修复责任主体的，禁止进行土地流转；未经治理修复的污染场地，禁止开工建设与治理修复无关的任何项目。对暂不开发利用的关停、搬迁企业场地，要采取隔离等措施，防止污染扩散。场地使用权人等相关责任人应及时将场地环境调查、风险评估、治理修复等各环节的相关材料向所在地设区的市级以上地方环保部门备案。搬迁、关停工业企业应当公开搬迁过程中的污染防治信息，及时公布场地的土壤和地下水环境质量状况
9	《国务院关于印发土壤污染防治行动计划的通知》（国发〔2016〕31号）	从十个方面提出逐步改善土壤环境质量要求，即：开展土壤污染调查，掌握土壤环境质量状况；推进土壤污染防治立法，建立健全法规标准体系；实施农用地分类管理，保障农业生产环境安全；实施建设用地准入管理，防范人居环境风险；强化未污染土壤保护，严控新增土壤污染；加强污染源监管，做好土壤污染预防工作；开展污染治理与修复，改善区域土壤环境质量；加大科研研发力度，推动环境保护产业发展；发挥政府主导作用，构建土壤环境治理体系；加强目标考核，严格责任追究。文件提出：防控涉重金属行业污染；禁止新建落后产能或产能严重过剩行业的建设项目；提高铅蓄电池等行业落后产能淘汰标准，逐步退出落后产能。有序搬迁或依法关闭对土壤造成严重污染的现有企业

序号	法律名称	主要内容
10	《污染场地土壤环境管理暂行办法（试行）》（环发〔2016〕40号）	针对已经关闭搬迁的污染土壤进行治理修复。适用于拟收回土地使用权的、已收回土地使用权的，以及用途拟变更为居住用地和商业、学校、医疗、养老机构等公共设施用地的疑似污染地块和污染地块相关活动及其环境保护监督管理。办法中的疑似污染地块，是指从事过有色金属冶炼、石油加工、化工、焦化、电镀、制革等行业生产经营活动，以及从事过危险废物储存、利用、处置活动的用地。 （1）责任主体　土地使用权人应当按照本办法的规定，负责开展疑似污染地块和污染地块相关活动，并对上述活动的结果负责。 （2）管理流程　①对疑似污染地块开展初步调查。②确定风险等级。③开展土壤环境详细调查，编制调查报告，编制风险评估报告。④根据风险评估结果，存在风险的需要进行风险管控，编制风险管控方案；对暂不开发利用的污染地块，实施以防止污染扩散为目的的风险管控；对拟开发利用为居住用地和商业、学校、医疗、养老机构等公共设施用地的污染地块，实施以安全利用为目的的风险管控。⑤对拟开发利用为居住用地和商业、学校、医疗、养老机构等公共设施用地的污染地块，经风险评估确认需要治理与修复的，土地使用权人应当编制污染地块治理与修复工程方案，及时开展治理与修复工作。⑥开展污染土壤治理与修复。⑦修复完成后进行治理与修复效果评估

11.3
管理措施

11.3.1　监测与评价

11.3.1.1　项目建设期

为避免拟建设地块土壤和地下水的潜在污染风险，可根据国家的相关技术导则要求对地块进行土壤和地下水环境的尽职调查。调查过程可参考初步调查相关的技术导则和指南。

> **知识要点**
>
> 环境尽职调查。在企业投资、收购、并购或新建、扩建厂区时系统地确认其环境风险和责任，有助于投资者对现在和将来企业运行环境风险的管理，从而降低投资的风险。尽职调查包括：调查企业现有产生的污染；是否采取相应的污染控制措施并满足法律法规和标准的要求；是否对周围环境和居住区产生污染；是否具备相应的控制对环境造成的潜在危险的管理体系。

11.3.1.2　铅蓄电池生产企业新（改、扩）建项目

在开展建设项目环境影响评价时，按照《环境影响评价技术导则　土壤环境（试行）》

（HJ 964—2018）及其他国家有关技术规范对地块土壤和地下水环境现状进行调查，编制调查报告，按规定上报环境影响评价基础数据库，并向社会公开。

项目用地污染物含量超过国家或者地方有关建设用地土壤污染风险管控标准的，则需要参照《建设用地土壤污染状况调查技术导则》（HJ 25.1—2019）、《建设用地土壤污染风险管控和修复监测技术导则》（HJ 25.2—2019）、《建设用地土壤污染风险评估技术导则》（HJ 25.3—2019）、《建设用地土壤修复技术导则》（HJ 25.4—2019）等污染地块土壤环境管理有关规定开展详细调查、风险评估、风险管控、治理与修复等活动。

涉及有毒有害物质的生产装置、储罐和管道，或者建设污水处理池、应急池等存在土壤污染风险的设施，应当按照国家有关标准和规范的要求，设计、建设和安装有关防腐蚀、防泄漏设施和泄漏监测装置，以防止有毒有害物质污染土壤和地下水。

应当在项目投入生产或者使用之前，将地下储罐的信息报所在地设区的市级生态环境主管部门备案。

11.3.1.3 重点单位生产过程

现有地下储罐储存有毒有害物质的，应当将地下储罐的信息报所在地设区的市级生态环境主管部门备案。

重点单位应当建立土壤和地下水污染隐患排查治理制度，定期对重点区域、重点设施开展隐患排查。发现污染隐患的，应当制定整改方案，及时采取技术、管理措施消除隐患。

自行或者委托第三方定期开展土壤和地下水自行监测，重点监测存在污染隐患的区域和设施周边的土壤、地下水，并按照规定公开相关信息。

在隐患排查、监测等活动中发现土壤和地下水存在污染迹象的，应当排查污染源，查明污染原因，采取措施防止新增污染，并参照污染地块土壤环境管理有关规定及时开展土壤和地下水环境调查与风险评估，根据调查与风险评估结果采取风险管控或者治理与修复等措施。

突发环境事件造成或者可能造成土壤和地下水污染的，应当采取应急措施避免或者减少土壤和地下水污染；应急处置结束后，应当立即组织开展环境影响和损害评估工作，评估认为需要开展治理与修复的，应当制定并落实污染土壤和地下水治理与修复方案。

（1）自行监测对象

自行监测主要针对识别出的重点设施及重点区域，开展土壤及地下水监测工作。

（2）监测点位布设

自行监测点/监测井应布设在重点设施周边并尽量接近重点设施。布设位置应尽量接近重点区域内污染隐患较大的重点设施。

监测点/监测井的布设应遵循不影响企业正常生产且不造成安全隐患与二次污染的原则。

企业周边土壤及地下水的监测点位布设，参照《排污单位自行监测技术指南 总则》（HJ 819—2017）的要求进行。

1）土壤/地下水背景值

应在企业外部区域或企业内远离各重点设施处布设至少 1 个土壤及地下水对照点。地下水对照点应设置在企业地下水的上游区域。

2）土壤监测点

自行监测企业应设置土壤监测点，参照《建设用地土壤污染状况调查技术导则》（HJ 25.1—2019）中对于专业判断布点法的要求开展土壤监测工作，并遵循以下原则确定各监测点的数量、位置及深度。

① 监测点数量及位置。每个重点设施周边布设 1～2 个土壤监测点，每个重点区域布设 2～3 个土壤监测点，具体数量可根据设施大小或区域内设施数量等实际情况进行适当调整。

② 采样深度。土壤一般监测应以监测区域内表层土壤（0.2m 处）为重点采样层，开展采样工作。

3）地下水监测井

① 监测井数量。每个存在地下水污染隐患的重点设施周边或重点区域应布设至少 1 个地下水监测井，具体数量可根据设施大小、区域内设施数量及污染物扩散途径等实际情况进行适当调整。

② 监测井位置。地下水监测井应布设在污染物迁移途径的下游方向。地下水的流向可能会随着季节、潮汐、河流和湖泊的水位波动等状况改变，此时应在污染物所有潜在迁移途径的下游方向布设监测井。

在同一企业内部，监测井的位置可根据各重点设施及重点区域的分布情况统筹规划，处于同一污染物迁移途径上的相邻设施或区域可合并监测井。

③ 采样深度。监测井在垂直方向的深度应根据污染物性质、含水层厚度以及地层情况确定。

厚度小于 6m 的含水层，可不分层采样；厚度大于 6m 的含水层，原则上应分上中下三层进行采样。

地下水监测以调查第一含水层（潜水）为主。有可能对多个含水层产生污染的情况下，应对所有可能受到污染的含水层进行监测。

4）监测内容

主要监测项目包括镉、铅、铬、铜、锌、镍、汞、砷、锰、钴、硒、钒、锑、铊、铍、钼、氰化物、氟化物、土壤 pH 值等，应根据各重点设施涉及的污染物选择对应的分析测试项目。监测频率：1 年 1 次。

11.3.1.4　设备、构筑物拆除

涉及有毒有害物质的生产设施设备、构筑物和污染治理设施拆除的，应当按照有关规定事先制定企业拆除活动污染防治方案，并在拆除活动前十五个工作日报所在地县级生态环境、工业和信息化主管部门备案。拆除过程中按照有关规定实施残留物料和污染物、污染设备和设施的安全处理处置，并做好拆除活动相关记录，防范拆除活动污染土壤和地下水。拆除活动相关记录应当长期保存。

拆除过程可参照《企业设备、建（构）筑物拆除活动污染防治技术指南》（T/CAEPI 16—2018）执行。

11.3.1.5　生产经营退出阶段

终止生产经营活动前，应参照污染地块土壤环境管理有关规定，开展土壤和地下水环境初步调查，编制调查报告，及时上传全国污染地块土壤环境管理信息系统，并向社会公开。土壤和地下水环境初步调查发现该重点单位用地污染物含量超过国家或者地方有关建设用地土壤污染风险管控标准的，应当参照污染地块土壤环境管理有关规定开展详细调查、风险评估、风险管控、治理与修复等活动。

土壤和地下水污染调查过程可按照《建设用地土壤污染状况调查技术导则》（HJ 25.1—2019）、《建设用地土壤污染风险管控和修复监测技术导则》（HJ 25.2—2019）、《建设用地土壤污染风险评估技术导则》（HJ 25.3—2019）、《建设用地土壤修复技术导则》（HJ 25.4—2019）的技术要求执行。

11.3.2　土壤修复技术

重金属污染土壤修复利用物理、化学和生物的方法转移、吸收、降解和转化土壤中的重金属，使其浓度或毒性风险降低到可接受的水平，满足相应土地利用类型的要求。按照修复方法特点可将修复技术分为以下几种。

11.3.2.1　物理修复法

① 换土法。换土法就是把受重金属污染的土壤替换成未被污染的土壤。

② 阻隔填埋。将污染土壤或经过治理后的土壤置于防渗阻隔填埋场内，或通过敷设阻隔层阻断土壤中污染物迁移扩散的途径，使污染土壤与四周环境隔离，避免污染物与人体接触和随土壤水迁移进而对人体和周围环境造成危害。

③ 玻璃化。将受污染的土壤加热使之熔化，冷却后能形成稳定的玻璃态物质，土壤中的污染物能被有效地固定，此法即为玻璃化法。

④ 电化学法。电化学法是在受污染的土壤中加入阴阳两个电极，利用重金属离子的带电性，将土壤中的重金属污染物去除，并且能达到回收的目的。

11.3.2.2　植物修复法

植物修复法是利用植物及其根系圈微生物体系的吸收、挥发、转化和降解的作用机制，来清除环境中污染物质，使污染土壤恢复其正常功能的修复方法。

11.3.2.3　微生物修复法

微生物修复法是利用土壤中的某些微生物对重金属的吸收、沉淀、氧化和还原等作用，从而降低土壤重金属毒性的修复方法。

11.3.2.4　可渗透反应墙

在地下安装透水的活性材料墙体拦截污染物羽状体，当污染物羽状体通过反应墙时，污染物在可渗透反应墙内发生沉淀、吸附、氧化还原、生物降解等作用得以去除或转化，从而实现地下水净化的目的。

11.3.2.5 固化稳定化技术

① 异位固化稳定化：向污染土壤中添加固化剂/稳定化剂，经充分混合使其与污染介质、污染物发生物理、化学作用，将污染土壤固封为结构完整的具有低渗透系数的固化体，或将污染物转化成化学性质不活泼形态，从而降低污染物在环境中的迁移和扩散。

② 原位固化稳定化：通过一定的机械力在原位向污染介质中添加固化剂/稳定化剂，在充分混合的基础上使其与污染介质、污染物发生物理、化学作用，将污染土壤固封为结构完整的具有低渗透系数的固化体，或将污染物转化成化学性质不活泼形态，从而降低污染物在环境中的迁移和扩散。

不同的重金属修复技术在土壤重金属修复方面有各自的优缺点，其对比情况如表11-4所列。

表 11-4 不同土壤重金属修复技术对比情况

修复技术	重金属种类	费用	长期效果	商业化	普遍接受	对高浓度重金属的应用	对混合污染物的应用（重金属&有机物）	毒性降低	移动性降低	容量降低
地面封闭	1～3	低	差	好	好	差	好	差	好	差
地下隔离	1～3,5	低	差	好	好	差	好	差	好	差
异位固化/稳定化	1～3,5	中	中	好	好	好	好	差	好	差
原位固化/稳定化	1,2,4,6	低	中	好	好	好	好	差	好	差
异位玻璃化	1～3,5	高	好	中	中	好	好	差	好	差
原位玻璃化	1～3,7	高	好	中	中	好	好	差	好	差
化学处理	2	—	中	中	中	—	—	好	好	差
可渗透反应墙	2	—	中	中	中	—	—	好	好	差
生物处理	1～5	低	差	中	中	差	—	好	好	差
物理分离	1～6	中	好	好	好	好	差	差	差	好
土壤清洗	1～3,5～7	中	好	好	好	好	中	差	差	好
高温冶金提取	1～5,7	高	好	好	好	好	差	差	差	好
原位土壤淋洗	1,2,7	低	差	好	好	好	好	差	差	好
电动处理	1～6	中	好	好	好	好	—	差	差	好

注：1—铅；2—铬；3—砷；4—锌；5—镉；6—铜；7—汞。

11.4
案例分析

11.4.1 铅蓄电池企业污染识别

（1）生产工艺流程

铅蓄电池的生产工艺流程主要包括极板制造、铅蓄电池组装等工序。

1）极板制造

① 铅粉制造。将电解铅加工成一定尺寸的铅球或铅段；在铅粉机内，铅球或铅段经过氧化生成氧化铅；将铅粉放入指定的容器或储粉仓，化验合格后即可使用。

② 板栅铸造。根据电池类型确定合金铅型号，放入铅炉内加热熔化，然后将铅液铸入金属模具内，冷却后出模，经过修整码放。修整后的板栅经过一定的时效后即可转入下道工序。

③ 极板制造。涂膏式极板生产过程：将铅粉、稀硫酸、添加剂用专用设备制成铅膏；将铅膏用涂片机或手工填涂到板栅上；将填涂后的极板进行固化、干燥，即得到生极板。

④ 极板化成。正、负极板在直流电的作用下与稀硫酸反应生产氧化铅，再通过清洗、干燥即是可用于电池装配的正、负极板。

熔铅、铸板及铅零件、铅粉制作、分板刷板、装配焊接、废极板处理等工序会产生较多铅烟、铅尘。

2）铅蓄电池组装

① 称板。对极板进行称重，称板工序容易产生铅尘。

② 包板。采用 AGM 隔板技术的阀控密封铅蓄电池，极板有 AGM 隔板包覆。包板工序和称板工序相同，容易产生铅尘。

③ 极群装配。极群装配是将正极板、负极板和隔板按规定数量（片数）和排列次序、极向，组合成极板隔板体的过程。极群装配产生的污染物主要是铅粉尘。

④ 极群焊接。极群焊接是将配组完成的极板、隔板组合体或将单片极板，按极向与对应极柱焊接成为一体，形成汇流排的过程，焊接后可形成正极群组和负极群组。焊接工序容易产生铅烟。

⑤ 极群入槽。是指将组焊完的极群组按规定的位置和极向放入电池槽内的过程。

⑥ 焊接。极群装入塑料电池槽内，用对焊机将相邻单格极群焊接。

⑦ 电池封盖。电池槽与盖之间封合。

⑧ 端子焊接。用焊枪将极柱、极柱套及铅基合金焊条融化焊接成一个整体。

⑨ 配酸。将配酸用浓硫酸配制成一定浓度的稀硫酸。易产生酸雾。

⑩ 灌酸。向电池中注入定量的一定浓度的电解液。

⑪ 电池充电。蓄电池组装结束，装配后的电池加酸、充电。

⑫ 清洗。对电池表面污渍进行清洗，包括碱性溶液冲洗、水冲洗、风干。

（2）主要原辅材料

生产过程中用到的主要原辅材料如下。

① 铅及合金材料：电解铅、合金铅。

② 化工材料：硫酸。

③ 主要配件：PE 隔板、PVC 隔板、塑料壳。

④ 包装材料：纸箱、泡沫等。

（3）主要污染源及污染物

① 生产废水、生活污水：铅、SS、COD、BOD、氨氮。

② 制粉工段：铅烟。

③ 称板、包板、装配：铅尘。

④ 化成：酸雾。

⑤ 固体废物：废铅膏、废铅渣、废极耳、余膏、废极板、废水处理污泥等。

11.4.2 土壤污染程度与车间布置密切相关

某铅蓄电池企业场地环境调查点位如图 11-1 所示。调查结果显示：该厂土壤铅含量在 18.18～52322.50mg/kg 之间，土壤中铅的累积程度排序为：四车间＞二车间＞废铅存放＞污水处理＞三车间＞五车间＞一车间＞原四车间＞包装车间＞办公区。污染主要集中在生产和废物处理车间。

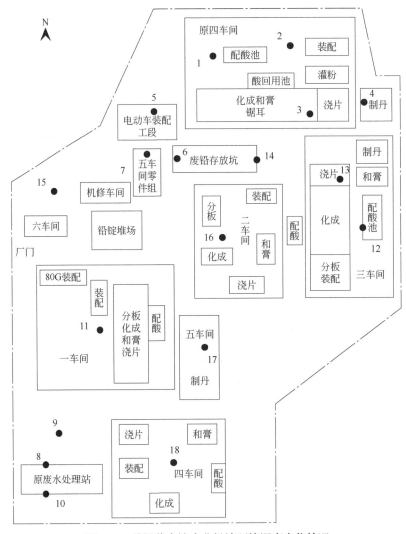

图 11-1 某铅蓄电池企业场地环境调查点位情况

11.4.3 土壤铅含量和其与工厂距离密切相关

对某铅蓄电池企业周围土壤铅含量进行调查，结果如表 11-5 所列，铅含量分布如图 11-2 所示。调查结果显示：电池厂周围土壤中铅的分布并不是呈线性分布，而是呈抛物线形分布。在电池厂周围 5m、30m、60m、90m 处铅的含量分别为清洁对照区平均值的 2.3 倍、5.8 倍、4.8 倍、2.2 倍。

表 11-5 电池厂周围土壤中铅的含量

项目		采样点到电池厂的距离			
		5m	30m	60m	90m
各样品的铅含量 /(mg/kg)	样品 1	51.0	125	103	49.7
	样品 2	49.7	124	105	47.8
	样品 3	51.8	127	106	47.5
平均铅含量/(mg/kg)		50.8	125	105	48.3

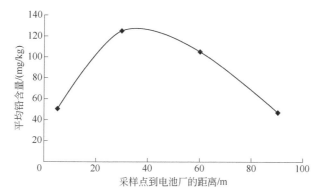

图 11-2 电池厂周围土壤中铅含量分布

第 **12** 章

绿色制造及评价

12.1
基本概念

12.1.1　绿色制造定义

绿色制造是一个综合考虑环境影响和资源效益的现代制造业的可持续发展模式，其目标是使产品从设计、制造、包装、运输、使用到报废处理的整个产品生命周期中，对环境的影响最小，资源利用率最高，并使企业经济效益和社会效益协调优化。绿色制造这种现代化制造模式，是我国可持续发展战略在现代制造业中的体现。

12.1.2　绿色制造的背景及意义

我国作为世界第一制造大国，已建成了门类较为齐全、结构较为完整的产业体系。然而，我国工业长期以"高投入、高消耗、高污染、低质量、低效益、低产出"和"先污染、后治理"为特征的增长模式主导工业发展，资源浪费、环境恶化、结构失衡等矛盾和问题十分突出。资源能源消耗和污染排放与国际先进水平仍存在一定差距，工业能耗占全社会总能耗的70%以上，工业排放的二氧化硫、氮氧化物和粉尘分别占排放总量的90%、70%和85%（数据摘自《绿色制造工程实施指南（2016—2020）》）。随着中国经济进入新常态，工业发展仍具有广阔的市场空间。实施绿色制造工程，是工业转型升级、实施制造强国战略的重要手段，同时也是践行绿色发展理念、实现可持续发展的重要方法，也是我国制造业实现"绿色化"发展的关键举措。

12.2
政策要求

我国于 2015 年确立包括"绿色"在内的创新、协调、开放、共享等五大发展理念，并于同年发布《关于加快推进生态文明建设的意见》（中发〔2015〕12 号），将"绿色化"纳入新型工业化、信息化、城镇化、农业现代化等"新五化"。

绿色制造是绿色发展的主要载体，是生态文明建设的重要内容。为践行绿色发展理念，开展生态文明建设，我国相关部门发布了一系列绿色制造相关政策，如表 12-1 所列。

表 12-1　绿色制造相关政策

行动纲领	《中国制造 2025》提出全面推行绿色制造，强化产品全生命周期绿色管理，努力构建由绿色产品、绿色工厂、绿色园区和绿色供应链等要素构成的绿色制造体系
规划方针	《工业绿色发展规划（2016—2020）》明确"绿色制造体系创建工程"，提出绿色产品、绿色工厂、绿色园区、绿色供应链的创建和示范要求。 《绿色制造工程实施指南（2016—2020）》要求完成传统制造业绿色化改造示范推广、资源循环利用绿色发展示范应用、绿色制造技术创新及产业化示范应用、绿色制造体系构建试点等重点任务。主要目标包括初步建成较为完善的绿色制造相关评价标准体系和认证机制，创建百家绿色工业园区、千家绿色示范工厂，推广万种绿色产品
配套措施	《工业和信息化部办公厅　关于开展绿色制造体系建设的通知》进一步明确了"全面统筹推进绿色制造体系建设，到 2020 年，绿色制造体系初步建立，绿色制造相关标准体系和评价体系基本建成，在重点行业出台 100 项绿色设计产品评价标准、10～20 项绿色工厂标准，建立绿色园区、绿色供应链标准，发布绿色制造第三方评价实施规则、程序，制定第三方评价机构管理办法，遴选一批第三方评价机构，建设百家绿色工厂和千家绿色工厂，开发万种绿色产品，创建绿色供应链，绿色制造市场化推进机制基本完成，逐步建立集信息交流传递、示范案例宣传等为一体的线上绿色制造公共服务平台，培育一批具有特色的专业化绿色制造服务机构"的建设目标。提出"利用工业转型升级资金、专项建设基金、绿色信贷等相关政策扶持绿色制造体系建设工作，推动政府优先采购。各地要积极争取协调地方配套资金，将绿色制造体系建设项目列入现有财政资金支持重点。鼓励金融机构为绿色制造示范企业、园区提供便捷、优惠的担保服务和信贷支持"的保障措施。通知还首次公布了绿色工厂、绿色园区、绿色供应链的评价要求。 财政部工信部三批《关于组织开展绿色制造系统集成工作的通知》：明确在 2016～2018 年开展绿色制造系统集成工作。该通知是具体实施层面的政策文件，目标包括"建设 100 个左右绿色设计平台和 200 个左右典型示范联合体，打造 150 家左右绿色制造水平国内一流、国际先进的绿色工厂，建立 100 项左右绿色制造行业标准"等，由行业领军企业、上下游重点企业、第三方服务公司、科研机构等组成联合体共同申报实施绿色制造系统集成项目，并由国家为项目实施提供部分财政资金支持。 工信部两批《关于推荐第一、二、三、四、五批绿色制造体系建设示范名单的通知》：推荐绿色制造体系建设示范名单。对符合文件要求的企业，进行相关绿色资质的申报和审批工作

12.3

绿色产品

12.3.1　绿色设计产品定义

绿色设计（也称为生态设计）定义：按照全生命周期的理念，在产品设计开发阶段系统考虑原材料选用、生产、销售、使用、回收、处理等各个环节对资源环境造成的影响，力求产品在全生命周期中最大限度降低资源消耗，尽可能少用或不用含有有害物质的原材料，减少污染物产生和排放，从而实现环境保护的活动。

绿色设计产品定义：符合绿色设计理念和评价要求的产品，也称为生态设计产品或绿色产品。

2017年至今，铅蓄电池企业积极参与绿色设计产品创建工作。目前，国家公布了五批绿色设计产品示范名单，共有76项铅蓄电池产品被评为国家绿色设计产品。其中：第二批3项（2017年），第三批32项（2018年），第四批22项（2019年），第五批19项（2020年）。2019年至今国家公布了两批工业产品绿色设计示范企业，共6家铅蓄电池企业入选，第一批2家（2019年），第二批4家（2020年）。

> **知识要点**
>
> 　　绿色设计的重点是"设计"，在产品的设计研发过程中，不仅要考虑技术标准及其经济要求，环境标准也是其重要因素。其目标是在保证产品使用能力的同时，减少产品生命周期对环境造成的影响。

12.3.2　绿色设计主要原则

绿色设计的目的是利用并行设计的思想，综合考虑在产品生命周期中的技术、环境以及经济性等因素的影响，使所设计的产品对社会的贡献最大，对制造商、用户以及环境负面影响最小。绿色设计主要原则如下。

（1）技术先进原则

技术先进是绿色设计的前提。绿色设计强调在产品生命周期中采用先进的技术，从技术上保证安全、可靠、经济地实现产品的各项功能和性能，保证产品生命周期全过程具有很好的环境协调性。

（2）技术创新原则

技术创新是绿色设计的灵魂。绿色设计作为一门新兴的交叉性学科，它面对的是从来没有解决过的问题，这样的学科必然伴随着技术上的创新。在绿色设计过程中，设计者们应善于思考，敢于想象，勇于创新。

（3）功能先进实用原则

功能先进意味着产品应采用先进技术来实现产品的功能。同样的功能，用先进技术来实现不仅容易，产品的可靠性也会增强，产品会变得更加实用，功能的扩展也更容易。功能实用意味着产品的功能能够满足用户需求，并且性能可靠、简单易用，同时它排斥了冗余功能的存在。

（4）环境协调原则

绿色设计强调在设计中通过在产品生命周期的各个阶段应用各种先进的绿色技术和措施使得所设计的产品具有节能降耗、保护环境和有益健康等特性。因此，环境协调原则应关注以下几个方面。

① 资源最佳利用原则。在设计上应保证资源在产品的整个生命周期中得到最大限度的利用，对于确因技术限制而不能回收再生重复使用的废物应能够自然降解，或便于安全处置，以免增加环境负担。

② 能量最佳利用原则。在选用能源类型时，应选用可再生能源，优化能源结构；在设计上，通过设计力求使产品全生命周期中能量消耗最少，以减少能源浪费。

③ 污染极小化原则。抛弃"先污染，后治理"的方式，在设计时充分考虑如何使产品在其全生命周期中对环境的污染最小。

（5）安全宜人原则

绿色设计不仅要求考虑如何确保产品生产者和使用者的安全，而且还要求产品符合人机工程学、美学等有关原理，以使产品安全可靠、操作性好、舒适宜人。也就是说，绿色设计不仅要求所设计的产品在其生命周期过程中对人们的身心健康造成伤害最小，还要求给产品的生产者和使用者提供舒适宜人的作业环境。

（6）综合效益最佳原则

一个设计方案或产品若不具备用户可接受的价格，就不可能走向市场。与传统设计不同，绿色设计不仅要考虑企业自身的经济效益，还要从可持续发展观点出发，考虑产品全生命周期的环境行为对生态环境和社会所造成的影响，即考虑设计所带来的生态效益和社会效益，以最低的成本费用收到最大的经济效益、生态效益和社会效益。

12.3.3　绿色设计相关规定

12.3.3.1　落后产品相关规定

目前，我国部分政策标准对铅蓄电池产品危害物质含量进行了规定，详细内容如下所述。

① 《电池行业清洁生产评价指标体系》（国家发改委、环境保护部、工业和信息化部2015 年第 36 号公告）规定：镉含量小于 20mg/kg。

② 《产业结构调整指导目录（2019 年本）》规定：淘汰开口式普通铅蓄电池、干式荷电铅蓄电池；淘汰含镉高于 0.002%的铅蓄电池；淘汰含砷高于 0.1%的铅蓄电池。

③《铅蓄电池行业规范条件（2015年本）》（工业和信息化部 2015年第85号公告）规定：开口式普通铅蓄电池（采用酸雾未经过滤的直排式结构，内部与外部压力一致的铅蓄电池）、干式荷电铅蓄电池（内部不含电解质，极板为干态且处于荷电状态的铅蓄电池）生产项目，镉含量高于0.002%（电池质量百分比，下同）或砷含量高于0.1%的铅蓄电池及其含铅零部件生产项目属于不符合规范条件的建设项目。

开口式铅蓄电池的界定：酸雾未经过滤的直排式结构，内部与外部压力一致的铅蓄电池，产生的气体可自由逸出。开口式电池和常用直排式栓如图12-1所示。

(a) 开口式电池　　　　　　　　　　　　(b) 常用直排式栓

图12-1　开口式电池和常用直排式栓

12.3.3.2　新型产品相关规定

部分新型电池产品规定如下。

①《产业结构调整指导目录（2019年本）》提出："新型结构（双极性、铅布水平、卷绕式、管式等）密封铅蓄电池、铅碳电池"等属于"鼓励类"铅蓄电池产品。

②《铅蓄电池行业规范条件（2015年本）》（工业和信息化部 2015年第85号公告）规定：卷绕式、双极性、铅碳电池（超级电池）等新型铅蓄电池，或采用连续式（扩展网、冲孔网、连铸连轧等）极板制造工艺的生产项目，不受生产能力限制。

12.3.4　绿色设计主要方向

12.3.4.1　管式阀控密封铅蓄电池

管式阀控密封铅蓄电池指电池正极采用管式极板、负极采用平板式极板的阀控密封铅蓄电池。该设计减少了正极粉的脱落，提高了活性物质的利用率和电池的循环使用寿命。

12.3.4.2　卷绕式铅蓄电池

卷绕式铅蓄电池是指柔性正、负极极板（中间夹隔膜）通过卷绕的方法卷成圆柱状制成的圆柱形铅蓄电池（如图 12-2 所示）。卷绕式铅蓄电池与传统铅蓄电池对比情况如表 12-2 所列。

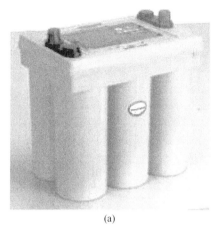

(a)

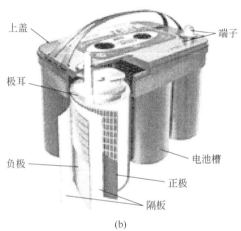

(b)

图 12-2　卷绕式铅蓄电池（a）及内部构造（b）

表 12-2　卷绕式铅蓄电池与传统铅蓄电池对比情况

项目	传统铅蓄电池	卷绕式铅蓄电池
结构	超过 125 个零件，电解液是液态或糊稠态，电极板是铝合金且悬挂在电解液中，是平面设计的蓄电池	只有 30 个零件，电解液是固态酸，电极板是纯材料，且和酸一起捆绑并卷起来做成独特的螺旋卷绕
启动功率	2kW 左右	10kW 左右
冷启动电流（CCA）值	−18℃只能输出很小的电流，甚至不能输出电流	−18℃时的最大输出电流高达 830A
启动时间	1～3s	0.6s
启动后的恢复性	由于活性铅的面积较少，启动后不能马上恢复，故不能在短时间内多次进行启动	由于活性铅的面积至少比传统蓄电池多出 4 倍，在启动后能快速恢复，故能在短时间内应付多次启动循环
工作温度	−10～40℃	−40～65℃
保用性	一般需要 1～2 个月慢充一次，不用充电最多可放 3 个月	存放 250d，仍有启动电量

项目	传统铅蓄电池	卷绕式铅蓄电池
100%深放电再充能力	最多 10 次（一般严禁）	至少 40 次
最快速充电时间	一般至少 8h 满载	不到 1h 即可满载
防过充电能力	必须放在通风良好地方充电，在过充电时易发生爆炸危险	在任何地方均可进行充电，本身具有过充电保护系统，可以避免因过充电而产生的爆炸危险
启动次数	最多 4000 次	至少 12000 次
使用寿命	1～2 年	4 年以上
抗震性	最多能承受 4G（33Hz）震动 4h 以及 6G 震动 1h	至少能承受 4G（33Hz）震动 12h 以及 6G 震动 4h
保养和维护	需要定期的加水和慢充电，并要经常清除电极头的生垢	不需要任何维护和保养
安装	必须正放固定	可以以任何角度或方式固定，甚至倒置也一样安全
安全性	易破损漏液损坏汽车设备，在高温的环境下还易漏气、漏液甚至会发生爆炸	即使在严重撞击破损下照样能正常工作，且无漏液之担忧，在高温环境下也不会发生漏气乃至爆炸的危险
适用范围	一般适用在陆上的交通运输工具，且要在路面情况比较好的地方使用寿命相对长一些	适用于水陆空各个领域的交通运输工具，特别适用于军事领域的各类交通运输工具

卷绕式铅蓄电池可广泛应用于仪器仪表、电动工具、健身器材、医疗器械、太阳能灯具、输送电设备、各种备用电源、混合电动车及汽车起动等领域。据有关资料介绍，大型密封铅蓄电池不仅可以用于汽车、电动车、通信、电力等行业，而且也是航空航天、军事领域重要的配套器件，大型动力密封电池的性能指标直接关系到以上诸多领域的技术水平和安全性能。如在国防建设方面，铅蓄电池的质量和性能直接关系到海军潜艇和两栖坦克的续航距离和作战能力，此领域的研究水平直接关系到国家政治、军事、经济等多方面的安全问题。因此发达国家将高档电池（如卷绕式铅蓄电池）的研究列为优先发展的重大项目。

12.3.4.3　双极性铅蓄电池

采用一面涂有正极活性物质、另一面涂有负极活性物质的双极性电极的铅蓄电池如图 12-3 所示。

开发的双极性铅蓄电池与传统电池相比，铅耗量少 40%左右，质量减少 40%，体积减小 40%，质量比能量提高约 50%，循环寿命延长 1 倍以上。由于双极性单体间内串，所以电流路径短，内阻小，充放电效率高，完全能满足大电流放电、短时间充能、深循环寿命等要求。

12.3.4.4　铅碳电池

将具有双电层电容特性的碳材料（C）与海绵铅（Pb）负极进行合并制作成既有电容特性又有电池特性的铅碳双功能复合电极（简称铅碳电极），铅碳复合电极再与 PbO_2 正极匹配组装即成铅碳电池（见图 12-4）。

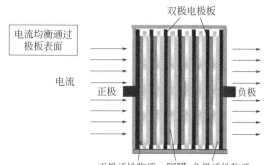

(a) 双极电极板工作原理示意

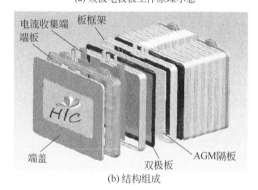

(b) 结构组成

图 12-3　双极性铅蓄电池

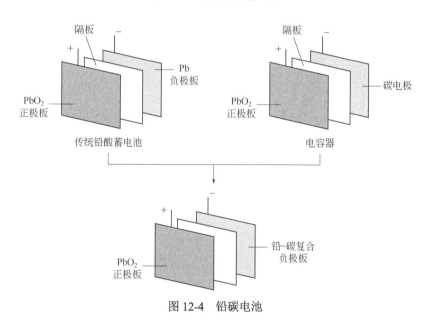

图 12-4　铅碳电池

铅碳电池是铅蓄电池的创新技术，相比铅蓄电池有着诸多优势：一是充电快，充电速度提高了 8 倍；二是放电功率提高了 3 倍；三是循环寿命提高到 6 倍，循环充电次数达 2000次；四是性价比高，比铅蓄电池的售价有所提高，但循环使用的寿命大幅提高；五是使用安全稳定，可广泛地应用在各种新能源及节能领域。此外，铅碳电池也发挥了铅蓄电池的比能量优势，且拥有非常好的充放电性能——90min 就可充满电（铅蓄电池若这样充、放，寿命只有不到 30 次）。而且铅碳电池由于加了碳（石墨烯），阻止了负极硫酸盐化现象，改善了电池失效的一个因素。

12.3.4.5　泡沫石墨铅蓄电池

泡沫石墨铅蓄电池是一种用泡沫石墨代替铅板栅的铅蓄电池。该电池大幅度减少了电池的用铅量，可减少用铅 50% 以上，比能量达到 70W·h/kg 左右，低温性能好，循环寿命长。

12.3.5　绿色设计一般过程

绿色设计包括产品定义阶段、产品设计阶段和工艺设计阶段 3 个步骤。结合绿色设计的特点和设计流程可以将绿色设计流程细分为图 12-5 所示的 6 个步骤，即需求分析、概念设计、方案评审、详细设计、方案评审和改进分析；这 6 个步骤构成一个反馈系统，并不断地与产品数据库、知识库交换信息，为后续的设计提供知识储备。

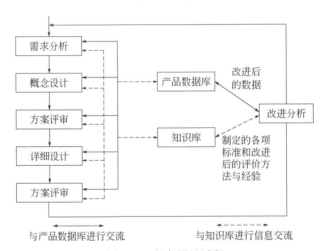

图 12-5　绿色设计过程

在绿色设计过程中，一些常用的环境协调性参数如表 12-3 所列。

表 12-3　环境协调性设计目标参数

设计目标	设计目标参数
减少能源消耗	产品全生命周期的总能耗； 产品全生命周期使用的可再生能源； 产品运行期间的能耗
减少水资源消耗	产品制造过程中消耗的新鲜用水总量； 产品使用过程中消耗的新鲜用水总量
减少环境负荷	产品生产中使用的有毒、有害原辅材料； 产品生产和使用中产生的有害物质总量； 产品生产中产生的污染物总量（废气、废水、固体废物）； 产品全生命周期中排放的温室气体和臭氧层消耗物质总量

续表

设计目标	设计目标参数
提高产品的回收重用性	产品拆解和回收时间； 产品终结后可回收材料的百分率； 产品回收和重用的百分率； 可回收材料的回收纯度； 被回收材料重新投入产品生产的百分率
减少资源消耗量	产品质量； 产品的有效运行寿命； 产品处理或焚烧的百分率； 被回收的包装物的比例
危险准则	有害副产品在周边环境中的含量； 建立人类聚居区或生物聚居区每年人口或生物数量的负面影响率

12.3.6 绿色设计产品评价

12.3.6.1 绿色设计产品评价方法

铅蓄电池绿色产品评价方法如下。

参照《绿色设计产品评价技术规范　铅酸蓄电池》（T/CAGP 0022—2017　T/CAB 0022—2017），开展自我评价或第三方评价，同时满足以下条件，按照相关程序要求经过审核，公示无异议的铅蓄电池可称为绿色设计产品，并可按照《生态设计产品标识》（GB/T 32162—2015）要求粘贴标识。

① 满足基本要求和评价指标要求；

② 依据《环境管理　生命周期评价　原则与框架》（GB/T 24040—2008）、《环境管理　生命周期评价　要求与指南》（GB/T 24044—2008）和《生态设计产品评价通则》（GB/T 32161—2015）给出的生命周期评价方法学框架及总体要求编制生命周期评价报告。

按照《生态设计产品标识》（GB/T 32162—2015）要求粘贴标识的产品以各种形式进行相关信息自我声明时，声明内容应包括但不限于基本要求和评价指标要求，但需要提供一定的符合有关要求的证明材料。

12.3.6.2 绿色设计产品评价要求

目前，铅蓄电池绿色设计产品评价按《绿色设计产品评价技术规范　铅酸蓄电池》（T/CAGP 0022—2017　T/CAB 0022—2017）执行。

首先，该标准从达标排放、管理体系、绿色设计、原辅材料、技术工艺、供应链、回收体系等方面对铅蓄电池产品提出了基本要求。

其次，该标准规定了绿色设计产品评价的具体要求如表4-28所列。

12.3.7 绿色设计产品案例

12.3.7.1 产品基本信息

本小节以安徽理士电源技术有限公司某型号起动用铅蓄电池为例介绍绿色设计产品创建及评价经验。该产品基本信息如表 12-4 所列。该产品各项指标均符合《绿色设计产品评价技术规范 铅酸蓄电池》（T/CAGP 0022—2017 T/CAB 0022—2017）相关要求。

表 12-4 案例产品基本信息

产品名称	起动用铅蓄电池	产品型号	某型号
产品功能描述	主要用于卡车、燃油车、新能源汽车、农机车、柴油机船舶等机械设备的整车起动和车载用电设施的供电使用		
主要技术参数	物理形态：固态 产品容量：45A·h 产品质量：(12.1±0.5)kg 包装大小：25.1cm×14.2cm×25.2cm 包装材质：纸质		

12.3.7.2 绿色产品亮点

该起动用铅蓄电池产品从设计之初就贯彻了生态设计、绿色设计的思想，主要亮点如下。

（1）原辅材料清洁

选用优质的隔板材料、高纯度电解液，从源头保证产品的优良性能，并对来料进行批次检验，保证每批次的材料质量合格。

（2）生产工艺先进

产品生产工艺先进，设备自动化程度高，部分工艺要求如下所述。

① 拉网极板工艺。采用 Pb-Ca-Sn 合金板栅，腐蚀速率低，使用寿命长，高锡合金达到板栅材料耐腐与耐温要求；采用 7 级碾压工艺使板栅更耐腐蚀，保证连续化的生产，程序化的控制保证产品稳定一致性；采用中温中湿固化工艺，增强活性物质与板栅的结合力，确保产品循环寿命要求。

② 铸焊及穿壁焊接技术。极群焊接采用先进的铸焊工艺设备，产品焊接性能好，内阻低，耐腐蚀性强，低温起动性能好。全自动化包封配组以及铸焊工艺，保证产品焊接一致，牢固可靠。

③ 端子制造工艺。采用冷压技术，焊接采用水冷方式，降低了端子因毛细现象而产生的爬酸腐蚀。端子采用高强度铅合金加工，抗机械损伤，导电性好，适用于大电流放电。

（3）环境绩效优异

单位产品铅消耗量、单位产品取水量、单位产品综合能耗、单位产品废气总铅产生量、单位产品废水总铅产生量等环境绩效指标均处于行业领先水平。

（4）产品包装简洁

企业有独立的产品保证设计团队，能够独立设计产品的纸箱、标贴等，并能够根据不同客户的要求，进行合理的设计优化。

（5）回收体系完善

该企业是一家集研发、生产、销售、服务、回收于一体的综合性企业，拥有独立的铅回收工厂，能够独立完成回收铅的精炼提取。

12.3.7.3　生命周期评价

（1）评价对象

1只起动用铅蓄电池。

（2）系统边界

系统边界包括原材料及辅料生产、产品生产、产品使用到产品报废、回收、循环利用及处置等生命周期阶段，如图 12-6 所示。

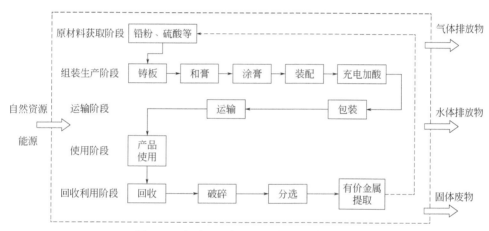

图 12-6　起动用铅蓄电池生命周期系统边界

（3）环境影响类型

该产品在开展绿色设计产品评价时选择了 5 种环境影响类型指标进行了计算，分别为酸化、人体健康损害、富营养化、土壤污染和淡水污染。

（4）建模与数据收集

1）起动用铅蓄电池原材料、零部件采购和预加工

该阶段始于铅蓄电池零部件生产，结束于铅蓄电池产品组装，包括：零部件生产；材料、零部件的采购、选型；材料、零部件的运输；产品组装。

根据评价对象，产品生产的统计单位为 1 只起动用铅蓄电池。需要统计的部分物质清单包括：

① 原料：原生铅、再生铅等。

② 辅料：硫酸、电池槽、电池盖、盖板、提手、护套、隔板、包片膜、端子、防护片等。

③ 包装：包装箱、泡沫垫等。

④ 资源能源：水、电、天然气等。

⑤ 环境排放：含铅废气、硫酸雾、废水总铅、废旧劳保、铅泥、铅渣等。

2）起动用铅蓄电池生产

起动用铅蓄电池生产的工艺流程如图 12-7 所示。

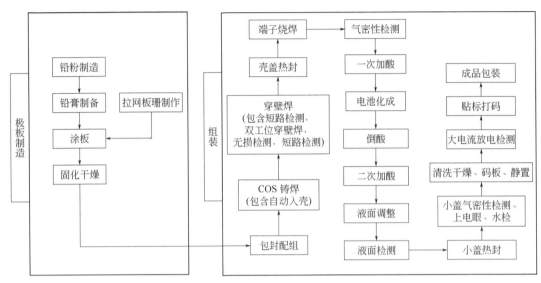

图 12-7　起动用铅蓄电池工艺流程

3）能源生产

该产品生产地点的电力使用类型为华东电网电力，电力获取数据来源于 CLCD 数据库。天然气为气田气，获取数据来源于 CLCD 数据库。

4）产品分配、物流运输

工厂将铅蓄电池生产包装完毕后，按订单分配给各地经销商或消费者，可沿着供应链将其储存在各点或交付给客户。根据工厂提供的数据得到铅蓄电池运输阶段清单，包括运输车辆的燃料使用等。

5）使用阶段

该阶段始于消费者拥有产品，结束于产品报废。根据技术部提供的铅蓄电池使用测试结果得到清单数据，包括使用/消费模式、使用期间的资源、能源消耗。

6）电池回收

该阶段始于用户终止使用，结束于产品作为废物再次进入流通领域或回收渠道。委托第三方有资质的企业进行废旧铅蓄电池的回收处理，并由有危险品运输资质的运输企业进行废旧铅蓄电池的运输。通过采购部与第三方有资质的企业的联合调查，得到铅蓄电池回收处理阶段清单。

（5）生命周期影响分析

1）LCA 结果

建模计算得到 1 只起动用铅蓄电池的 LCA（生命周期评价）计算结果，计算指标分为酸化（AP）、人体健康损害、富营养化（EP）、土壤污染、淡水污染。LCA 结果如表 12-5 所列。

表 12-5　1 只起动用铅蓄电池 LCA 结果

环境影响类型指标	影响类型指标单位	LCA 结果
酸化	kgSO$_2$-eq	0.80
人体健康损害	kg1,4-二氯苯当量-eq	4.72
富营养化	kgPO$_4^{3-}$-eq	0.024
土壤污染	kg1,4-二氯苯当量-eq	0.045
淡水污染	kg1,4-二氯苯当量-eq	0.010

注：本表中沿用了行业术语"当量"的表述。

2）过程累积贡献分析

过程累积贡献是指该过程直接贡献及其所有上游过程的贡献（即原料消耗所贡献）的累加值。由于过程通常是包含多条清单数据，所以过程贡献分析其实是多项清单数据灵敏度的累积。起动用铅蓄电池 LCA 累计贡献结果如表 12-6 和图 12-8 所示。

表 12-6　起动用铅蓄电池 LCA 累计贡献结果

过程名称	酸化	人体健康损害	富营养化	土壤污染	淡水污染
全生命周期	100.00%	100.00%	100.00%	100.00%	100.00%
原材料生产	55%	146%	90%	173%	160%
电池生产	15%	15%	10%	13%	18%
电池运输	3%	2%	3%	0	0
电池使用	85%	2%	60%	0	0
电池回收处理	−58%	−65%	−63%	−86%	−78%

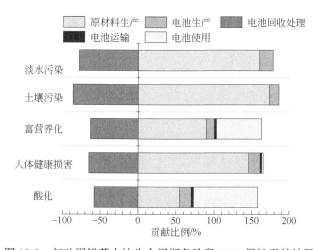

图 12-8　起动用铅蓄电池生命周期各阶段 LCA 累计贡献结果

（6）结论与建议

① 1 只起动用铅蓄电池的酸化、人体健康损害、富营养化、土壤污染、淡水污染指标分别为 0.80kgSO$_2$-eq、4.72kg1,4-二氯苯当量-eq、0.024kg PO$_4^{3-}$-eq、0.045kg1,4-二氯苯当量-eq、0.010kg1,4-二氯苯当量-eq。

② 原材料生产过程对起动用铅蓄电池生命周期各项环境影响指标贡献最大，电池回

收可以明显降低各项环境影响指标。电池的使用过程对酸化、富营养化和人体健康损害有一定比例的贡献。

③ 受项目调研时间及供应链管控力度限制，未调查重要原料的实际生产过程，计算结果与实际供应链的环境表现有一定偏差。建议在调研时间和数据可得的情况下，进一步调研主要原材料的生产过程数据，有助于提高数据质量，为企业在供应链上推动协同改进提供数据支持。

12.4
绿色工厂

12.4.1 绿色工厂定义

绿色工厂即为实现了用地集约化、原料无害化、生产洁净化、废物资源化、能源低碳化的工厂。

用地集约化：企业应用绿色低碳技术建设和改造厂房，集约利用厂区。

原料无害化：使用清洁原料，对各种物料严格分选、分别堆放，避免污染。

生产洁净化：选用先进的清洁生产技术和高效末端治理装备，推动水、气、固体污染物资源化和无害化利用，降低厂界环境噪声、振动以及污染物排放，营造良好的职业卫生环境。

废物资源化：采用电热联供、电热冷联供等技术提高工厂一次能源利用率，设置余热回收系统，有效利用工艺过程和设备产生的余（废）热。

能源低碳化：提高工厂清洁和可再生能源的使用比例，建设厂区光伏电站、储能系统、智能微电网和能源管理中心。

2017 年至今，铅蓄电池企业积极参与绿色工厂创建。目前，国家公布了五批绿色工厂示范名单，共有 28 家铅蓄电池企业被评为国家绿色工厂。其中第一批 6 家（2017 年），第二批 6 家（2017 年），第三批 3 家（2018 年），第四批 9 家（2019 年），第五批 4 家（2020 年）。

12.4.2 绿色工厂评价要求

12.4.2.1 绿色工厂评价方法

目前，国家相关管理部门主要参照《绿色工厂评价通则》（GB/T 36132—2018）开展绿色工厂评价工作。

（1）评价方法

① 绿色工厂试点示范评价应由独立于工厂的第三方组织实施。

② 实施评价的组织应收集评价证据，并确保证据的完整性和准确性。证据收集方式

包括但不限于：查看报告文件、统计报表、原始记录；根据实际情况，开展座谈、实地调查、抽样调查等工作。

③ 实施评价的组织应对评价证据进行分析，评价工厂是否满足评价要求提出的综合评价指标。满足所有必选评价要求并达到地方规定分数要求的工厂，可纳入绿色工厂名单。

④ 铅蓄电池行业绿色工厂评价采用定量评价和定性评价相结合的方法，根据实际需要可采用标准对照法、类比分析法、专家打分法以及组合或集成的方法开展评价工作。

（2）评价程序

铅蓄电池行业绿色工厂评价程序包括企业自评价和第三方评价。第三方评价分评价准备、预评价、评价和编写第三方评价报告等程序。

① 评价准备。组建评价项目组，负责开展铅蓄电池行业绿色工厂第三方评价工作。评价项目组成员应当了解铅蓄电池生产工艺流程和绿色工厂评价指标体系，知悉相关评价所需数据资料的采集和分析，能够对采集数据结果的可靠性和准确性进行专业判断，具备绿色工厂评价的能力和经验。评价项目组搜集绿色工厂自评价报告及支持材料。

② 预评价。评价项目组根据工厂自评价报告及支持材料开展绿色工厂基本要求资格评价，了解工厂现状，确认工厂符合绿色工厂基本要求资格。组织评价小组人员及相关专家讨论，结合工厂实际情况分析，确定绿色工厂评价的指标体系评价方案。

③ 评价。对工厂按照基本要求、基础设施、管理体系、能源与资源投入、产品、环境排放和绩效七个方面进行评价。

12.4.2.2　绿色工厂评价指标

目前，铅蓄电池绿色工厂评价执行《绿色工厂评价技术要求　铅酸蓄电池》(T/CEEIA 351—2019)，具体指标要求如表 12-7 所列。

表 12-7　《绿色工厂评价技术要求　铅酸蓄电池》(T/CEEIA 351—2019) 评价指标要求

一级指标	二级指标	要求条款
基本要求	合规性要求	工厂依法设立，在建设和生产过程中遵守有关法律、法规、政策和标准
		新、改和扩建时，工厂符合国家、地方相关产业政策和要求
		工厂依法取得排污许可证
		工厂近三年未发生重大安全、环保、质量等事故，成立不足三年的，成立以来无重大安全、环保、质量等事故
		对利益相关方环境要求做出承诺的，同时满足有关承诺要求
	管理职责要求	最高管理者分派绿色工厂相关职责和权限，确保相关资源的获得，并承诺和确保满足绿色工厂评价要求
		工厂设有绿色工厂管理机构，负责有关绿色工厂的制度建设、实施、考核及奖励工作，建立目标责任制
		工厂有绿色工厂建设中长期规划及年度目标、指标和实施方案
		工厂定期提供绿色工厂相关教育、培训，并评估教育和培训结果
基础设施	建筑	工厂建筑满足国家或地方相关法律法规及标准的要求
		工厂新建、改建和扩建建筑时，遵守"固定资产投资项目节能评估审查制度""工业项目建设用地控制指标"及《铅蓄电池行业规范条件》等产业政策和有关要求
		厂房内部装修材料中醛、苯、氨、氡等有害物质符合国家和地方法律、标准要求
		危险化学品仓库、危险废物仓库等独立设置

一级指标	二级指标	要求条款
基础设施	建筑	集约利用厂区，在满足生产工艺前提下，优先采用联合厂房、多层建筑、高层建筑等
		建筑材料选用蕴能低、高性能、高耐久性和本地建材
		采用钢结构、砌体结构和木结构等资源消耗和环境影响小的建筑结构体系
		工厂综合考虑场地内外日照、自然通风等条件，减少场地雨水径流量
		建筑及厂房采用节水器具和设备
	生产技术装备	采用国家鼓励和推荐的先进技术，无国家或地方淘汰限制类生产工艺及装置
		铅粉制造工序采用铅球磨粉工艺，造粒应为铅锭冷加工技术
		和膏工序采用自动全密封和膏机
		涂膏工序采用自动涂膏技术与设备、灌浆或挤膏工艺
		灌粉工序采用全封闭灌粉机
		板栅铸造工序车间、熔铅锅封闭，采用连铸辊式、拉网式、冲孔式板栅和卷绕式电极，采用集中供铅重力浇铸技术等
		化成工序车间封闭，采用内化成工艺，对酸雾进行收集处理，废酸回收利用。采用能量回馈式充电机
		分板刷板工序整体密封，采用机械化分板刷板（耳）工艺
		组装工序采用机械化包板、称板工艺
		采用自动烧焊机或铸焊机等自动化生产设备
		配酸和灌酸（配胶与灌胶）工序采用密闭式自动灌酸机（灌胶机）
		采用极板涂填在线分切技术、机械化收板技术
		采用全自动装配技术
		采用机械化自动码盘技术
	通用设备设施	锅炉、冷却水系统、软化水系统等建立配套管理制度，运行记录真实、完整
		已明令禁止生产、使用的和能耗高、效率低的设备限期淘汰更新
		选用节能型设备，用能设备或系统的实际运行效率或主要运行参数符合经济运行要求
		工厂投入适宜的废水处理设施，以确保其水污染物排放达到相关法律法规及标准要求。废水处理设施的处理能力与工厂生产排放相适应，废水处理设施运行符合《铅酸蓄电池环保设施运行技术规范 第3部分：废水处理系统》（GB/T 32068.3—2015）的规定
		工厂投入适宜的废气处理设施，以确保其大气污染物排放达到相关法律法规及标准要求。废气处理设施的处理能力与工厂生产排放相适应，并与其对应的生产工艺设备同步正常运转。废气处理设施运行符合《铅酸蓄电池环保设施运行技术规范 第1部分：铅尘、铅烟处理系统》（GB/T 32068.1—2015）和《铅酸蓄电池环保设施运行技术规范 第2部分：酸雾处理系统》（GB/T 32068.2—2015）的规定
	计量设施	工厂依据《用能单位能源计量器具配备和管理通则》（GB 17167—2006）、《用水单位水计量器具配备和管理通则》（GB 24789—2009）等要求配备、使用和管理能源、水以及其他资源的计量器具和装置
		工厂对照明系统、冷水机组及相关用能设备、室内用水、室外用水、空气处理设备、锅炉、冷却塔等实行分类计量
		工厂计量仪器按照相关标准要求进行定期检定校准
	照明	人工照明符合《建筑照明设计标准》（GB 50034—2013）的规定
		工厂优先选用效率高、能耗低的节能型照明设备
		不同场所的照明进行分级设计，采用分区、分组照明及自动控制等照明节能措施
		工厂厂区及各房间或场所的照明利用自然光

一级指标	二级指标	要求条款
管理体系	质量管理体系	工厂建立、实施并保持满足《质量管理体系　要求》(GB/T 19001—2016)要求的质量管理体系
		质量管理体系通过第三方机构认证并有效运行
	职业健康安全管理体系	工厂建立、实施并保持满足《职业健康安全管理体系　要求及使用指南》(GB/T 45001—2020)要求的职业健康安全管理体系
		职业健康安全管理体系通过第三方机构认证并有效运行
	环境管理体系	工厂建立、实施并保持满足《环境管理体系　要求及使用指南》(GB/T 24001—2016)要求的环境管理体系
		环境管理体系通过第三方机构认证并有效运行
	能源管理体系	工厂建立、实施并保持满足《能源管理体系　要求及使用指南》(GB/T 23331—2020)要求的能源管理体系
		能源管理体系通过第三方机构认证并有效运行
	社会责任	工厂每年发布社会责任报告，说明履行利益相关方责任的情况，特别是环境社会责任的履行情况。报告公开可获得
能源与资源投入	能源投入	工厂根据实际情况优化用能结构，在保证质量、安全的前提下减少不可再生能源投入
		使用煤作为锅炉或自备电厂燃料的工厂，确保其质量符合国家或地方相关要求
		工厂单位产品综合能耗满足《铅酸蓄电池单位产品能源消耗限额》(JB/T 12345—2015)基本要求及《电池行业清洁生产评价指标体系》清洁生产二级以上水平要求
		工厂建有能源管理中心，依照《工业企业能源管理导则》(GB/T 15587—2008)实施能源管理
		工厂使用天然气、沼气等清洁能源
		工厂使用风能、太阳能、地热能等可再生能源替代不可再生能源
		工厂建有厂区光伏电站、智能微电网
	资源投入	工厂减少原生铅使用
		工厂实现原料无镉化
		单位产品取水量满足《电池行业清洁生产评价指标体系》清洁生产二级以上水平要求
		单位产品铅消耗量满足《电池行业清洁生产评价指标体系》清洁生产二级以上水平要求
	采购	工厂对采购的能源及原材料制定并实施选择、评价和重新评价供应方的准则
		工厂对采购的产品实施检验或其他必要的活动
		工厂满足绿色供应链评价要求
产品	绿色设计	工厂在产品设计中引入绿色设计的理念
		工厂产品满足《产品生态设计通则》(GB/T 24256—2009)、《生态设计产品评价通则》(GB/T 32161—2015)等绿色设计产品评价要求
		工厂产品满足《绿色设计产品评价技术规范　铅酸蓄电池》(T/CAGP 0022—2017　T/CAB 0022—2017)绿色设计产品评价要求
	碳足迹	工厂采用适用的标准或规范对产品进行碳足迹核算或核查
		工厂将碳足迹的改善纳入环境目标，制订计划根据核算或核查结果对产品的碳足迹进行改善，核算或核查结果对外公布
环境排放	水污染物	工厂水污染物排放浓度符合《电池工业污染物排放标准》(GB 30484—2013)及地方标准要求，污染物排放量符合总量控制、排污许可、环境影响评价文件及其批复等规定
		工厂对含盐废水进行有效处理，符合《污水排入城镇下水道水质标准》(GB/T 31962—2015)排放要求
	大气污染物	工厂大气污染物排放浓度符合《电池工业污染物排放标准》(GB 30484—2013)及地方标准要求，污染物排放量符合总量控制、排污许可、环境影响评价文件及其批复等规定
		工厂采取车间封闭、局部负压、工艺设备自动化等措施减少废气无组织排放

一级指标	二级指标	要求条款
环境排放	固体废物	工厂对产生的固体废物进行分类收集、管理
		工厂一般固体废物的处理符合《一般工业固体废物贮存和填埋污染控制标准》（GB 18599—2020）及相关标准要求
		工厂设置专用的危险废物暂存场所，危险废物贮存管理符合《危险废物贮存污染控制标准》（GB 18597—2001）要求。危险废物定期交由具备相应资质和能力的公司进行处置，转移联单完整
	噪声	厂界环境噪声排放符合相关国家、行业及地方标准要求
	温室气体	工厂采用《工业企业温室气体排放核算和报告通则》（GB/T 32150—2015）或适用的标准或规范对其厂界范围内的温室气体排放进行核算和报告
		工厂利用核算或核查结果对其温室气体的排放进行改善
		获得温室气体排放量第三方核查声明
		核查结果对外公布
	污染物排放管理	工厂建立大气污染物、水污染物、噪声源的排放台账和固体废物处置台账
		工厂根据国家或地方要求自行开展废气、废水和噪声监测，保存原始监测记录
绩效	用地集约化	工厂容积率不低于《工业项目建设用地控制指标》的要求
		工厂容积率达到《工业项目建设用地控制指标》要求的1.2倍以上，2倍以上为满分
		工厂建筑密度不低于30%
		工厂建筑密度达到40%
		工厂单位用地面积产能不低于行业平均水平，或工厂单位用地面积产值不低于地方发布的单位用地面积产值的要求。未发布单位用地面积产值的地区，单位用地面积产值超过本年度所在省市的单位用地面积产值
		工厂单位用地面积产能优于行业前20%，前5%为满分；或工厂单位用地面积产值达到地方发布的单位用地面积产值要求的1.2倍及以上，2倍以上为满分；未发布单位用地面积产值的地区，单位用地面积产值达到本年度所在省市的单位用地面积产值1.2倍及以上，2倍为满分
	原料无害化	工厂再生铅使用率满足基本值（25%）要求
		工厂再生铅使用率达到先进值（30%）要求
	生产洁净化	单位产品废水产生量满足《电池行业清洁生产评价指标体系》二级以上水平要求
		单位产品废水产生量达到《电池行业清洁生产评价指标体系》一级以上水平要求
		单位产品废水总铅产生量满足《电池行业清洁生产评价指标体系》二级以上水平要求
		单位产品废水总铅产生量达到《电池行业清洁生产评价指标体系》一级以上水平要求
		单位产品废气总铅控制量满足《电池行业清洁生产评价指标体系》二级以上水平要求
		单位产品废气总铅控制量达到《电池行业清洁生产评价指标体系》一级以上水平要求
	废物资源化	含铅酸类和废矿物油类危险废物实现100%合法合规无害化利用或处置
		废金属类、废纸与纸箱类、废塑料类等其他可回用工业固体废物实现100%综合利用
		水重复利用率满足《电池行业清洁生产评价指标体系》二级以上水平要求
		水重复利用率达到《电池行业清洁生产评价指标体系》一级以上水平要求
	能源低碳化	单位产品碳排放量满足基本值 $[75×10^{-4}t/(kVA·h)]$ 要求
		单位产品碳排放量达到先进值 $[70×10^{-4}t/(kVA·h)]$ 要求

注：详细计分要求参见标准原文。

12.4.3 绿色工厂创建经验

12.4.3.1 基本要求评价

通过查询国家企业信用信息公示系统、信用中国、相关省市环保部门网站、监督性监测信息公开平台、蔚蓝地图等相关资料，发现部分已被授予国家绿色工厂称号的企业在评价期内存在环保违法事件。如某铅蓄电池企业违反《中华人民共和国环境影响评价法》第二十二条规定，被相关部门处以罚款。与此同时，部分企业还存在铅、硫酸雾等指标超标的情况。建议第三方机构全方位了解企业信息，避免出现绿色工厂存在环保违法事件的尴尬局面。

12.4.3.2 基础设施评价

开展建筑评价，铅蓄电池企业应参照《铅蓄电池行业规范条件（2015 年本）》评价厂房建设的合规性；参照《危险废物贮存污染控制标准》（GB 18597—2001）等标准评价危险废物贮存场所建设的合规性。建议企业在新、改、扩建时，参照《绿色工业建筑评价标准》（GB/T 50878—2013）等标准规范的要求，从建筑材料、建筑结构、绿化及场地、再生资源及能源利用等方面进行建筑的节材、节能、节水、节地及再生能源利用评价。

开展工艺装备评价，应参照《电池行业清洁生产评价指标体系》《铅蓄电池行业规范条件（2015 年本）》等标准规范，评价企业技术水平的先进性。

开展机电设备评价，应根据《高耗能落后机电设备（产品）淘汰目录》（第一批、第二批、第三批、第四批）相关规定，评价企业的电机、风机、水泵等设备是否属于淘汰范畴。对于淘汰设备，建议企业更换为节能型产品。

开展污染物处理设备评价，应针对铅烟、铅尘、硫酸雾、含铅废水等评价企业是否投入了适宜的污染物处理设备，评价其处理能力等是否与生产排放相适应。建议评价企业环保设施投资、环保设施运行费用与企业生产经营所产生的污染物的匹配性。

开展照明评价，铅蓄电池应符合《建筑照明设计标准》（GB 50034—2013）相关要求，同时企业应提供相关监测报告。建议企业在厂房设计时考虑采用自然光，针对厂房不同功能定位与光照要求，采取分区照明、分组照明或定时自动调光等措施。

12.4.3.3 管理体系评价

目前，多数大中型铅蓄电池企业可按《质量管理体系 要求》（GB/T 19001—2016）、《环境管理体系 要求及使用指南》（GB/T 24001—2016）、《职业健康安全管理体系 要求及使用指南》（GB/T 45001—2020）相关规定建立管理体系，并通过认证。开展能源管理体系认证工作的铅蓄电池企业较少，建议企业进一步重视能源管理，加强相关管理体系建设。

目前，部分电池企业发布了社会责任报告，但报告中关于环境保护状况的描述偏少，建议企业按《企业环境报告书编制导则》（HJ 617—2011）相关规定编写年度环境报告书。

12.4.3.4　能源与资源投入评价

开展能源投入评价，应重点分析能源结构。铅蓄电池企业主要能源类型包括电力、天然气、煤炭、氧气、乙炔、柴油、汽油等，其中电力占综合能耗比例较高。企业可采用冷切造粒、连铸连轧、余热回收、变频电机、分布式太阳能光伏电站等措施减少能源投入。

开展资源投入评价，企业应重点分析铅、硫酸、塑料等原料的消耗量。

开展采购评价，企业应满足绿色供应链评价要求。建议企业按照《绿色制造　制造企业绿色供应链管理　导则》（GB/T 33635—2017）等标准文件的要求，从绿色供应链管理战略、供应商管理、生产、销售与回收、绿色信息平台建设、绿色信息披露等方面加强绿色供应链建设。对于供应商管理，企业应重点关注原生铅、再生铅、极板、硫酸等供应商的环境行为；对于回收管理，企业应积极履行生产者责任延伸制度，推动废铅蓄电池规范化回收利用，提高企业再生铅使用比例。

12.4.3.5　产品评价

铅蓄电池企业可按《绿色设计产品评价技术规范　铅酸蓄电池》（T/CAGP 0022—2017）开展产品绿色设计评价。建议企业可按相关标准要求申请绿色产品认证。第三方评价机构应重点开展铅蓄电池产品中镉等有毒有害物质含量的评价，如企业采用铅钙合金等制作极板，可认为其实现无镉化，建议企业提供产品检测报告。

12.4.3.6　环境排放评价

开展污染物达标排放评价时，应确保企业污染物排放符合《电池工业污染物排放标准》（GB 30484—2013）或地方标准要求。目前，受监测能力等因素限制，多数企业没有开展全指标监测。铅蓄电池企业废水主要开展化学需氧量和总铅的监测，废气主要开展铅及其化合物的监测，其他污染物指标监测率均偏低。企业厂界环境噪声监测频次也偏低。建议电池企业在创建绿色工厂过程中，按《排污许可证申请与核发技术规范　电池工业》（HJ 967—2018）相关规定开展污染物监测工作。

12.4.3.7　绩效评价

开展生产洁净化评价，应结合铅蓄电池行业的特点，重点分析单位产品铅污染物产生量。其中，废水产生量的核算宜采用在线监测数据；大气污染物产生量的核算应涵盖全部废气排放口。建议企业加强污染物自行监测能力建设。

为确保单位产品废水产生量、废水处理回用率等指标评价的科学性，建议企业定期按《企业水平衡测试通则》（GB/T 12452—2008）相关要求开展水平衡测试。

开展能源低碳化评价时，企业应考虑氧气、乙炔等耗能工质。

12.4.4　绿色工厂案例分析

12.4.4.1　绿色工厂创建思路

本小节以安徽理士电源技术有限公司（以下简称"安徽理士"）为案例介绍绿色工厂

创建经验。

安徽理士成立于 2010 年 10 月 26 日，占地 404 亩（1 亩=666.7m²），建筑面积 32.7 万平方米。主要研制、开发、制造、销售备用型、起动型、动力型全系列蓄电池及其相关产品，年生产能力 759.8×10⁴kVA·h。公司开展绿色工厂创建的主要思路如下。

（1）重视绿色工厂管理制度化建设

工厂建立完善的绿色工厂管理制度，编制绿色工厂管理手册，明确中长期建设规划内容，并制定年度绿色工厂建设目标和实施方案，配套制定能源管理手册，这些制度方案将与环境管理体系、质量管理体系和职业健康安全管理体系一同为绿色工厂建设工作夯实制度基础，对工厂的持续性绿色化发展起到重要的推动作用。

（2）关注产品全生命周期控制

从原材料、产品设计、生产过程、环境排放等各个方面出发，考虑能源的消耗及可能给环境带来的负面影响。通过改进产品设计方案，研发和应用清洁生产技术与装备，提高污染物去除效率，不断提高环境保护和能源管理水平，同时对供应商、承包商提出绿色管理要求，对工厂终产品开展回收再利用，对产生的固体废物进行妥善处理处置，努力保证上下游供应链体系的完整性建设。

（3）重视"绿色工厂"培训教育

坚持以人为本，从培训教育入手，将绿色工厂、绿色制造理念宣贯到每个人，定期开展不同绿色主题培训，有效降低"绿色工厂"创建过程中的困难和阻力，提高工厂整体的绿色建设能力。

12.4.4.2 绿色工厂创建亮点

（1）注重基础设施建设

① 注重绿色厂房建设。公司建筑材料以钢材、混凝土为主，均为蕴能低、高性能、高耐久性和本地建材。厂房采用的镀膜玻璃、内墙漆、涂料、细木工板等装饰装修材料均符合国家和地方法律、标准相关要求。公司厂房外部情况如图 12-9 所示，内部情况如图 12-10 所示。

图 12-9　工厂厂房外部情况

② 注重厂区环境管理。公司在车间厂房之间设置可遮阴避雨的步行连廊，工厂绿化面积 2.5 万平方米，占总占地面积的 9.3%；工厂设有雨水收集池，对厂区室外防渗地面产生的雨水地表径流进行收集并送入含铅废水处理设施处理后外排，防止雨水渗透对地下水

图 12-10　工厂厂房内部情况

和土壤造成铅污染。

　　③ 注重能源高效利用。公司建有光伏电站（见图 12-11），太阳能发电占总能耗比例大于 10%。厂房和办公楼中普遍应用自然采光（见图 12-12）。厂房楼顶有部分透明设计，可减少照明灯具数量。厂房实现分区照明。办公区域普及 LED 节能灯具。工厂照度及照明功率满足《建筑照明设计标准》（GB 50034—2013）相关要求。

图 12-11　光伏电站

图 12-12　办公区自然采光

④ 加强计量设备配置管理。公司计量工作坚持以《用能单位能源计量器具配备和管理通则》（GB 17167—2006）与《用水单位水计量器具配备和管理通则》（GB 24789—2009）为准则，实现水、电等资源、能源 100%二级计量。公司以科学管理和准确计量服务于生产经营，广泛采用国内外先进的计量检测技术和装备，不断推动计量技术进步。建立了一整套适应生产经营需要的计量管理体系、计量检测体系和量值传递体系，为工厂提高经济效益提供了有力的技术基础保证。

（2）注重管理体系建设

公司建立有完善的质量管理体系、职业健康安全管理体系、环境管理体系、能源管理体系，编制了对应的管理手册等制度性文件。并通过了《质量管理体系要求》（GB/T 19001）、《职业健康安全管理体系》（GB/T 28001）、《环境管理体系 要求及使用指南》（GB/T 24001）及《能源管理体系 要求》（GB/T 23331）第三方认证。

公司重视能源管理工作，成立了节能办，建立了三级节能网：一级节能网由公司法人及高层领导组成；二级节能网主要由各部门负责人组成；三级节能网主要由各部门生产线或班组基层管理者组成。

公司根据《企业事业单位环境信息公开办法（试行）》等相关文件要求建立环境信息披露制度，按照《企业环境报告书编制导则》（HJ 617—2011）编制年度环境报告书。公司按照《社会责任指南》（GB/T 36000—2015）相关要求进行《社会责任报告书》的编制及信息公开。

（3）强调产品绿色设计

① 公司选用铅-锡-钙-铝合金制作板栅，实现原料无镉化替代，满足相关政策规范对产品中有害物质限制使用的要求，并且延长了蓄电池的循环寿命。

② 公司开展铅蓄电池产品全生命周期评价工作，针对原材料获取等对碳足迹贡献大的环节，采取了提高再生铅使用比例的措施。

③ 公司加强废物回收利用工作。公司综合固体废物综合利用率达到 81.56%，工业废水再生回用率为 77.6%，达到了清洁生产国内先进水平。

（4）实施污染减排工作

① 公司实现雨污分流、污污分流。生产、洗浴、洗衣等含铅废水经深度处理后部分回用；其他废水及生活污水实现稳定达标排放。

② 公司结合铅粉制造、铸板、和膏、装配、化成等不同工序的废气特征，设置针对性较强的废气治理设施（如袋式除尘器、高效过滤器、水幕喷淋、碱液吸收等）。公司建立了《环境监测控制程序》等相关制度，定期开展污染源监测工作，及时开展环保设施的维护维修工作，实现大气污染物稳定达标排放。公司废气处理设施现场如图 12-13、图 12-14 所示。

③ 公司严格执行固体废物管理相关制度。废旧劳保用品、铅渣、铅尘、废电池、含铅污泥等危险废物委托第三方有资质单位进行综合利用或处理处置；生活垃圾由开发区环卫部门统一清运处理；其他一般废物进行回收或出售，进行综合利用。

④ 公司重视温室气体减排工作。通过采取天然气代替燃煤，使用电动叉车代替柴油叉车等方案，优化用能结构，减少温室气体排放。同时，公司在绿色工厂创建过程中，开展温室气体排放量第三方核查，对外公布核查结果，持续对其温室气体的排放进行改善。

图 12-13　袋式+高效过滤除尘设备

图 12-14　酸雾吸收塔

12.5
绿色园区

12.5.1　工业园区发展趋势

工业园区是一个国家或区域的政府根据自身经济发展的内在要求，通过行政手段划出一块区域，聚集各种生产要素，在一定空间范围内进行科学整合，提高工业化的集约强度，突出产业特色，优化功能布局，使之成为适应市场竞争和产业升级的现代化产业分工协作生产区。我国工业园区包括各种类型的开发区，如国家级经济技术开发区、高新技术产业开发区、保税区、出口加工区以及省级各类工业园区等。

近年来，我国工业园区发展迅速，究其原因主要源于工业园区的以下几点优势：

① 工业园区和产业集群可以产生明显的外部规模效应；
② 工业园区有利于大批中小企业向专业化、社会化发展，产生较强的内部规模效应；
③ 工业园区促进了产业区域分工和新型产业基地的形成；
④ 工业园区对地方经济社会发展和进步产生了较大的推动力；
⑤ 工业园区可以集中治理污染，节约治理环境的成本；
⑥ 工业园区促进产业国际竞争力的提高；
⑦ 工业园区作为宏观政策贯彻实施服务基本对象。

12.5.2 工业园区问题分析

12.5.2.1 单纯追求经济总量，存在污染转移现象

我国地区间经济发展不平衡，从总体来看东部地区产业结构调整力度较大，一些高耗能高污染的产业在这些地区的生存空间渐无。然而，就是这些行将淘汰的产业却成了经济不发达地区眼中的"香饽饽"。由此造成许多高耗能高污染企业产业转移，继续依靠以牺牲资源和环境为代价敛财。而一些地区为了争夺这些淘汰的企业使出浑身解数，没有条件创造条件也要上，由此引发恶性竞争。

12.5.2.2 环境执法监管不力

一些工业园区进驻企业一旦入园，对其环境监管就成了"免检"程序。甚至地方政府会规定一些"土政策"，防止"干扰"园区内企业正常的生产活动。此外一些园区管委会设置相应的环保机构，名曰环境执法，其实质是既当裁判员又当运动员，往往使环境监管处于"真空"状态。

12.5.2.3 环境纠纷隐患突出

由于工业园区在选址和布局时未能充分考虑环境影响，一些园区逐渐成为"城中园"或"村中园"。园区企业在日常生产中排放的"三废"严重侵扰周边居民，造成诸多环境纠纷，严重影响当地社会稳定和谐。同时，由于目前重金属监测手段尚不成熟，当园区发生环境事故时（尤其是空气污染），事故责任往往难以准确界定。

12.5.2.4 环境风险隐患突出

一些工业园区临近重点流域或位于人口集中区，对区域环境造成重大威胁，可能会发生爆炸、泄漏及高强度排放事件。

由于铅具有累积性，众多铅蓄电池企业聚集在某园区时，如控制不当铅污染物排放量可能超过其环境容量，易造成区域性环境质量超标，具有一定环境风险。

12.5.3 绿色园区定义

绿色园区科学规划设计，土地集约利用，产业功能结构合理；能源、资源合理利用，

资源消耗低，能源利用效率高，温室气体排放逐年减少；环境健康，保护生态，采用清洁生产技术尽可能把对环境污染物的排放消除在生产过程之中；园区发展与能源利用、资源利用、环境保护有机结合，做到人与园区、环境和谐统一、协调发展。

目前，国家公布了四批绿色园区示范名单，有两家以铅蓄电池行业为主的工业园区入选，分别是安徽阜阳界首高新区田营产业园（第二批）及长兴绿色制造产业园（第三批）。

12.5.4 绿色园区评价要求

目前，绿色园区评价过程参考《工业和信息化部办公厅关于开展绿色制造体系建设的通知》（工信厅节函〔2016〕586号）中发布的《绿色园区评价要求》进行。部分评价指标如表12-8所列。

表12-8 绿色园区评价指标

一级指标	二级指标
基本要求	基本要求为一票否决，包括以下要求： ① 国家和地方绿色、循环和低碳相关法律法规、政策和标准应得到有效的贯彻执行； ② 近三年，未发生重大污染事故或重大生态破坏事件，完成国家或地方政府下达的节能减排指标，碳排放强度持续下降； ③ 环境质量达到国家或地方规定的环境功能区环境质量标准，园区内企业污染物达标排放，各类重点污染物排放总量均不超过国家或地方的总量控制要求； ④ 园区重点企业100%实施清洁生产审核； ⑤ 园区企业不应使用国家列入淘汰目录的落后生产技术、工艺和设备，不应生产国家列入淘汰目录的产品； ⑥ 园区建立履行绿色发展工作职责的专门机构，配备2名以上专职工作人员； ⑦ 鼓励园区建立并运行环境管理体系和能源管理体系，建立园区能源监测管理平台； ⑧ 鼓励园区建设并运行风能、太阳能等可再生能源应用设施
能源利用 绿色化指标	包括3项指标： ① 能源产出率； ② 可再生能源使用比例； ③ 清洁能源使用率
资源利用 绿色化指标	包括8项指标： ① 水资源产出率； ② 土地资源产出率； ③ 工业固体废物综合利用率； ④ 工业用水重复利用率； ⑤ 中水回用率； ⑥ 余热资源回收利用率； ⑦ 废气资源回收利用率； ⑧ 再生资源回收利用率
基础设施 绿色指标	包括5项指标： ① 污水集中处理设施； ② 新建工业建筑中绿色建筑的比例； ③ 新建公共建筑中绿色建筑的比例； ④ 500m公交站点覆盖率； ⑤ 节能与新能源公交车比例

一级指标	二级指标
产业 绿色指标	包括4项指标： ① 高新技术产业产值占园区工业总产值比例； ② 绿色产业增加值占园区工业增加值比例； ③ 人均工业增加值； ④ 现代服务业比例
生态环境 绿色指标	包括8项指标： ① 工业固体废物（含危险废物）处置利用率； ② 万元工业增加值碳排放量削减率； ③ 单位工业增加值废水排放量； ④ 主要污染物弹性系数； ⑤ 园区空气质量优良率； ⑥ 绿化覆盖率； ⑦ 道路遮阴比例； ⑨ 露天停车场遮阴比例
运行管理 绿色指标	包括3项指标： ① 绿色园区标准体系完善程度； ② 编制绿色园区发展规划； ③ 绿色园区信息平台完善程度

12.5.5 绿色园区创建建议

12.5.5.1 节约和集约用地，提高土地利用效率

减少土地资源浪费现象。加强对入园企业的审核，对企业的规模、占地进行严格审批，防止多占地、滥占地的现象发生。建议自然资源部门发挥其土地监察的职能，对工业园用地情况进行跟踪督查，杜绝土地资源浪费现象的发生。

12.5.5.2 严格环境准入

严格执行环境影响评价和"三同时"制度。建设项目审批应严格按照环评审批权限进行分级审批。进一步加强建设项目竣工环保验收工作，并实行验收责任制。

铅蓄电池项目应严格执行项目准入。项目水平应符合准入条件、清洁生产推行方案、清洁生产评价指标体系等相关规定；通过采用清洁生产技术，提高资源利用效率，降低污染物产生和排放量，最大限度减少大气污染物无组织排放。

铅蓄电池项目应严格执行总量准入。项目应根据所在区域环境容量、技术水平等核算铅排放量。

地方政府应按照产业结构调整方向并运用市场规律关停现有高耗能高污染企业，从而腾出环境容量，发展环境友好型和资源节约型产业，推进基于循环经济理念的生态工业园建设，以增强园区的综合竞争力。

12.5.5.3 创建生态产业链模式

铅蓄电池工业园区要创建生态产业链模式，应关注以下工作：

① 大力发展产业链经济（循环经济），即形成再生铅项目+铅蓄电池项目的循环产业链；

② 确保企业守法经营（如产量不得超过批复产能），确保特征污染物排放总量达标；

③ 完善园区、企业环境监测能力，科学判断特征污染物排放达标率；

④ 完善企业和园区环境管理制度，并重点关注园区环境风险评估和应急预案制度；

⑤ 加强信息公开，建立信息平台，定期发布园区和企业环境报告书等。

铅蓄电池园区生态产业链发展模式如图 12-15 所示。

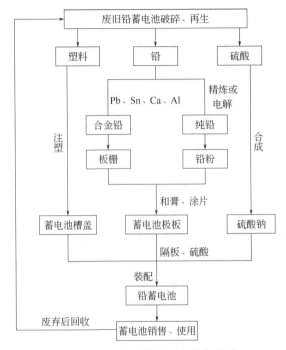

图 12-15　铅蓄电池园区生态产业链

12.5.5.4　强化园区环境监督管理

（1）加强环境监测能力建设

建议成立园区环保分局，定期开展专项环保检查、核查工作。按照国家规定，定期进行污染物监督性监测和环境质量监测。通过安装废水、废气铅污染物在线监测设备，建立应急响应机制，制定应急预案。

（2）确保污染治理设施稳定有效运行

园区/地方环保部门应加强对铅蓄电池园区内企业的实际生产状况的核查、跟踪，从而掌握企业的排污状况，通过对企业排放到污染治理设施的排污量进行登记管理，杜绝企业偷排现象的发生。园区企业应安装废水、废气在线监测设备，并与当地环境管理部门联网。企业应建立健全的环境管理机构，制定完善的环境管理制度，建立完善的环保设施运行档案。

（3）加强园区统筹管理

铅蓄电池园区集中管理可以减少原料运输、污染物处理的成本，有助于政府对企业进行统一的监控和管理。

新建、扩建铅蓄电池企业应进行园区化管理，重金属污染防控重点区域禁止新建、改扩建增加重金属污染物排放的生产项目。对新上铅蓄电池项目应向废水集中处理，硫酸、乙炔、铅等原料集中供应，基础设施完善的工艺园区搬迁聚集，以加强风险防范和监管。

12.5.5.5 加强信息公开，积极协调解决环境纠纷

园区/地方环保部门以及铅蓄电池企业应建立信息公开制度，通过公众广为接受的途径向社会尤其是工业园区周边居民及时告知有关环境信息，充分保障公众的知情权。如发生突发性区域环境事故，对受到工业园区污染产生实际损害的公众，地方政府应积极协调、解决环境纠纷，使受损公众及时获得赔偿。新建和现有园区应严格执行卫生防护距离；现有园区，建议由政府和企业给予一定的补偿金，将周边居民进行搬迁，以彻底消除环境纠纷隐患。

12.5.6 绿色园区案例分析

12.5.6.1 安徽界首高新区田营产业园

（1）园区简介

安徽阜阳界首高新区田营产业园组建于 2005 年，是以再生铅循环利用、蓄电池制造为主导的专业园区。截止至 2016 年年底，园区建成区面积达 $3.6km^2$，年回收加工废旧电瓶量约占全国市场 1/3，生产极板和蓄电池量约占全国市场 1/5，入驻企业 20 余家，拥有职工近万人，形成了再生铅冶炼、极板蓄电池生产、铅化工和塑料加工四大产业板块和"进来一只旧电瓶、出去一只新电瓶"的产业链条，是全国规模最大、链条最完整的铅蓄电池循环经济产业园区。

田营产业园被授予全国首批城市矿产示范基地、全国循环经济示范园区、全国循环经济示范试点先进单位、界首国家动力电池循环利用高新技术产业化基地、国家涉重金属类危险固废产品集中处置利用基地、安徽省低碳园区建设示范基地等称号。

（2）绿色园区创建经验

田营产业园绿色园区建设工作的亮点可以概括为形成了"六化"发展模式。

① 园区化开发。在搬迁整合村庄土法冶炼的基础上，重新选址规划建设产业园区，做好总体规划和专项规划（包括环评规划），按产业经营特点簇群布局，划分功能区，完善基础设施（水、电、绿化、管网、通信）和公共服务，成立管委会，为产业发展提供足够的硬件支撑和软件服务。

② 集团化经营。整合初加工中小企业，以环保统规和财务统管为纽带，组团造舰，成立华鑫集团、华铂科技再生资源公司。通过规范财务管理、强化行业自律、工艺装备升级等措施，提升产业规模、实力、档次和环保水平，对外形成市场竞争力，以量的优势占有市场，吸引外来投资。

③ 产业化招商。积极开展招商引资，依靠资源、政策、环境优势吸引下游企业入驻，延伸链条，提高产品附加值，推动产业循环，带动园区管理、技术、产品的升级，增强产

业抗风险能力。

④ 统一化治污。坚持源头控制、中间阻断、末端治理、园区互动的总体思路，加大环保设施的投入，提高污染防控水平，杜绝二次污染。首先，企业自身要按照环评和清洁生产要求，控制好污染物的排放；其次，园区建立污水、固体废物处理设施，使所有进入园区的废物都能得到安全、有效处置；最后，提高监管能力，通过开展日常巡查和专项治理，依法治污。

⑤ 网络化收购。园区相关骨干企业在全国设有 300 多个收购网点，从业人员近 6000人，形成了以界首为中心辐射周边 500 多千米的废旧铅蓄电池近距离回收圈，年回收废旧电瓶在 50 万吨以上，建立了较为稳定的、长期的购销渠道。

⑥ 集成化创新。园区高度重视科技创新，积极与国内科研院所建立产学研联盟，增强研发的针对性，加速技术成果转化应用步伐，提升工艺装备水平。目前，园区企业拥有发明专利 100 多项，建有院士工作站 1 个、博士后工作站 1 个，拥有各类技术人才 300 多人，获批省再生铅产业工程技术中心 1 个、省企业技术中心 7 个、高新技术企业 7 家。与此同时，园区积极推进以"双改两新"为核心内容的战略升级，涵盖工艺、装备、管理、服务、生态、环保、产品、融资八个方面，努力打造再生铅产业的升级版，提高园区再生资源循环化利用水平。

12.5.6.2 长兴绿色制造产业园

（1）园区简介

长兴绿色制造产业园位于浙江省湖州市长兴县煤山镇发展大道。长兴绿色制造产业园抢抓绿色发展机遇，把握政策优势，2019 年年底成功创建国家绿色园区。

（2）绿色园区创建经验

① 全力优化产业布局，打造生态宜居绿色产业园。以"一带、四园、四区"空间布局为基础，实施产业集群化、模块化发展战略，主要以合溪水库饮用水源生态保护区建设标准，严把项目引进环保关，严禁高污染高排放新增产能，严控企业污染排放关，不断完善污水收集处理系统。重点加快推进投资 8.3 亿元的集仓储、码头、输送为一体的现代化物流改造项目。目前，国内首个空中全电运输、仓储综合物流输送项目一期 22km 已投运，每年可运输熟料 1050 万吨，减少运输车辆往返约 100 万车次，节约燃油 2026t，减少尾气排放 14278t。

② 聚力完善产业体系，加快推进新能源产业培育。实施绿色工厂星级管理制度，园内现有国家级绿色工厂 2 家、绿色供应链 1 家、开发绿色设计产品 8 件，市级以上绿色工厂 20 家。全力打造以新能源新材料、高端装备制造、电子信息为主导的现代化产业集群，目前投资 30 亿元的天能绿色产业园、投资超 100 亿元的浙能智慧能源科技产业园及投资106 亿元的爱康科技 5GW 异质结高效太阳能电池项目建成投产后将全面促进园区产业体系提档升级。

③ 着力强化产业管理，大力实施绿色低碳循环发展。充分发挥绿色金融对绿色制造的兜底作用，推进长兴农商以绿色金融带动产业创新，建立企业研发准备金制度，重点支持天能集团等企业创建省级企业技术中心等高水平创新载体，同步加强产学研协同创新，促进双创资源集聚。

12.6
绿色供应链

12.6.1　绿色供应链定义

　　供应链是指生产及流通过程中，涉及将产品提供给最终用户所形成的网链结构。供应链可包括供应商、制造商、物流商、内部配送中心、分销商、批发商以及联系最终用户的其他实体。绿色供应链将环境保护和资源节约的理念贯穿于企业从产品设计到原材料采购、生产、运输、储存、销售、使用和报废处理的全过程，使企业的经济活动与环境保护相协调。

　　创建绿色供应链的目的是将绿色制造、产品生命周期管理和生产者责任延伸理念融入企业供应链管理体系，识别产品及其生命周期各个阶段的绿色属性，协同供应链上供应商、制造商、物流商、销售商、用户、回收商等实体，对产品/物料的绿色属性进行有效管理，减少产品/物料及其制造、运输、储存及使用等过程的资源（包括能源）消耗、环境污染和对人体的健康危害，促进资源的回收和循环利用，实现企业绿色采购和可持续发展。

　　2017 年至今，铅蓄电池企业积极参与绿色供应链创建。目前，国家公布了四批绿色供应链示范名单，共有 6 家铅蓄电池企业被评为国家绿色供应链示范企业。其中第一批 1 家（2017 年），第二批 1 家（2017 年），第三批 2 家（2018 年），第四批 2 家（2019 年）。

12.6.2　绿色供应链创建要求

12.6.2.1　总体要求

　　① 将绿色可持续发展理念融入企业生产经营活动，将产品生命周期的环境、健康安全、节能降耗、资源循环利用等因素纳入供应链管理系统，建立健全绿色供应链管理体系。
　　② 充分考虑法律、法规、标准和利益相关方的要求。
　　③ 制定绿色供应链管理方针和可量化、可测量（或可评价）的管理目标。
　　④ 建立有效的组织机构和提供必要的人力、财力、设备、信息及知识等资源，或对现有机构及资源进行整合，以满足绿色供应链管理需要。
　　⑤ 实施绿色设计，分析产品及其生命周期和供应链各个环节的绿色属性，制定优化和改进目标、措施，对产品/物料环境属性进行识别、分类。
　　⑥ 建立企业绿色采购流程，制定供应链协同改进措施。
　　⑦ 对员工进行绿色供应链管理意识、知识和能力培训，及时将有关信息传达给供应链各相关方，使绿色供应链管理要求得到员工和相关方的理解和支持。
　　⑧ 建立产品生命周期各相关过程管理程序和标准。

⑨ 建立产品绿色回收及再生利用机制和渠道。

⑩ 建立信息化管理平台，对企业及其供应商绿色供应链相关信息进行管理。

⑪ 定期进行绿色供应链管理绩效评价。

⑫ 在管理体系中增加绿色供应链管理评审和持续改进要求。

12.6.2.2 策划

（1）应对绿色供应链管理进行系统规划

将绿色制造理念以及相关政策法规要求融入企业业务流程和供应链管理系统，整合现有资源，对供应链进行系统规划，建立健全有关管理标准和管理制度，改善企业供应链系统。将绿色制造及绿色供应链管理要求与质量、环境、能源、职业健康安全管理、供应链管理以及信息化管理体系整合，完善管理程序和管理体系文件，建立符合绿色制造要求的供应链管理体系。从产品生命周期、产品全价值链进行企业绿色供应链价值和风险分析，与供应链各相关方谋求环保和商业共赢机制，提高企业竞争力。

（2）制定绿色供应链管理方针、目标

结合有关政策法规标准、市场或用户对产品绿色性的要求，现有供应链的环境问题，以及现有技术和管理条件等内容，制定管理方针、目标。

（3）对产品进行绿色规划

产品绿色设计应明确绿色指标（如绿色材料、能耗、排放、回收利用率等）。工艺设计应在满足产品加工质量要求的前提下，满足清洁生产相关要求。

（4）建立（或完善）标准、管理文件

制定（或与现有程序整合）有关程序，包括（但不限于）以下内容：

① 产品/物料绿色属性识别；

② 风险识别及管理；

③ 绿色采购；

④ 供应商管理及评价；

⑤ 绿色运输；

⑥ 生产过程控制；

⑦ 使用、维护控制；

⑧应急准备与响应；

⑨ 产品回收、再利用及报废处理；

⑩ 生产过程废物处置；

⑪ 环境信息管理及公开声明；

⑫ 绿色供应链绩效评价等。

（5）产品/物料绿色属性识别和确认

根据行业或产品特点，划分产品生命周期阶段，识别各个阶段产品/物料绿色属性，确认并建立重点管控物料清单。

（6）明确环境信息要求

明确环境信息类别和数据获取、计算、统计、报告及环境信息公开等要求，环境信息包括（但不限于）以下内容：

① 政府及相关管理部门要求提供的企业环境、能源管理数据；

② 产品环境数据；

③ 重点管控物料信息；

④ 工艺流程信息；

⑤产品生命周期评价（LCA）数据；

⑥ 有害物质使用、储存、处置数据；

⑦ 产品回收、再利用数据；

⑧ 废物处置数据等。

12.6.2.3　实施与控制

（1）绿色设计

在产品设计阶段，基于生命周期评价方法对设计方案进行绿色性评审，及时提出修改意见或建议。

（2）采购管理

制定绿色供应商（包括外协厂商）的选择原则、评审程序和控制程序，确保供应商持续、稳定地提供符合企业绿色制造要求的物料。对供应商绿色属性进行评价，确定合格供应商。对供应商提供的样品进行必要的检验、测试和验证；建立供应商绩效评价制度，对供应商的环保绩效定期进行评价。

（3）生产管理

对与绿色供应链有关的运行和活动进行监测和控制，确保其在规定条件下进行。根据物料类别和产品产量制定相应的物料运行控制程序。明确各相关部门任务、权责、工作程序、记录和文件变更要求等。明确现场有害物质检测和监测的项目、内容、要求和程序，对运行过程中的关键特性数据进行检测和监测。配置相应的检测、监测设备，对所使用的监测和测量设备定时维护和校验。有害物质在库房和生产现场应分类存放、明示标识。监测和记录生产现场材料、资源能源消耗以及废水、废气、废物排放情况。制定生产过程中废物排放及转移管理规定，并准确、清晰记录其排放量、浓度、处置方式及转移去向。

（4）物流管理

优化物流方案，减少运输过程能源消耗和污染物排放，防止运输过程中危险品泄漏。设计逆向物流业务流程，建立逆向物流体系，保证产品回收利用渠道的畅通。

（5）回收利用

建立生产者责任延伸制度。对报废产品、生产过程废物、产品包装物等进行回收利用。对废物进行分类，建立档案，记录回收、处理及再利用等信息。产品报废拆解后的零部件或材料应按照再使用、再制造、再利用的顺序依次进行循环利用，提高再使用、再制造、再利用的零部件或材料的使用率。预防回收过程产生二次污染。

（6）无害化处理

对没有再利用价值的废物应进行无害化处理。有害或危险废物应交给有相应资质的组织处理，并保留相关记录。

（7）信息管理

建立绿色供应链信息化管理平台及绿色供应链信息化管理流程。收集企业及供应商的资源能源消耗、污染物排放、温室气体排放、资源综合利用效率等信息。企业通过适当方式公布绿色供应链管理绩效。

（8）应急准备和响应

建立应急准备和响应程序，制定异常情况下的响应措施，及时控制或减少有害物质造成的影响。

12.6.2.4　绩效评价

收集、整理与评价有关的资料和数据。依据确定的评价方法、程序、指标和相关资料、数据，对绿色供应链管理绩效进行综合评价。

12.6.2.5　管理评审和持续改进

根据绿色供应链管理的目标，定期进行绿色供应链管理评审（可与其他管理体系评审同时进行），评审管理的充分性、有效性和适宜性，并对运行过程中存在的问题以及采取的不当措施进行纠正，并提出改进建议。评审内容包括：目标和指标的实现程度；生命周期各阶段的实施情况和收效情况；取得的经济效益和社会效益；纠正措施的有效性；来自外部相关方（如顾客、供应商等）的交流信息；与相关法律、政策的符合性；改进建议等。

12.6.3　绿色供应链案例分析

本小节以安徽理士电源技术有限公司（简称"安徽理士"）为案例介绍绿色供应链建设经验。安徽理士电源技术有限公司于 2019 年入选"国家级绿色供应链示范企业"。

12.6.3.1　绿色供应链管理体系建设

安徽理士已通过"绿色生产+供应商管理+绿色物流+绿色回收+信息系统建设"五个维度和一个"绿色信息披露平台"打造了较为完善的绿色供应链管理体系。建立了完善的《绿色采购程序》以及供应商管理制度，初步打造了绿色物流系统，建立了绿色回收体系，并初步完成了绿色供应链管理数字信息系统的建设，打造了绿色信息披露平台。

12.6.3.2　绿色供应商管理

安徽理士制定了《绿色采购管理程序》《供方评审控制程序》等采购及供应商管理制度，分别规定了企业绿色采购目标、绿色采购流程、绿色供应商的认定条件、绿色采购信息公开、绿色采购绩效评价、产品召回和追溯制度等内容。规定了对供应商选择及评审要求，保证供方具有提供满足工厂规定要求的产品的能力。同时对供方环境、职业健康安全及社会责任等行为施加影响，以共同促进社会的和谐发展。安徽理士每年度开展对供应商的绿色绩效考核，对于当年评为高风险供应商的企业给予警告，要求其限期整改，提高自身绿色水平，若连续三年以上被评为高风险供应商，将进行供应商淘汰退出流程。对于被评为低风险供应商的企业在制订次年采购计划时将优先考虑。

12.6.3.3　绿色生产

安徽理士严格遵守相关法律法规，未发生质量、安全、环境事故。安徽理士通过了淮北市环保局清洁生产审核验收，被列入《符合〈铅蓄电池行业规范条件（2015 年本）〉企业名单》（第六批）。安徽理士建立了质量管理体系、职业健康安全管理体系、环境管理体系、能源管理体系。此外，安徽理士建立了较为完善的绿色工厂建设管理机构和管理制度，形成了制度性文件《绿色工厂管理手册》，成立了由总经理总体负责，副总经理（管理者代表）直接分管绿色工厂建设工作的领导小组，全面负责贯彻执行国家有关绿色工厂建设、评价和管理的法律法规和上级有关绿色工厂建设工作的指示和要求。安徽理士于 2018 年 2 月被工信部列入第二批"绿色工厂"名单。2016～2018 年废水、废气、噪声均未超标排放。单位产品能耗及温室气体排放量均逐年下降。

12.6.3.4　绿色销售与回收

安徽理士建有完善的产品销售与回收体系，并对客户和经销商进行产品回收工作指导，执行生产者责任延伸制度，与第三方有资质的机构合作，开展废旧铅蓄电池回收、处理与再利用的相关工作。安徽理士开展了产品的"以旧换新"活动，活动由销售部门主导，在销售网点和维修网点张贴海报，向客户宣传。回收人员根据废旧电池的损耗程度，按不同比例折算，抵扣客户在新产品购买时的成本。至今为止该活动已经举办了 6 期，受到消费者的广泛好评。安徽理士在集团官网设立绿色产品专区，展示绿色设计的产品，并对销售人员进行培训，引导消费者进行绿色消费。在回收环节，安徽理士建立了较为完善的回收体系制度，形成了制度性文件《绿色回收体系》手册，与第三方有资质的企业共同开展电池回收工作。

12.6.3.5　绿色信息平台建设

安徽理士建立了完善的绿色供应链管理数字信息平台，平台包括企业资源计划（ERP）系统、产品全生命周期管理（PLM）系统（包含了绿色物料数据库、产品溯源系统）、供应商管理（SRM）系统（供应商信息管理系统）。

12.6.3.6　绿色信息披露平台

安徽理士在集团官网公开上一年度社会责任报告书，环境责任内容独立成篇，涵盖企业绿色采购、绿色产品生产、供应商管理、节能减排与环境保护、回收及资源再利用等与绿色供应链建设相关的信息。公开了企业资源能源消耗、污染物排放、温室气体排放、资源综合利用效率等信息。

第 13 章

排污许可制度

13.1
基本概念

　　排污许可是具有法律意义的行政许可，是环境保护管理的八项制度之一，是以许可证为载体的，是对排污单位的排污权利进行约束的一种制度。

　　排污许可证是指排污单位向生态环境主管部门提出申请后，生态环境主管部门经审查发放的允许排污单位排放一定数量污染物的凭证。排污许可证属于环境保护许可证中的重要组成部分，而且被广泛使用。排污许可证制度是指有关排污许可证的申请、审核、颁发、中止、吊销、监督管理和罚则等方面规定的总称。

　　排污许可证包括正本和副本。

　　排污许可证的正本包括以下内容：

　　① 排污单位名称、注册地址、法定代表人或者主要负责人、技术负责人、生产经营场所地址、行业类别、统一社会信用代码等排污单位基本信息；

　　② 排污许可证有效期限、发证机关、发证日期、证书编号和二维码等基本信息。

　　排污许可证的副本包括以下内容：

　　① 主要生产设施、主要产品及产能、主要原辅材料等；

　　② 产排污环节、污染防治设施等；

　　③ 环境影响评价审批意见、依法分解落实到本单位的重点污染物排放总量控制指标、排污权有偿使用和交易记录等。

　　下列许可事项由排污单位申请，经核发部门审核后，在排污许可证副本中进行规定：

① 排放口位置和数量、污染物排放方式和排放去向等，大气污染物无组织排放源的位置和数量；

② 排放口和无组织排放源排放污染物的种类、许可排放浓度、许可排放量；

③ 取得排污许可证后应当遵守的环境管理要求；

④ 法律法规规定的其他许可事项。

13.2
政策要求

《中共中央关于全面深化改革若干重大问题的决定》（2013 年 11 月 12 日）将"完善污染物排放许可制"作为改革生态环境保护管理体制的重要任务。

《中共中央关于制定国民经济和社会发展第十三个五年规划的建议》（2015 年 10 月 29 日）提出"改革环境治理基础制度，建立覆盖所有固定污染源的企业排放许可制"。

《生态文明体制改革总体方案》（2015 年 9 月 11 日中央政治局会议审议通过）要求完善污染物排放许可制，尽快在全国范围建立统一公平、覆盖所有固定污染源的企业排放许可制。

2016 年 11 月国务院办公厅发布《控制污染物排放许可制实施方案》。近几年来，排污许可制改革工作紧紧围绕"以环境质量改善为核心，将排污许可制度建设成为固定污染源环境管理的核心制度"的目标，逐步落实各项改革举措，"一证式"管理理念正在逐步推进，排污许可制度的先进性和生命力逐步在实践中显现。

《排污许可管理条例》自 2021 年 3 月 1 日起施行，推动排污许可制改革的法治化建设向前迈出了里程碑意义的重要一步，为落实企业环境治理主体责任提供了法律手段，为固定污染源依证监管执法提供了法律依据。同时，也对企业环境守法提出了新要求、新挑战，亟须企业准确识变、科学应变，化挑战为机遇，以《排污许可管理条例》实施为契机，建立环境守法新秩序。

《中华人民共和国环境保护法》第四十五条规定：国家依照法律规定实行排污许可管理制度。实行排污许可管理的企业事业单位和其他生产经营者应当按照排污许可证的要求排放污染物；未取得排污许可证的，不得排放污染物。

《中华人民共和国大气污染防治法》第十九条规定：排放工业废气或者本法第七十八条规定名录中所列有毒有害大气污染物的企业事业单位、集中供热设施的燃煤热源生产运营单位以及其他依法实行排污许可管理的单位，应当取得排污许可证。排污许可的具体办法和实施步骤由国务院规定。

《中华人民共和国水污染防治法》第二十一条规定：直接或者间接向水体排放工业废水和医疗污水以及其他按照规定应当取得排污许可证方可排放的废水、污水的企业事业单位和其他生产经营者，应当取得排污许可证。

从顶层设计来看，《控制污染物排放许可制实施方案》是排污许可制度改革具有里程碑意义的顶层设计文件，确立了排污许可制度改革的路线图。从法规体系来看，《排污许可管理条例》确立了排污许可的法律地位。从管理体系来看，《固定污染源排污许可分类管理名录（2019年版）》明确了管理范围、管理类型，增加了登记管理类别；《排污许可管理办法（试行）》进一步规范了排污许可证的申请、核发、执行及监管等行为；《固定污染源排污登记工作指南（试行）》指导排污单位和生态环境管理部门进行排污登记相关工作。从技术体系来看，目前已发布排污许可证申请与核发技术规范52项、自行监测指南24项、污染防治可行技术指南8项、源强核算指南18项。制度设计的不断完善和健全，为排污许可制度的改革和推进提供了有力保障。

13.3
推进情况

目前，覆盖所有固定污染源的排污许可证核发和排污登记工作正在有序推进，将排污许可证发放到每个应该领证的排污单位，其他污染物产生量、排放量和对环境的影响程度很小，依法不需要申请取得排污许可证的排污单位填报排污登记表，通过排污许可证和排污登记表将所有固定污染源纳入监管，从而成为监管的底数。

为探索2020年排污许可全覆盖路径，推动"核发一个行业、清理一个行业、规范一个行业、达标一个行业"，生态环境部组织开展了固定污染源清理整顿试点工作。北京、天津、河北等8个省（市）先行先试，按计划完成清理整顿试点工作，通过核发排污许可证和排污登记，基本实现了24个重点行业企业纳入排污许可管理。

截至2020年1月底，全国共计核发火电、造纸等59个重点行业排污许可证16.1万余张，登记企业排污信息6.6万余家，管控大气污染物排放口30.67万个、水污染物排放口7.48万个。

2018年9月，生态环境部发布了《排污许可证申请与核发技术规范 电池工业》（HJ 967—2018）。截至2020年8月，电池工业企业共发放1792张排污许可证，其中铅蓄电池企业约340家，占总发证数量的18.9%。全国主要地区铅蓄电池发证企业分布情况如图13-1所示。

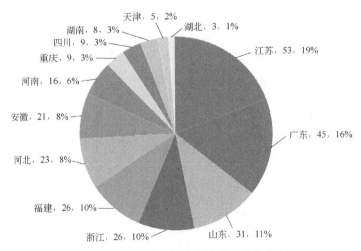

图13-1 全国主要地区铅蓄电池发证企业分布情况

13.4

主要问题

13.4.1　排污许可与环评的衔接问题

环评制度是新、改、扩建项目的准入门槛，重在事前预防，是新污染源的"准生证"，其内容包括对项目实施后排污行为的环境影响预测评价、环境风险防范以及新建项目选址布局等，也包括项目建设期的"三同时"管理，同时为排污许可提供了污染物排放清单。排污许可重在事中事后监管，是载明排污单位污染物排放及控制有关信息的"身份证"，两者相辅相成，密不可分，是对建设项目全生命周期环境管理的有效手段。从范围来看，排污许可主要针对固定污染源，而环评还包括生态影响类项目，范围更广；从功能定位来看，环评是预测性的决策辅助工具，其功能主要是为利益相关者决策提供支持，其评价范围不仅包括环境影响、生态影响，还包括与之相关的社会影响，而排污许可则聚焦到项目运行期具体的环境管理要求，特别是污染物的排放限值，是法律文书。总的来说，环评为排污许可管理提供了框架和条件，是排污许可管理的前提和基础，环评与排污许可的衔接是排污许可制改革的重要内容。但在目前的实际管理中仍然存在以下一些问题。

① 衔接制度尚未完善。我国电池企业环境影响评价中所涉及的一些信息，例如各个污染源的特点、环境管理、污染物排放特点等加入到当前正在实施的排污许可制度中。除此之外，由于环境影响评价以及排污许可制度之间衔接的制度尚未完善，在实际的污染管理中很容易出现"两张皮"等问题，对企业日常的管理工作造成一定影响，特别是制度实际的价值得不到有效发挥。

② 环境评价与排污许可这两项制度均需对评价项目与企业污染源的强度进行计算，然而这两种制度在计算方法上却存在很大的差异。在《建设项目环境评价分类名录》《固定污染源排污许可分类名录》涉及的电池工业中，对污染物的种类和强度、污染物的产生量和排放强度都有各自的规定。环境影响评价制度较偏重事前管理，所以对排放强度对环境产生的影响更加关注，排污许可则偏向从污染物的排放对于水体、大气和土壤所产生的影响实施定量分析，因此这两种制度衔接缺少协调性。

13.4.2　填报过程主要问题

13.4.2.1　污染物种类、排放方式的选择

① 部分铅蓄电池企业在排污许可证申请过程中未仔细研读排污许可技术规范，而是照抄技术规范上列举的所有污染物或者随意减少污染物种类，不仅导致污染物排放种类情

况与实际不符合，更会使排污许可证中自行监测部分的监测因子出现错误或遗漏，影响排污许可证的科学性，也无法向环境管理部门自证守法。目前，电池工业排污许可技术规范对各种情形的污染物排放种类都有明确的规定。例如，铅蓄电池企业的总镉不作为常规监测因子。

② 电池排污许可填报过程中，生活污水漏填严重。企业除生产废水外，还有生活污水。《电池工业污染物排放标准》（GB 30484—2013）中废水排放因子含生活污水主要污染因子，主要包括化学需氧量、总氮、总磷、氨氮几个指标。

③ 对于一些相似的污染物种类概念辨别不清，典型的如烟尘、粉尘、颗粒物。其中，烟尘主要是燃烧的产物，一般情况下直径＜0.1μm；而粉尘是生产过程中的产物，多为扬尘，呈无组织排放，一般直径＞0.1μm；颗粒物则包括烟尘、粉尘。《锅炉大气污染物排放标准》（GB 13271—2014）、《大气污染物综合排放标准》（GB 16297—1996）、《电池工业污染物排放标准》（GB 30484—2013）中均称"颗粒物"。因此，执行这些排放标准的设备，要按照排放标准的规定选择名词，对于有其他行业的电池生产企业，其他行业一般不区分烟尘、粉尘，选择"颗粒物"即可。厂界无组织排放的污染物，应选择"颗粒物"。

④ 排放方式中有组织、无组织区分不清楚。《大气污染物综合排放标准》（GB 16297—1996）中对无组织排放的定义为"不经过排气筒的无规则排放"。因此，低于15m 的排气筒仍为有组织，对于企业有组织排气筒高度不够的，如果排气筒排放的污染物执行《大气污染物综合排放标准》（GB 16297—1996），企业应将排气筒加高到15m，或者排放速率在内推计算值的基础上再严格 50%执行。

根据《排污许可证申请与核发技术规范　电池工业》（HJ 967—2018）的相关要求，铅蓄电池含铅废气产生及排放环节都要求有组织排放，企业的实际情况为无组织排放的，则要按照技术规范进行整改，将无组织排放环节整改为有组织排放，在申报排污许可证时，在改正规定部分提出整改，并明确整改时限。

13.4.2.2　可行技术的界定

可行技术是国家环境管理部门认可的、在治污设施正常运行和采取推荐的环境管理措施时，能保证污染物稳定达到或优于国家污染物排放标准的技术。

目前，电池工业最佳可行技术的主要依据为《排污许可证申请与核发技术规范　电池工业》（HJ 967—2018）中的可行技术的内容。对于不在《排污许可证申请与核发技术规范　电池工业》（HJ 967—2018）可行技术里包含的技术，企业应提供相关监测报告，证明能做到达标排放，否则应该进行整改。采用可行技术治理污染物，市、县生态环境主管部门在核发时也应核定能否达标排放，必要时提出整改要求。

13.4.2.3　排放标准执行问题

目前，上海、江苏、天津都出台了相应的铅蓄电池行业的地方标准。

上海市《铅蓄电池行业大气污染物排放标准》（DB31/ 603—2012）中规定了铅蓄电池企业废气中铅及其化合物最高允许排放浓度和排放速率；天津市《铅蓄电池工业污染物排放标准》（DB12/ 856—2019）中规定了废水、废气中污染物排放浓度限值；江苏省《铅蓄电池工业大气污染物排放限值》（DB32/ 3559—2019）中规定了废气中污染物的最高允许排放浓度及废气中铅及其化合物的单位产品基准气量。企业在填报排污许可证时，尤其在填报许可浓度和许可量的计算时，要和《电池工业污染物排放标准》（GB 30484—2013）进行比较，从严执行。

涉及有锅炉的电池企业行业类别选择时要同时选择锅炉，并按照《排污许可证申请与核发技术规范　锅炉》（HJ 953—2018）中相关的内容进行填报，若锅炉的许可证管理类别与主行业的许可证管理类别不一致，应按照主行业填报排污许可证的管理类别。此外，企业在已经申领完排污许可证后，锅炉进行煤改气或生产工艺等发生了改变应对排污许可证进行变更，即可登录全国排污许可证管理信息平台变更排污许可证。

13.4.2.4　总量计算问题

铅蓄电池含铅废气有组织排放口为主要排放口，企业需申报废气中铅及其化合物的许可量，铅蓄电池废气其他排放情形排放口无需申报许可量，其他电池无需申报废气污染物的许可排放量。按照技术规范的要求，按照绩效法计算铅蓄电池全厂的废气中铅的许可量，并不是针对每个主要排放口的许可量，系统填报也是填报全厂量，地方有更严格要求的按地方标准执行。

对于含铅废水"零排放"企业，如果是 2015 年 1 月 1 日前环评批复的含铅废水"零排放"，可根据技术规范里面的要求计算废水中总铅的许可量，并填报系统，地方有更严格要求的按地方标准执行；如果是 2015 年 1 月 1 日之后批复的含铅废水"零排放"，按照取严的原则，系统中许可量应填报零。

13.4.2.5　自行监测内容的申报

自行监测部分容易出错的地方为"监测内容"的申请和核定。

企业在申报排污许可证时经常会出现污染物名称、遗漏指标等情形。实际上，"监测内容"应填报为核算污染物浓度和排放量而需要监测的各类物理参数名称，用于判定企业排放是否超标，例如监测废气的温度、压力、体积，废气的湿含量、氧含量等，废水的监测内容填写"流量"参数。

按照《排污许可证申请与核发技术规范　电池工业》（HJ 967—2018）技术规范的内容，不需要对周边的土壤进行自行监测，但若地方有土壤环境质量改善的需求，可根据地方政府要求对周边环境土壤进行重金属监测。

第 14 章

清洁生产审核制度

14.1
基本概念

清洁生产是一种全新的环境保护战略，是从单纯依靠末端治理逐步转向过程控制的一种转变。清洁生产从生态—经济两大系统的整体优化出发，借助各种相关理论和技术，在产品的整个生命周期的各个环节采取战略性、综合性、预防性措施，将生产技术、生产过程、经营管理及产品等与物流、能量、信息等要素有机结合起来并优化其运行方式，从而实现最小的环境影响、最少的资源能源使用、最佳的管理模式以及最优化的经济增长水平，最终实现经济的可持续发展。

作为推行清洁生产的重要手段，国家从"十一五"开始积极鼓励和促进工业企业开展清洁生产审核。随着《中华人民共和国清洁生产促进法》《清洁生产审核办法》《清洁生产审核评估与验收指南》的颁布实施，我国清洁生产工作逐步走向了法制化轨道。《关于进一步加强重点企业清洁生产审核工作的通知》（环发〔2008〕60 号）、《关于深入推进重点企业清洁生产的通知》（环发〔2010〕54 号）、《关于深入推进重点行业清洁生产审核工作的通知》（环办科财〔2020〕27 号）等文件的颁布规范了企业清洁生产审核，也推动了各省市清洁生产审核工作的快速开展。

> **知识要点**
>
> 《中华人民共和国清洁生产促进法》（中华人民共和国主席令 第五十四号）第一章第二条：本法所称清洁生产，是指不断采取改进设计、使用清洁的能源和原料、采取先

进的工艺技术与设备、改善管理、综合利用等措施，从源头削减污染，提高资源利用效率，减少或者避免生产、服务和产品使用过程中污染物的产生和排放，以减轻或者消除对人类健康和环境的危害。

14.2
政策要求

推行清洁生产是加强铅蓄电池行业重金属污染防治工作的关键；而实施清洁生产审核是推行清洁生产工作的重要手段。目前，我国多项文件通知要求铅蓄电池企业实施清洁生产审核。

① 《关于深入推进重点企业清洁生产的通知》（环发〔2010〕54号）提出：含铅蓄电池企业每两年完成一轮清洁生产审核。

② 《关于加强铅蓄电池及再生铅行业污染防治工作的通知》（环发〔2011〕56号）提出：全面开展清洁生产审核，对现有铅蓄电池及再生铅企业每两年进行一次强制性清洁生产审核。

③ 《铅蓄电池行业规范条件（2015年本）》（工业和信息化部 2015年第85号公告）提出：铅蓄电池企业应实施强制性清洁生产审核并通过评估验收。

可以看出，铅蓄电池企业清洁生产审核是一项长期工作。

14.3
审核方法

14.3.1 加强全过程分析，评估企业技术和管理水平

（1）企业基本情况分析

重点说明企业发展历程、地理位置、厂区平面布置状况图、环境质量状况、环境保护和技术改造状况、组织机构等情况。主要分析内容应包括但不限于以下内容：

① 卫生防护距离是否符合相关要求；

② 环境水体、底泥、环境空气、土壤等是否符合标准要求；

③ 环境管理部门是否满足企业环境管理需求等。

（2）产品分析

对铅蓄电池产品类型、产量、有毒有害物质含量等进行调查，与国内外相关标准规范

进行对标分析。与《铅蓄电池行业规范条件（2015 年本）》或地方相关规定对比，判断产品产能是否符合准入要求；与《产业结构调整指导目录（2019 年本）》《铅蓄电池行业规范条件（2015 年本）》及《绿色设计产品评价技术规范 铅酸蓄电池》（T/CAGP 0022—2017）或地方相关规定对比，判断产品的绿色化水平。

（3）原辅材料及资源能源消耗分析

通过对企业近三年水、电、汽及铅、硫酸等原辅材料消耗量的分析，分析单位产品取水量、电耗、综合能耗、铅消耗量、硫酸消耗量等指标变化情况；分析重点能耗、水资源消耗工序（设备），判断节能、节水、节材潜力。

铅蓄电池生产使用的原辅材料包括铅、硫酸、氧气、乙炔等危险化学品，重点评估企业危险化学品管理、应急预案等情况。

（4）生产工艺及设备运行情况分析

应重点评估企业清洁生产工艺装备和淘汰工艺、淘汰设备使用情况。其中，铅蓄电池行业典型清洁生产技术与装备包括但不限于：铅蓄电池内化成工艺技术，铅蓄电池无镉化技术，卷绕式铅蓄电池技术与装备，扩展式、冲孔式、连铸连轧式铅蓄电池板栅制造工艺技术与装备，重力浇铸板栅工艺（集中供铅），全自动密封式铅粉机，自动和膏机，机械化分板刷板（耳）设备，自动配酸系统，密闭式酸液输送系统和自动灌酸设备，机械化包板、称板设备，自动烧焊机或自动铸焊机等。

（5）评价企业环境保护状况

应对企业主要污染源产排污情况进行分析，重点关注废水与废气处理设施的运营情况、产排污情况等。

应重点评价企业执行国家及当地环保法规及环境保护标准的情况，包括排污许可证申请与核发情况、主要污染物达标排放情况、主要污染物排放总量控制情况、环境税缴纳情况及环保处罚情况等。

应评价企业水污染物处理设施运行及检测情况，包括是否雨污分流、是否建设初级雨水收集池、是否建设事故应急池、是否将洗衣废水等作为重金属废水进行处理等。

应评价企业铅烟、铅尘、硫酸雾、锅炉废气等处理设施运行及检测情况。

应评价企业固体废物贮存、处理、处置情况。明确各类废物是否分类收集贮存；危险废物库房建设是否规范；是否有废物运输、处理处置协议；是否有危险废物联单等。

（6）评价企业能源环境健康管理状况

考察铅蓄电池企业管理状况。分析原料采购、贮存运输、生产过程以及铅蓄电池出厂的全程管理状况。主要分析内容应包括但不限于以下内容。

① 环境管理状况：评价企业环保管理制度、清洁生产管理制度、危险废物管理制度等制定及实施情况；评价企业废水、废气、噪声等环保监测制度建设及执行情况等。

② 危险化学品管理状况：评价铅、硫酸、氧气、乙炔等危险化学品管理制度制定及实施情况；评价危险化学品贮存场所及应急设施建设情况。

③ 能源管理状况：评价企业能源管理制度、能源计量体系建设及运行情况。

④ 职业卫生防护管理状况：评价企业职业卫生管理制度制定及实施情况；评价车间空气质量状况，确定是否符合《工作场所有害因素职业接触限值 第 1 部分：化学有害因素》（GBZ 2.1—2019）相关规定。

（7）产业政策符合性及清洁生产对标分析

结合《电池行业清洁生产评价指标体系》（国家发改委、环境保护部、工业和信息化部 2015 年第 36 号公告）、《产业结构调整指导目录（2019 年本）》及《铅蓄电池行业规范条件（2015 年本）》等政策法规标准，评价企业产业政策符合性及清洁生产水平。

（8）确定清洁生产审核重点

铅蓄电池企业清洁生产审核重点的确定应遵循以下原则：

① 污染严重的环节或部位，如分刷片等是铅蓄电池企业铅尘排放重点工序；

② 原料损失、水耗、能耗大的环节或部位，如化成工段、铸板、涂板、充放电等工段；

③ 环境及公众压力大的环节或问题，如危险废物贮存、处理、处置环节，含铅废气处理环节，含铅废水处理及再生环节等；

④ 有明显的清洁生产机会，如生产工艺自动化改造可减少铅尘无组织排放量；

⑤ 地方清洁生产审核要求，如一些地方要求年耗水 $15×10^4 m^3$ 以上，综合能耗 3000t 标煤以上，应将水、能源消耗作为清洁生产审核重点。

（9）设置清洁生产目标

清洁生产目标的设置既要符合企业实际情况，又要体现行业先进水平。铅蓄电池企业清洁生产目标主要包括单位产品取水量、水重复利用率、单位产品综合能耗、单位产品铅消耗量、单位产品硫酸消耗量、单位产品废水产生量、单位产品铅产生量、产品镉含量、计量器具配置率等。

14.3.2　以实际运行数据为基础，加强平衡测试分析

铅蓄电池企业开展清洁生产审核，应建立物料平衡、水平衡、能量平衡、铅平衡等，分析能耗高、物耗高、废物产生原因等，提出解决措施。

14.3.2.1　平衡测试应注重数据分析

清洁生产审核应注重数据分析，而不是简单的数据罗列。某铅蓄电池企业（组装企业，年产量 $200×10^4 kVA·h$）单位产品硫酸消耗量、单位产品铅锡合金消耗量分析如图 14-1 所示。

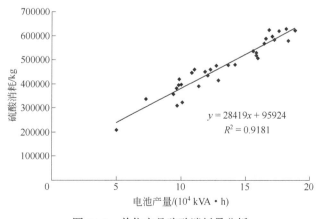

$$y = 28419x + 95924$$
$$R^2 = 0.9181$$

图 14-1　单位产品硫酸消耗量分析

如图 14-1 所示，通过逐月电池产量和硫酸消耗量分析可知，$R^2=0.9181$，产品产量与硫酸消耗量的相关性较好。

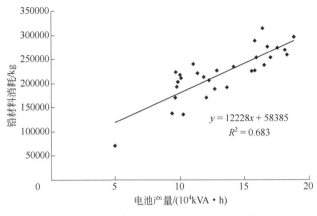

图 14-2 单位产品铅锡合金消耗量分析

如图 14-2 所示，通过逐月电池产量和铅锡合金消耗量分析可知，$R^2=0.683$，产品产量与铅材料消耗量的相关性不高。经初步分析，铅材料主要用于生产铅零件和装配车间焊接使用。铅零件的生产一般为批量生产，所以其铅消耗量与电池产量相关性不高。但对于焊接而言，铅消耗量与产品产量呈线性对应关系，应加强统计分析，并逐步制定考核指标。

14.3.2.2 铅平衡测试分析

企业在实测过程应重点关注铅粉制造、和膏、铸板、涂板、化成、组装等环节，开展铅平衡测试分析工作。某铅蓄电池企业铅平衡示意如图 14-3 所示。

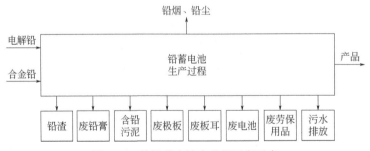

图 14-3 某铅蓄电池企业铅平衡示意

14.3.2.3 电平衡测试分析

企业能源平衡测试应参照相关标准规范执行。企业应参照《用能单位能源计量器具配备和管理通则》（GB/T 17167—2006）安装完备的能源计量器具。能源计量器具配备率要求如表 14-1 所列。部分铅蓄电池企业电表配置情况如图 14-4 所示。

某电池组装企业耗电情况如图 14-5 所示。

表 14-1	能源计量器具配备率要求		单位：%
能源种类	进出用能单位	进出主要次级用能单位	主要用能设备
电力	100	100	95

图 14-4　部分铅蓄电池企业电表配置情况

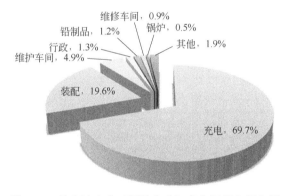

图 14-5　某电池企业（组装企业）各车间用电量分析

如图 14-5 所示，该企业充电车间用电量最大，占总用电量的 69.7%；其次为装配车间，占总用电量的 19.6%；再次为维护车间，占总用电量的 4.9%。三个车间用电量占总用电量的 94.3%，为重点节电管理环节。

某电池全流程制造企业耗电情况如图 14-6 所示。

如图 14-6 所示，该企业化成车间用电量最大，占总用电量的 40.32%；其次为涂片车间，占总用电量的 18.67%；再次为充电车间，占总用电量的 15.99%；然后是浇铸车间，占总用电量的 13.91%。四个车间用电量占总用电量的 88.89%，为重点节电管理环节。

14.3.2.4　水平衡测试分析

企业水平衡测试应参照相关标准规范执行。企业应参照《用水单位水计量器具配备和管理通则》（GB 24789—2009）安装完备的水计量器具。水计量器具配备率要求如表 14-2 所列。某电池企业水表安装现场如图 14-7 所示。

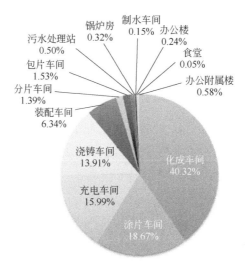

图 14-6　某电池企业（全流程企业）各车间用电量分析

表 14-2　水计量器具配备率要求　　　　　　　　　　　　　　　单位：%

能源种类	进出用能单位	进出主要次级用能单位	主要用能设备
水	100	95	80

图 14-7　某电池企业水表安装现场

铅蓄电池企业水平衡测试应参照《企业水平衡测试通则》（GB/T 12452—2008）执行。某企业水平衡测试如图 14-8 所示。

由图 14-8 可知，该企业水平衡测试不规范，主要问题表现在以下几方面：

① 图 14-8 中没有体现企业生活废水排放去向和排放量；

② 图 14-8 中表明生产废水（含铅、含酸废水"零排放"）不符合行业实际情况；

③ 图 14-8 中没有体现企业循环水利用方向和循环水量，不能核算水重复利用率等。

某企业水平衡测试如图 14-9 所示。

与图 14-8 相比，图 14-9 显示的水平衡测试图相对完善。但仍存在明显问题，主要问题表现在以下几个方面。

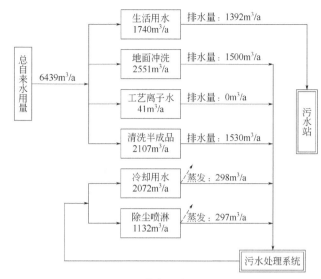

图 14-8 某企业水平衡测试

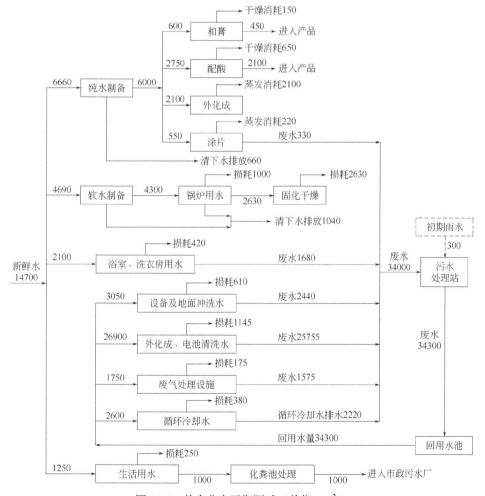

图 14-9 某企业水平衡测试（单位：m³）

① 图中显示企业生产废水"零排放"，不符合行业实际情况。采用化学沉淀工艺对铅等重金属有去除效果，但对硫酸根、TDS 等无显著去除效果。生产废水经处理用于清洗、冷却、绿化等环节，应确保各项指标符合中水回用标准。

② 图中显示企业年新鲜水消耗 14700m³；其中，损耗量 9730m³，占取水量 66.2%；水损耗量偏大，不符合实际情况，初步判断企业为了在水平衡图中体现废水"零排放"，夸大了水的损耗量。

根据铅蓄电池行业工艺用水特点，绘制了典型铅蓄电池企业水平衡示意，如图 14-10 所示。

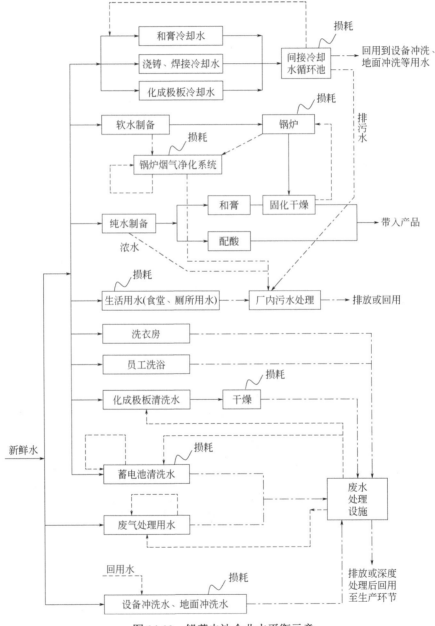

图 14-10　铅蓄电池企业水平衡示意

14.3.3　结合行业主要问题，系统提出清洁生产方案

14.3.3.1　主要技术和管理问题

目前，铅蓄电池行业在技术和管理方面主要存在以下问题：

① 企业选址不合理，导致卫生防护距离不符合规定，存在环境安全隐患；

② 企业生产布局不合理，导致能源消耗量大；

③ 产品产能低，不符合国家或地方准入要求；

④ 产品镉含量超过国家和地方准入要求，产品属于淘汰范畴；

⑤ 产量低，设备利用率低，导致单位产品能耗、水耗、资源消耗高；

⑥ 铅、硫酸、氧气、乙炔等危险化学品贮存不规范，存在环境风险隐患，环境事故应急预案不完善；

⑦ 技术设备落后，物料损耗高，能源消耗高，污染物排放量大；

⑧ 设备自动化率低，废气无组织排放量大；

⑨ 水、电、乙炔等资源、能源计量器具配备率低，未能将资源能源消耗纳入绩效考核；

⑩ 配酸冷却水等未实现循环利用，水重复利用率低；

⑪ 废水处理设施简易，运行记录不完善，未实现在线监测；

⑫ 废气收集率低，废气处理设施简易，污染物去除率低；

⑬ 未能对危险废物和一般固体废物进行分类管理，危险废物贮存管理等不符合国家要求；

⑭ 能源环境管理制度不健全，制度执行度较差；

⑮ 员工操作水平差，节能环保意识差，导致资源与能源损失量大、产品合格率低；

⑯ 职业卫生防护意识欠缺，存在员工不戴口罩、耳塞，不穿工作服等现象。

14.3.3.2　清洁生产方案产生方法

为确保提出切实可行的清洁生产方案，可采用以下方法：

① 在全厂范围内进行宣传动员，鼓励全体员工提出清洁生产方案或合理化建议；

② 根据审核阶段平衡测试分析结果产生方案；

③ 根据预审核阶段现状分析结果产生方案；

④ 回顾企业清洁生产的历史最高水平的经验与方法；

⑤ 广泛收集国内外同行业的先进技术；

⑥ 组织行业专家进行技术咨询；

⑦ 从影响生产过程的原辅材料和能源替代、技术工艺改造、设备维护和更新、过程优化控制、产品更换或改进、废物回收利用和循环使用、改进管理、员工素质的提高以及积极性的激励八个方面全面系统地产生方案。

14.3.3.3　清洁生产方案产生工具

清洁生产审核是一项程序化工作，也是一种方法，方法一般有与之相匹配的工具。目

前，常见的工具包括鱼骨图、思维导图等。

知识要点

因果图，是由日本管理大师石川馨先生所发明出来的，又名石川图或鱼骨图。因果图是一种发现问题"根本原因"的方法，它也可以称为"Ishikawa"。其特点是简捷实用，深入直观。它看上去有些像鱼骨，问题或缺陷（即后果）标在"鱼头"外。在鱼骨上长出鱼刺，上面按出现机会多寡列出产生生产问题的可能原因，有助于说明各个原因之间如何相互影响。

思维导图，又叫心智图，是表达发射性思维的有效的图形思维工具，它简单却又极其有效，是一种革命性的思维工具。思维导图运用图文并重的技巧，把各级主题的关系用相互隶属与相关的层级图表现出来，把主题关键词与图像、颜色等建立记忆链接。思维导图充分运用左右脑的机能，利用记忆、阅读、思维的规律，协助人们在科学与艺术、逻辑与想象之间平衡发展，从而开启人类大脑的无限潜能。

头脑风暴，目的是获得一份综合的清洁生产方案清单。通常由清洁生产工作组开展头脑风暴，工作组以外的多学科专家也经常参与其中。在主持人的引导下，参加者提出各种关于清洁生产的主意。

标杆对比，指借助于标杆管理的理论和方法，发现问题、分析问题和解决企业问题的一种方法。通过标杆对比形成改进方案，并为清洁生产绩效考核提供基础。标杆对比可以来自国家和地方政策法规标准，可以来自企业内部或外部，也可以来自同一或不同领域。

帕累托图，又称排列图、主次图，是按照发生频率大小顺序绘制的直方图，表示有多少结果是由已确认类型或范畴的原因所造成。帕累托图在概念上与帕累托法则有关。帕累托法则称为二八原理，即百分之八十的问题是百分之二十的原因所造成的。帕累托图在清洁生产审核中主要用来找出产生大多数问题的关键原因，用来解决大多数问题。

散点图，显示两个变量间的关系。通过散点图，清洁生产工作组可以研究并确定两个变量（资源消耗-产量、水耗-产量、能耗-产量、污染物排放量-产量等）之间可能存在的关系，进而提出清洁生产方案。

平衡分析，通过开展水平衡、能量平衡、物料平衡和主要污染因子平衡测试分析，根据平衡结果产生备选清洁生产方案。水平衡测试执行《企业水平衡测试通则》（GB/T 12452—2008），能量平衡测试执行《企业能量平衡通则》（GB/T 3484—2009）。

14.3.3.4　常见清洁生产方案

铅蓄电池企业常见清洁生产方案包括但不限于表14-3所列的内容。

表 14-3　常见清洁生产方案

方案归属	方案名称	方案简介
原辅材料	危险化学品管理	加强铅、硫酸、氧气、乙炔等危险化学品管理
产品	生态设计	无镉电池

方案归属	方案名称	方案简介
设备	铅粉制造工序设备改造	采用全自动密封式铅粉机，铅粉系统应密封，系统排放口应与废气处理设施连接；淘汰开口式铅粉机和人工输粉工艺
	和膏工序自动化改造	使用自动化设备，在密封状态下生产
	涂板工序设备改造	配备废液自动收集系统，并与废水管线连通；淘汰手工涂板工艺
	管式极板制造工序设备改造	采用自动挤膏机或封闭式全自动负压灌粉机；淘汰手工操作干式灌粉工艺
	分板刷板（耳）工序自动化改造	采用机械化分板刷板（耳）设备，做到整体密封，保持在局部负压环境下生产
	供酸工序设备改造	采用自动配酸系统、密闭式酸液输送系统和自动灌酸设备；淘汰人工配酸和灌酸工艺
	包板、称板、装配焊接等工序自动化改造	采用自动包板机、铸焊机等替代手工操作
	完善基础设施建设	设置专用更衣室、淋浴房、洗衣房等辅助用房
工艺技术	在合金配制过程中控制铅渣产生	采用先进的铅钙合金配制工艺，再配合使用少量的减铅渣剂，减少铅渣排放
	水洗工艺改进	将淋洗改为水洗，充分利用循环水清洗极板
	干燥工艺改进	正、负极板干燥尽量采取干燥隧道方式
	电池内化成	采用电池内化成工艺
	板栅制造工艺改造	采用扩展式、冲孔式、连铸连轧式铅蓄电池板栅制造工艺技术替代重力浇铸技术
过程控制	固化室控制	通过建造密封效果好的固化室，合理控制温度范围，进行极板固化
	合理组织生产	调整生产结构，合理组织安排生产，实现连续生产，降低能源消耗
	固化工序冷凝水回收	回收固化工序冷凝水，用于固化间加湿、铸板冷却水及成品冷却水
	完善资源能源计量系统	按照国家规定安装水、电、蒸汽等计量仪表
废物	环保设施改造及管理	实施环保设施改造，降低污染物排放量；加强设施运行管理，建立环保档案；加强污染物在线监测；逐步建立重金属特征污染物日监测制度
	危险废物贮存处理处置环节改造	按国家有关规定，加强废铅蓄电池及各种含铅废料收集、贮存、运输管理和场所改造
	废水处理设施改造	进行废水深度处理设施改造，提高废水回用率
	加强厂区环境综合管理	实施雨污分流，建设初级雨水收集池、事故应急池
管理	杜绝跑、冒、滴、漏现象	杜绝原料、水、蒸汽等泄露现象
	加强绩效考核	加强岗位人员的绩效考核，完善各项指标控制
	完善职业卫生管理制度	建立有效的职业卫生管理制度，实施有专人负责的职业病危害因素日常监测，并定期对工作场所进行职业病危害因素检测、评价
	制定环境风险预案	按规定制定企业环境风险应急预案，应急设施、物资齐备，并定期培训和演练，定期开展环境风险隐患排查、评估
	建立环境信息披露制度	定期公开环境信息，每年向社会发布企业年度环境报告书，公布含重金属污染物排放和环境管理等情况，接受社会监督
	持续清洁生产	按照国家要求，每两年滚动完成一轮清洁生产审核
员工	定期培训员工	培训包括思想教育、日常操作、启动、停机、清洗、维修、非正常条件情况下的应急处理
	管理人员与操作人员共担风险	管理人员和员工共同承担工艺操作和工作中可能的风险，保持监测标准和操作条件一致性

14.3.4 持续开展清洁生产审核，推动企业技术进步

根据《关于加强铅蓄电池及再生铅行业污染防治工作的通知》（环发〔2011〕56 号）等文件要求，铅蓄电池企业应每两年开展一轮清洁生产审核。清洁生产是持续改进的过程，企业应从以下几方面开展持续清洁生产工作，逐步提高技术和管理水平：

① 进行产品结构转型，减少有毒有害物质使用量，降低单位产品铅消耗量；

② 加强生产工艺和装备升级改造，提高自动化水平，降低铅等污染物无组织排放量；

③ 提高环保设施处理水平及自动在线监控设备运行水平，提升环境管理水平；

④ 加强环境监测能力建设，定期对周围地表水、地下水、大气、土壤等环境质量开展监测，建立应急响应机制；

⑤ 加强环境管理制度建设，提高环境风险应急能力；

⑥ 建立环境信息披露制度，履行企业社会责任；

⑦ 加强宣传培训，提高全员节能减排和风险防范意识等。

某铅蓄电池企业清洁生产培训现场如图 14-11 所示。

(a)   (b)

图 14-11　某铅蓄电池企业清洁生产培训现场

14.4
案例分析

14.4.1　企业概况

某企业主要从事电动车用纳米高性能环保型蓄电池、极板和零配件的研发、生产和销售。厂区构成包括涂片车间、浇铸车间、分片车间、化成车间、称片车间、组装车间。

厂区北侧分布配料间、空压机房、高压电房，厂区南侧为充电车间、污水处理站、成品仓库。

14.4.2　预审核

14.4.2.1　生产工艺与设备情况

企业主要生产设备包括铸板机、铸粒机、铅粉机、和膏机、涂片机、干燥机、充放电电源等。

环保设备包括高效铅烟净化装置、玻璃钢酸雾净化系统、气箱式脉冲布袋除尘器、污水处理系统等。

对照《高耗能落后机电设备（产品）淘汰目录》（第一批、第二批、第三批、第四批）、《产业结构调整指导目录（2019年本）》等文件，该企业无国家明令禁止的落后淘汰工艺和设备。

14.4.2.2　原辅材料消耗情况

铅蓄电池生产过程中使用的原辅材料主要包括合金铅、电解铅、硫酸等。该企业根据相关规定制定危险化学品管理制度，危险化学品贮存符合国家相关规定。

14.4.2.3　能源和水资源消耗情况

企业能源消耗主要包括电和蒸汽，其中电外购自电网，蒸汽外购自热力公司。单位产品综合能耗 10.3kgce/(kVA·h)，高于《电池行业清洁生产评价指标体系》（国家发改委、环境保护部、工业和信息化部　2015年第36号公告）相关要求，具有一定节能潜力。

14.4.2.4　计量器具配备情况

对照《用能单位能源计量器具配备和管理通则》（GB 17167—2006）和《用水单位水计量器具配备和管理通则》（GB 24789—2009），该企业电表能满足计量要求，但水表和蒸汽流量计还达不到相关要求，一些生产车间尚未配备水表计量器具。为加强水和蒸汽使用考核和管理，应配置完善的二级水、汽计量器具。

14.4.2.5　产排污现状分析

企业主要污染物包括含铅废水、铅烟、铅尘、硫酸雾等。

（1）含铅废水

生产废水主要来自和膏溢流工艺水、化成车间冲洗极板水、装配车间设备清洗水以及制水车间浓水。所有生产废水均排入自建污水处理站，经处理达标后排入市政管网，送入城市污水处理厂进行处理。生活污水主要来自办公、洗浴、洗衣房，其中洗衣房废水排入自建污水处理站，经处理达标后排入市政管网，其他生活污水送入化粪池排入市政管网。

污水处理工艺采用斜板沉淀工艺，设计处理水量为80t/h，主要采用三级pH调节，再使用 PAC、PAM 絮凝沉淀，沉淀后出水使用焦炭过滤深度处理，最终出水达标排放。

（2）含铅废气

废气主要是铅烟、铅尘、硫酸雾，其中铅烟、铅尘来自球磨机、分片车间、铸板，硫酸雾来自化成车间。

所有废气排放工序均按规定安装了环保治理设施，其中铅尘处理采用脉冲布袋除尘器，铅烟处理采用高效铅烟净化装置，硫酸雾处理采用酸雾净化器。废气经处理后达标排放。

（3）含铅固体废物

固体废物主要包括来自污水处理站的铅泥、废水输送过程中残留在管道和贮存设施中的含铅污泥、和膏工序产生的铅泥、含铅的废劳保用品、板栅浇铸过程中的铅渣、废弃电池、组装过程中的边角料以及其他一般工业固体废物。

根据《国家危险废物名录》（环境保护部令 第 39 号），铅蓄电池生产过程中产生的废渣、集（除）尘装置收集的粉尘和废水处理污泥属于含铅危险废物（HW31）。企业对所有危险废物严格按照危险废物处理要求进行规范处理。所有危险废物均交由有危险废物处理资质的单位进行处理，严格执行五联单制度。

14.4.2.6　产业政策与清洁生产水平分析

（1）产业政策符合性分析

对照《产业结构调整指导目录（2019 年本）》，企业现行生产和装备符合要求。

（2）清洁生产对标分析

对照《电池行业清洁生产评价指标体系》（国家发改委、环境保护部、工业和信息化部 2015 年第 36 号公告），企业单位产品取水量、水重复利用率、单位产品综合能耗、单位产品废水产生量与清洁生产二级水平存在差距，其他指标均能达到清洁生产二级以上水平。

14.4.2.7　确定审核重点和设置清洁生产目标

综合考虑能源消耗、新鲜水消耗、清洁生产机会和废物产生量等多方面，并采用权重总和积分排序法，确定了本次清洁生产审核的重点为极板制造车间。依据清洁生产评价指标体系，结合企业实际情况，企业设置了近、远期清洁生产审核目标。

14.4.3　审核

14.4.3.1　物料及铅平衡分析

极板生产工序包括铅粉制造、铸板、和膏、涂板、固化干燥、化成（含干燥）、分片。通过跟踪主流产品，从铅粉生产到最终分片工序进行物料平衡测试。

通过各工序物料的输入、输出测试和分析，极板生产过程中铅粉、铅尘产生情况如图14-12 所示。分片过程中污染物产生最多，需加强污染物的控制和管理。目前，企业分片为人工分片，污染物产生量大，应改为自动分片。

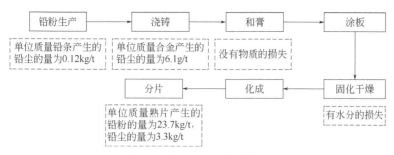

图 14-12 铅粉、铅尘产生情况

14.4.3.2 水平衡分析

水平衡测试以水表法为主，首先安装水表，一、二级水表计量率达 100%，然后进行水平衡测试。测试结果表明，生产用水和生活用水的比例分别为 57.5%、42.5%，全厂的生活用水有很大的节水潜力。在审核过程中发现生活用水测试结果和实际情况发生偏差，通过排查发现给水管道（暗管）泄漏现象较严重，随即将所有的管道进行重新铺设，改成明管，便于检修，防止渗漏。

14.4.3.3 全厂用电分析

通过全厂用电分析，发现化成车间用电量最大，占全厂用电的 48.92%；其次为充电车间，占全厂用电的 11.3%；照明用电仅占 0.10%。因此若要降低全厂的生产用电水平，则主要从降低化成车间的用电量进行考虑。

14.4.4 方案产生和筛选

根据预审核阶段的基础数据分析和审核阶段的平衡分析的分析结果，充分调动广大员工的积极性，全面系统地提出并汇总清洁生产方案，共征集到方案百余多条，最终确定 28 项无/低费方案和 5 项中高费方案。部分清洁生产方案汇总如表 14-4 所列。

表 14-4 清洁生产无/低费方案

序号	名称	原因	对策
一、原料、能源节约和替代			
1	污水处理片碱使用改进，改用液碱	使用片碱时需要配制液碱，存在安全隐患，配碱过程中释放热量对设备损坏大，而且碱的浓度不稳定造成处理过程经常出现问题，液碱有价格上的优势	直接使用液碱，降低员工作强度和安全隐患，降低设备故障率，提高处理能力，节约成本
2	包片机安装节能灯	在包片机上方安装日光灯效果不好，且人员离岗不能随时关灯，造成浪费	每台包片机内部安装一台 11W 节能灯
3	自来水管网改造	原自来水管道属暗管，实测时发现用水量与实际理论值相差甚远，经排查发现自来水管道泄漏现象较严重	将管道进行改造，所有的管道进行重新铺设，改成明管，便于检修，防止渗漏
4	将普通灯具改成节能灯	厂区内使用的照明灯具部分不是节能灯	将厂区内的照明普通灯具改成平面节能灯

序号	名称	原因	对策
二、产品的优化			
5	板栅结构的设计优化	物料实测时发现板栅结构有待优化	在以后的板栅结构设计中不断优化，减少废柄头的产生
6	调整合金的配方，提高合金利用率	物料实测时发现合金利用率有待提高	在以后的产品设计中，不断优化合金的配方，及时向合金供应方提出配方要求，提高合金利用率
三、设备维护和更新			
7	滚磨机吸尘装置改装	吸尘口太高，导致吸尘效果差，影响车间工作环境	在两边钢丝轮上安装两个吸尘罩，接上风管，把吸尘空间缩小，刷极耳时的粉尘可直接吸走
8	制水中空纤维过滤装置改装为活性炭过滤装置	在日常工作中因中空纤维过滤装置与 RO 膜制水机组装置不协调，水跟不上导致 RO 膜机组频繁停机。另外此装置水资源浪费较大，排出废水的量为 2t/h	取消中空纤维过滤装置，改装为活性炭过滤装置，能改善产能，杜绝 RO 膜制水机组频繁缺水停机
四、过程控制优化			
9	增加输送管道自动控制装置	设备故障率高，人员投入较多，劳动强度大，电池摔坏数量大	增加输送管道自动控制装置：①利用感应系统来控制管道；②通过时间控制管道的速度
五、技术工艺改进			
10	充电车间回胶改良	目前，胶容易沉淀，对生产不利	利用回胶软管将胶回收至搅拌桶，重新搅拌后可供次日使用
六、管理优化			
11	球磨车间实行错峰用电	球磨车间用电量较大，可错峰用电，合理节约电费	对球磨车间实行错峰用电
12	新增水表	浇铸工序、涂片工序、化成工序、分片工序没有水表进行计量	浇铸工序、涂片工序、化成工序、分片工序安装水表进行计量
七、废物减排与循环利用			
13	利用 PVC 板残料制作称片台丝网架	原有木质材料丝网架易损坏，需要提前申报丝网架备用	将 PVC 板残料废物利用代替木质材料

14.4.5　中高费方案可行性分析

14.4.5.1　蒸汽冷凝水的回收利用

（1）项目背景

蒸汽冷凝水是指蒸汽做功后冷凝而成的水，它不仅是经过处理的软化水，还带有相当高的温度，如能回收利用则不仅可以节约热量，还可以节约新鲜水和水处理费用。

清洁生产审核前，企业固化室和化成烘干窑每月使用蒸汽约为 4500m³，产生冷凝水约为 4000t，水温 70~80℃，该部分冷凝水直接排放至污水处理站，不仅浪费了水资源，同时增加了污水处理站的处理负荷。

（2）方案简介

化成烘干窑和固化室产生的蒸汽冷凝水的水质能满足各自的水质要求。拟将化成烘干窑和固化室产生的蒸汽冷凝水通过冷凝水收集系统各自回收至储水箱中，再进入化成烘干窑和固化室循环使用，以实现冷凝水的回收利用。

（3）效益汇总

蒸汽冷凝水的回收利用效益汇总如表 14-5 所列。

表 14-5　蒸汽冷凝水的回收利用效益汇总

名称	指标
环境效益	减少新鲜水用量 7.6 万吨/年，减少污水排放量 4.8 万吨/年，减少软水制备和处理废水耗用的电能 $3.84×10^4 kW \cdot h/a$，减少 CO_2 排放 0.38t/a
经济效益	减少外购蒸汽量 2400t/a，节省外购蒸汽成本 42 万元/年；外购水量减少 7.6 万吨/年，节省外购水资源费 30.4 万元/年；减少软水制备和处理废水耗用的电能为 $3.84×10^4 kW \cdot h/a$，则节省电费 3.07 万元/年。共节省成本为 75.47 万元/年

14.4.5.2　淋浴使用 IC 卡计量控制系统

（1）项目背景

浴室原先使用的是老式淋浴装置，采用球阀开闭式控制，不限量、不限时使用，员工节水意识淡薄，淋浴时间长，造成水资源浪费，浪费新鲜水量为 70t/d（330d），约 2.3 万吨/年。这些污水直接排入污水处理站，增加了污水处理站的运行负荷。

（2）方案简介

新建的生活区拟采用淋浴 IC 卡计量控制系统来代替老式的淋浴装置，合理规范淋浴用水量，提高员工的节水意识。IC 卡计量控制系统如图 14-13 所示。

图 14-13　IC 卡计量控制系统

（3）效益汇总

淋浴使用 IC 卡计量控制系统效益汇总如表 14-6 所列。

表 14-6　淋浴使用 IC 卡计量控制系统效益汇总

名称	指标
环境效益	可节约新鲜水 2.3 万吨/年，减少污水排放 2.3 万吨/年
经济效益	减少新鲜水用量 2.3 万吨/年，节省水资源成本 9.2 万元/年；节省加热用蒸汽量约 30t/a，节省蒸汽成本 0.53 万元/年。合计可节约 9.73 万元/年

14.4.5.3　组装车间设备更新

（1）项目背景

原有铸焊机均为手工操作，劳动强度大，受人工因素影响产品质量也不稳定，铸焊过程产生铅烟，环境差。铅烟是含铅物质中对操作者危害最大的一种形态。焊接产生铅烟的部位位于操作者近前下方，高浓度铅烟极易被操作者直接吸入。同时，铅烟在通风较差的车间可长时间留存。

人工包片也存在人为因素影响大、劳动强度大、工效低等问题，还会产生铅尘。铅尘是含铅物质中对操作者构成危害的另一种形态，通过食道进入人体。当生产场所通风除尘设备运行不良时，地面或设备表面的集尘可形成二次扬尘。

（2）方案简介

将现有手工铸焊机更换为全自动铸焊机，减少人工，提高产品质量，减少铅烟排放量。包片机由手工包片机改为全自动包片机，改善作业环境，减少人工，提高产品质量。自动铸焊机、自动包片机改造情况如图 14-14、图 14-15 所示。

图 14-14　自动铸焊机

图 14-15　自动包片机

（3）效益汇总

组装车间设备更新效益汇总如表 14-7 所列。

表 14-7　组装车间设备更新效益汇总

名称	指标
环境效益	减少铅烟、铅尘的无组织排放，改善工作环境
经济效益	全年共节约成本约 856 万元。其中：铸焊机更换为自动铸焊机后，节约原材料成本 222 万元/年，节约人工费用 504 万元/年，共节约成本 726 万元/年。手工包片改为全自动包片机包片，节约人工 132 万元/年，增加电费 1.65 万元/年，则共节约资金约 130 万元/年

14.4.5.4　厂区采用电动洗地车

（1）项目背景

铅蓄电池的生产过程中会产生铅尘，未进入处理设施的铅尘将散落在车间地面上，当车间内有人走动时会引起扬尘。而铅尘被人体吸收后，对人体影响很大。为了避免铅尘的影响，车间内会经常对地面进行清洗。

原清洗车间地面为人工作业，耗用人力、时间，清洗时需耗用水，且清洗过程中会引起扬尘，给环境带来一定的影响。

（2）项目简介

针对此情况，采用电动洗地车替代人工清洗地面，可减少人力，同时节约水资源。电动洗地车现场工作情况如图 14-16 所示。

图 14-16　电动洗地车

（3）效益汇总

电动洗地车效益汇总如表 14-8 所列。

表 14-8　厂区采用电动洗地车效益汇总

名　称	指　标
环境效益	湿法洗地，能有效减少扬尘
经济效益	可节约人力成本 21.6 万元/年，增加电费 3.96 万元/年，易损件更新费用 0.72 万元/年，可节约费用 16.92 万元/年

14.4.5.5　化成车间充电机谐波治理

（1）项目背景

化成车间老式充电机未采用抗谐波补偿柜。国家标准规定电压谐波畸变率需低于 5%，电流谐波畸变率需低于 25%。而企业实际谐波含量为电压谐波畸变率 27%，电流谐波畸变率 110%，造成线路及配电柜元器件经常烧损。经估算每年因谐波给企业造成 80 多万元的损失，同时带来了不安全因素（例如线路老化造成短路、电柜元器件烧损起火等）。

（2）方案简介

将化成车间的老式充放电机进行更换，淘汰老式充电机，使用新式充电机；同时对化成车间老式充电机的无功补偿柜进行改造，加设滤波电抗器，以达到治理谐波的目的。改造后谐波含量将低于国家标准，线路损耗下降，电网运行将趋于稳定。

（3）效益汇总

化成车间充电机谐波治理效益汇总如表 14-9 所列。

表 14-9　化成车间充电机谐波治理效益汇总

名称	指标
环境效益	年节电量为 $1200 \times 10^4 kW \cdot h$，折合年减排 CO_2 120t
经济效益	年节约电费 960 万元

14.4.6　方案实施效果分析

本轮清洁生产审核共实施方案 28 项无/低费方案，5 项中高费方案。每年实现节水 $19.2 \times 10^4 m^3$，减少废水排放 $14.1 \times 10^4 m^3$；节电 $1200 \times 10^4 kW \cdot h$。单位产品取水量从审核前 $0.26 m^3/(kVA \cdot h)$ 降低至 $0.11 m^3/(kVA \cdot h)$；水重复利用率从 67% 提高至 83%。通过开展清洁生产审核，企业各项指标均能达到《电池行业清洁生产评价指标体系》（国家发改委、环境保护部、工业和信息化部　2015 年第 36 号公告）二级标准。

第15章

生产者责任延伸制度

15.1
基本概念和内涵

生产者责任延伸（Extended Producer Resposibility，EPR）的概念最早产生于 1988 年，由瑞典环境经济学者托马斯教授在向瑞典环境署递交的一份报告中首次提出。托马斯教授认为，EPR 是一项环保战略，更是一项政策机制，其要旨是通过将生产者对产品的责任尤其是环境责任延伸至废弃后的回收、利用和处置等环节，来降低产品对环境造成的污染。在我国，EPR 理念在《中华人民共和国固体废物污染环境防治法》《中华人民共和国循环经济促进法》等法律、法规中均有体现。在《生产者责任延伸制度推行方案》（国办发〔2016〕99 号）中，我国正式对 EPR 进行了定义：指将生产者对其产品承担的资源环境责任从生产环节延伸到回收利用、废物处置等全生命周期的制度。

通常，生产者对产品有设计、生产、销售的责任，要保障产品质量，保护消费者权益。在将产品卖给消费者后，生产者和产品之间的关系就已完结。产品被废弃（或是被消费者直接丢弃）后，任由回收者随意收集、买卖、处置（如废铅蓄电池等），或是由政府相关机构负责收集和处置（如生活垃圾等）。EPR 的内涵则是要求生产者对产品资源环境责任延伸到回收利用和安全处置等环节,这填补了生产者责任体系中产品消费废弃后的责任空白。一方面，该项制度要求生产者在产品研发上开展生态设计，统筹考虑产品原材料选取、包装、消费、收集处理等各环节对资源和环境潜在的影响，鼓励使用再生原料；另一方面，该项制度明确了生产者对产品废弃后的回收利用和处置担负主体责任,包含环境损害责任、经济责任、所有权责任等，同时也强调了产品生命周期中尤其是回收处置过程中经销商、回收者、消费者和政府等不同身份的责任担当。

15.2
实施 EPR 的重要意义

（1）使废弃产品外部环境成本内部化，并减轻国家的环境治理负担

生产者通过销售产品获得经济利益，但产品被废弃后向环境中排放则造成了对环境的负面影响和环境损失。对此，以往的模式都是政府为这一环境损失买单，故具有环境外部不经济性特征。EPR 则通过要求生产者将责任延伸到产品被废弃后的回收、处置全生命周期，这使得外部环境成本内化到生产成本中。为此，不仅生产者，产品销售中受益的各相关主体（如经销商、销售网点等）也均承担相应的责任，减轻了国家的环境治理负担，减少了行政资源的浪费，可将政府的人力、物力、财力更多地转移到环境治理的宏观决策和科学分配行政资源上。

（2）推动循环经济发展

相对于高速、粗放式的经济发展模式，循环经济追求的是高质量的、绿色的和可持续的经济发展模式。循环经济的内涵是"3R"原则（即减量化、再利用、资源化）。循环经济是尊重生态的、绿色的和集约型的高质量发展模式，能够实现生态文明、经济、社会共同发展。

EPR 充分体现了循环经济发展的实质。EPR 要求改进产品生产技术，采用生态设计，减少原材料的使用和潜在的环境风险，因而符合减量化原则；EPR 坚持再利用原则，鼓励生产者加大再生原料的使用比例；EPR 明确了生产者承担废弃产品的回收利用责任，因而增加了资源化水平，减少了废物的产生量，进而有助于实现可持续发展。因此，EPR 是实现循环经济发展方式重要的、必不可少的手段和途径。

（3）促进实施清洁生产

EPR 是一种产品全生命周期责任制度。在此制度下，生产者被赋予全生命周期责任，促使生产者改变生产模式和理念。首先，在选择产品原料上尽可能选择对环境污染小的原料，并加大再生原料的使用比例，从而将环境末端治理转化为源头控制；其次，产品废弃后生产者负责回收、利用，从而减少废物的产生，增加再生原料，进而减少天然矿山等自然资源的开发压力；最后，对再生利用后的废物进行安全处置，可将生态环境风险降到最低。EPR 对产品全生命周期的各个阶段均设计了预防环境污染的措施，以降低污染物的产生量，从而将对环境的影响降到最低，这些均为清洁生产的核心理念。可以说，清洁生产是 EPR 的实施手段和追求目标，EPR 则对清洁生产的发展具有重要的促进作用。

（4）促进企业技术升级

EPR 将产品消费后回收、处置的责任明确赋予生产企业后，逐利性会驱使企业想办法降低废弃产品的处置成本，增加废弃产品可再生利用产生的盈利。为此，企业会在产品的设计、原料的选择、工艺流程、再生技术、企业管理模式等各方面进行技术升级和科技创新，从而促进行业的发展。同时，用于承担环境责任的企业将在公众中树立良好的企业形象，赢得消费者和市场的认可，从而提高企业和产品的竞争力。

15.3
废铅蓄电池回收管理现状

15.3.1 政策法规标准日趋完善

近年来，国家相关管理部门积极推进废铅蓄电池回收工作，通过颁布相关规划、政策、标准等文件，逐步规范铅蓄电池回收体系。部分政策要求如表 15-1 所列。

表 15-1 部分政策要求

序号	文件名称	文件要求
1	《国家环境保护"十二五"规划》（国发〔2011〕42 号）	推行生产者责任延伸制度，规范废弃电器电子产品的回收处理活动。首次将生产者责任延伸制度这一概念纳入国家环境保护规范性文件中
2	《促进铅酸蓄电池和再生铅产业规范发展》（工信部联节〔2013〕92 号）	落实生产者责任延伸制度。制定《废铅酸蓄电池回收利用管理办法》，提出落实生产者责任延伸制度的具体机制和操作办法，明确生产企业（进口商）的回收责任，督促企业在设计和制造环节充分考虑产品废旧回收时的便利性和可回收率。充分发挥市场机制作用，调动销售者、消费者参与回收利用的积极性
3	《循环经济发展战略及近期行动计划》（国发〔2013〕5 号）	完善相关法律法规，建立生产者责任延伸制度，推动生产者落实废弃产品回收、处理等责任。研究建立强制回收产品和包装物、汽车、轮胎、手机、充电器生产者责任制
4	《铅蓄电池行业规范条件（2015 年本）》（工业和信息化部 2015 年第 85 号公告）	铅蓄电池生产企业应积极履行生产者责任延伸制，利用销售渠道建立废旧铅蓄电池回收系统，或委托持有危险废物经营许可证的再生铅企业等相关单位对废旧铅蓄电池进行有效回收利用。企业不得采购不符合环保要求的再生铅企业生产的产品作为原料。鼓励铅蓄电池生产企业利用销售渠道建立废旧铅蓄电池回收机制，并与符合有关产业政策要求的再生铅企业共同建立废旧电池回收处理系统
5	《绿色制造工程实施指南（2016—2020 年）》	按照产品全生命周期绿色管理要求，强化生产制造全过程控制和生产者责任延伸，加快构建绿色制造体系
6	《"十三五"节能减排综合工作方案》（国发〔2016〕74 号）	促进资源循环利用产业提质升级，实行生产者责任延伸制度
7	《废电池污染防治技术政策》（环境保护部 2016 年第 82 号公告）	鼓励电池生产企业、废电池收集企业及利用企业等建设废电池收集体系。鼓励电池生产企业履行生产者延伸责任
8	《生产者责任延伸制度推行方案》（国办发〔2016〕99 号）	率先对电器电子、汽车、铅蓄电池和包装物等产品实施生产者责任延伸制度。鼓励铅蓄电池生产企业建立产品全生命周期追溯系统，采取自主回收、联合回收或委托回收模式，通过生产企业自有销售渠道或专业企业在消费末端建立的网络回收铅酸蓄电池，支持采用"以旧换新""销一收一"等方式提高回收率
9	《中华人民共和国循环经济促进法》（全国人民代表大会常务委员会，2018 年 10 月 26 日修正）	生产列入强制回收名录的产品或者包装物的企业，必须对废弃的产品或包装物负责回收；对其中可以利用的，由各生产企业负责利用；对因不具备技术经济条件而不适合利用的，由各生产企业负责无害化处置

序号	文件名称	文件要求
10	《废铅蓄电池污染防治行动方案》（环办固体〔2019〕3号）	推进铅酸蓄电池生产者责任延伸制度。制定发布铅酸蓄电池回收利用管理办法，落实生产者延伸责任。充分发挥铅酸蓄电池生产和再生铅骨干企业的带动作用，鼓励回收企业依托生产商的营销网络建立逆向回收体系，铅酸蓄电池生产企业、进口商通过自建回收体系或与社会回收体系合作等方式，建立规范的回收利用体系
11	《中华人民共和国固体废物污染环境防治法》（全国人大常委会，2020年4月29日修订）	国家建立电器电子、铅蓄电池、车用动力电池等产品的生产者责任延伸制度。电器电子、铅蓄电池、车用动力电池等产品的生产者应当按照规定以自建或者委托等方式建立与产品销售量相匹配的废旧产品回收体系，并向社会公开，实现有效回收和利用。国家鼓励产品的生产者开展生态设计，促进资源回收利用
12	《关于推进危险废物环境管理信息化有关工作的通知》（环办固体函〔2020〕733号）	全面应用固体废物管理信息系统（包括生态环境部建设运行的全国固体废物管理信息系统和地方生态环境部门建设运行的固体废物管理信息系统）开展危险废物管理计划备案和产生情况申报、危险废物电子转移联单运行和跨省（自治区、直辖市）转移商请、持危险废物许可证单位年报报送、危险废物出口核准等工作，有序推进危险废物产生、收集、贮存、转移、利用、处置等全过程监控和信息化追溯
13	《废铅蓄电池危险废物经营单位审查和许可指南（试行）》（生态环境部2020年第30号公告）	从技术人员、运输、包装和台账、贮存设施、利用处置设施及配套设备、技术工艺和装备、规章制度和环境应急管理七个方面对废铅蓄电池危险废物经营单位提出具体要求

15.3.2 稳步推进回收体系建设

根据《铅蓄电池生产企业集中收集和跨区域转运制度试点工作方案》，2019年试点企业在21个试点省份共计取得85份收集许可证，建设集中转运点近600个，收集网点约8000个。

总体而言，由于发达国家在废旧电池回收处理方面立法及实施较早，美国、日本、欧盟等国家和地区铅蓄电池有组织回收率达到98%以上，而我国有组织回收率不到40%，铅蓄电池回收利用仍处于粗放式发展、分散式经营的无序状态，尚未建成由铅蓄电池企业或再生铅企业构建的全国性和区域性回收网络。我国废铅蓄电池收集系统结构示意如图15-1所示。

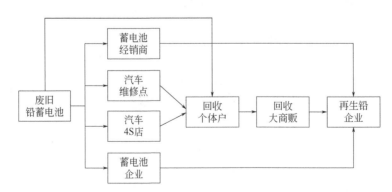

图 15-1 我国废铅蓄电池收集系统结构示意

（部分蓄电池企业建有再生铅项目）

从收购点及收购网络来看，个体私营收购点占 65%，蓄电池零售商占 13%，再生铅企业及再生铅专业回收点占 9%，蓄电池制造商占 8%，汽车维修点和 4S 店占 5%，如图 15-2 所示。

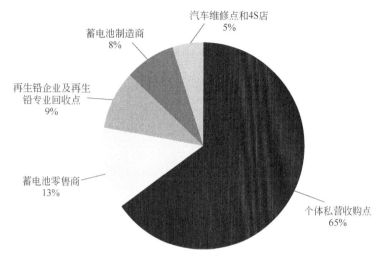

图 15-2　我国废铅蓄电池回收渠道占比情况

（1）废电池的产生及初次流通

一般情况下，废铅蓄电池的来源主要有以下几种。

① 汽车、电动自行车等个人消费者将报废的铅蓄电池以"以旧换新"的方式交给当地的蓄电池销售商、维修点或汽车 4S 店；

② 集团消费者（如通信公司、电网公司、银行、地铁运营公司等）将报废的电池收集到各自库房，然后通过招标或直接销售给本地回收商贩，或者由设备制造商或维修商回收废铅蓄电池；

③ 铅蓄电池生产企业生产或销售过程中的废电池，部分规范企业直接交给有资质的再生铅企业，大部分企业选择销售给当地的商贩。

（2）小商贩的无序收集过程

各地区的小商贩通过简单的运输工具（三轮车、面包车或小箱货等）到铅蓄电池经销店、汽车维修点等地以现金交易的方式回收废电池。商贩回收了一定的数量后，便找地方将电池中的废酸液倒掉（见图 15-3），然后将倒完酸液的废电池卖给当地的大商贩或直接交给冶炼厂。

（3）大商贩主导废电池的最终流向

每个地区通常有规模较大的商贩，大商贩一般位于主要城市的市郊，租用当地的民房用作收集废电池的场所，主要业务是集中小商贩手中的废电池。废电池流通到大商贩这一环节后，大商贩为降低运输成本，几乎将全部电池中的酸液就地倒掉后集中销售给再生铅冶炼企业。大商贩手中废旧电池的流向主要有：

① 将酸液倒掉后大部分卖给出价高的无资质、无任何环保手续的非法冶炼厂；

② 部分商贩将电池进行人工拆解，然后将拆解后的电池极板卖给冶炼厂，壳体卖给塑料加工厂。

图 15-3　铅蓄电池钻孔倒酸

15.3.3　再生利用规模迅速扩大

铅蓄电池广泛应用于交通运输、通信、电站、电力输送、铁路等行业，其中汽车起动电池、电动自行车用动力电池、后备电池三类约占消费总量的 90%。我国是世界最大的铅蓄电池生产国和消费国，2019 年我国铅蓄电池产量为 $20248.6×10^4$kVA·h，占世界总产量的比重超过 40%。由于铅蓄电池使用寿命相对较短，使用一段时间后必须更新，废电池产生数量惊人。

2018 年废铅蓄电池来源与产生量估算情况如表 15-2 所列。

表 15-2　2018 年废铅蓄电池来源与产生量

领域	产量/万辆	保有量/万辆	新车电池配套量/(10^4kVA·h)	电池维护更换量/(10^4kVA·h)	电池消费量/(10^4kVA·h)	废电池产生量/万吨	废电池占比/%
汽车	2780.9	24000	2002.25	5086.06	7088.3	111.89	25.24
摩托车	1557.05	8963.68	168.16	799.92	968.08	17.60	3.97
叉车	59.72	232.50	1146.53	1488.00	2634.53	32.74	7.39
拖拉机等机动车	—	—				5.00	1.13
电动自行车	2589.92	19420.92	2113.37	4578.03	6691.41	114.45	25.82
电动三轮车	800	4696	1152	1870.08	3022.08	41.14	9.28
电动四轮车	100	260.86	720	386.06	1106.06	8.49	1.92
通信基站	43.9	648	2107.2	3624.6	5731.8	79.74	17.99
储能与应急电源	—	—				11.00	2.48
其他	—	—				5.00	1.13
机动车报废	—	—				16.23	3.66
合计	—	—	9409.51	17832.75	27242.26	443.28	100

注：数据来源于资源强制回收产业技术创新战略联盟。

2019 年 7 月，生态环境部固体废物与化学品管理技术中心公布的各省市（自治区）再生铅企业 64 家，废铅蓄电池处理能力 1053.24 万吨，具体分布情况如图 15-4 所示。

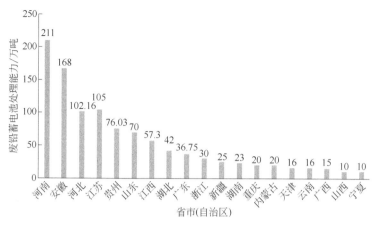

图 15-4　各省市（自治区）再生铅企业处理能力

15.4

促进铅蓄电池行业落实 EPR 的建议

15.4.1　优化废铅蓄电池回收管理制度

（1）明确各方责任

鼓励铅蓄电池生产企业通过自建或共建等方式建立和管理废铅蓄电池回收体系，将收集网点、经销商等回收体系中的单位由无法人管理变为有法人管理，环境责任由政府承担转变为由企业及其组织共同承担。明确回收链上电池生产企业、经销商、销售网点、消费者、溯源平台、再生铅企业、环保机构等在污染防治、环境赔偿、信息公告、溯源管理、宣传培训等方面的责任，保障废铅蓄电池安全利用、环保处置。

（2）对废铅蓄电池进行分类管理，完成 EPR 和危险废物管理制度的衔接

根据废铅蓄电池特性进行分类管理，即对完好的废铅蓄电池因其环境风险低，故在收集和转运的过程中可按照新产品管理方式管理；对破损的废铅蓄电池，则按照危险废物进行管理，运行危险废物联单，遵守危险废物运输相关规定。

（3）推进电池溯源管理平台建设

《铅蓄电池回收利用管理暂行办法（征求意见稿）》提出国家实行铅蓄电池全生命周期统一编码标识制度。目前，相关单位已颁布实施《铅蓄电池二维码身份信息编码规则》（QB/T 5506—2020）、《铅蓄电池二维码身份信息编码规则》（T/DCB 0001—2018）等标准。应推进"互联网+溯源管理"平台建设，将线上溯源管理和线下回收体系有机融合。采用废铅蓄电池溯源管理平台，该平台可接入铅蓄电池生产、运输、回收、冶炼等企业的相关信息数据库，政府管理部门能够实时查看废铅蓄电池的收集、运输、暂存、中转以及跨省转移

信息，规范铅蓄电池的生产、使用及回收利用环节。平台可加强电池流向监管，销售、收集、转移、处置等全过程能够通过扫描二维码方式追踪每块电池的来源、去向，实现铅蓄电池全生命周期可追溯管理。溯源平台具备查询、汇总、统计、分析和预警等功能，可为公安、环保、工信、工商、交通、发改等多个政府部门在各自职能范围内进行监督管理提供基础信息。

15.4.2 健全废铅蓄电池回收标准体系

随着《再生铜、铝、铅、锌工业污染物排放标准》（GB 31574—2015）、《铅蓄电池生产及再生污染防治技术政策》（环境保护部　2016 年第 82 号公告）、《废铅蓄电池处理污染控制技术规范》（HJ 519—2020）、《排污许可证申请与核发技术规范　有色金属工业——再生金属》（HJ 863.4—2018）等政策标准的颁布实施，国家层面的废铅蓄电池回收技术标准已趋于完善。今后应开展相关标准的实施评估工作，及时修订相关标准。同时，围绕绿色制造、碳足迹、环境足迹、水足迹等领域，以及汽车拆解和汽车维修环节中废铅蓄电池回收贮存等问题，开展相关行业、团体标准制定修订工作。

15.4.3 加强再生铅行业监督管理工作

生态环境、发改、工信、公安、司法、财政、交通、税务、市场监管等管理部门发挥各自职能，对废铅蓄电池回收体系建设、贮存场所规范、废电池转运、溯源平台运行等开展指导协调、督察督办、警示约谈、考核评议等工作。进一步加大针对铅蓄电池非法回收企业、个人的打击力度，依法取缔、关停违法回收、冶炼小作坊。将违法企业、个人信息纳入各地信用信息共享平台，通过信息公开，发动公众监督，营造公平竞争的市场环境，保障生产者责任延伸制度的落实。

15.4.4 推行有效的经济激励政策措施

EPR 是一项针对企业的环境政策，因此企业既要实施 EPR，承担起废弃产品的回收利用和处置责任，又要考虑成本有效性，在商业行为中盈利。企业非常需要政府给予经济上的激励政策，以获得推行 EPR 的积极性，并增加正规企业与无环保成本的非法企业抗衡的能力，减轻企业生存压力。如建立包括回收处置、行业准入、清洁生产、绿色制造、环保排放等具体情况在内的一套指标体系，对铅蓄电池消费税进行差异化退返，确保 EPR 有抓手、可操作、能落地；加大增值税的退税力度，进一步提高大型生产企业落实 EPR 的积极性。

第 16 章

环境信息披露制度

16.1
环境信息披露的必要性

在我国经济高速发展的进程中，环境污染问题日益严峻，受到越来越广泛的社会关注。环境保护需要政府、企业及公众的多方面共同参与，而其前提是对环境信息的充分知情。环境信息作为一种公共信息资源，是政府、企业和公众实施环境行为选择和行动的重要信息基础。

环境污染与人民生活息息相关，公众有权了解环境现状及重要污染源的排污情况，也有权监督其他个体及单位的环境行为。《奥胡斯公约》第 1 条规定：各国应"保障公众在环境问题上获得信息、参与环境决策和诉诸法律的权利"。《中华人民共和国环境保护法》第五十三条明确规定："公民、法人和其他组织依法享有获取环境信息、参与和监督环境保护的权利。"

党的十九大明确提出要构建政府为主导、企业为主体、社会组织和公众共同参与的环境治理体系，企业是践行和参与生态环境保护的重要力量，应推动企业切实增强生态环境保护守法意识，承担起生态环境保护治理主体责任。倡导企业公开生产设施、工艺流程和污染治理设施，接受社会监督，主动公开排放信息，增强和公众互信互动，自觉接受社会监督。努力倡导社会各界及公众参与美丽中国建设，让"绿水青山就是金山银山"的发展理念深入人心，让低碳环保的绿色生活方式成风化俗，在全社会营造人人、事事、时时、处处崇尚生态文明的社会氛围。

企业作为一个既有社会服务功能，也有盈利功能的经济组织，有义务履行其社会责任，披露环境相关信息。企业作为环境污染的主要来源和国民经济发展的主要推动力，其环境信息披露对于协同和控制社会经济发展中的政府、企业和公众行为，改善生态环境，保障社会福利都具有重要作用。此外，环境信息披露对于环境保护和社会稳定具有重要作用。上市公司既是我国国民经济的主力军，也是污染排放的重要贡献者。督促上市公司履行社会责任，真实、有效地披露环境信息，不仅可以培养上市公司环境守法意识，促进企业改进环境表现，更有助于保护投资者利益，提升上市公司质量，优化资本市场结构。

知识要点

奥胡斯公约，英文全称为：Convention on Access to Information, Public Participation in Decision-making and Access to Justice in Environmental Matters；简称为：Aarhus Convention。1998 年，联合国欧洲经济委员会于丹麦奥胡斯通过了《在环境问题上获得信息、公众参与决策和诉诸法律的公约》（即《奥胡斯公约》）。它在环境信息公开制度发展的过程中具有重要的里程碑意义。它强调了公众在环境问题上参与的重要性和从公共当局获得环境信息的权利，详尽地规定了环境信息的范围、信息公开的程序、豁免事由、救济措施等内容。其条约宗旨在于，为了解决环境污染与破坏问题，保护人类的环境健康权，有必要将民众获得环保相关情报、参与行政决定过程与司法等措施制度化。公约于 2001 年生效。

16.2
环境信息披露的概念

16.2.1　环境信息与环境会计信息

环境信息根据来源不同，可分为政府环境信息和企业环境信息。2007 年国家环保总局发布的《环境信息公开办法（试行）》分别对政府环境信息公开和企业环境信息公开做出了明确要求。其中，企业环境信息是指企业以一定形式记录、保存的，与企业经营活动产生的环境影响和企业环境行为有关的信息。企业环境信息包括环境法规执行情况、环境质量情况、环境治理和污染物利用情况等信息。

与企业环境信息相关的另一个概念是企业环境会计信息。根据国内学者孟凡利（1999）的文献中最早关于企业环境会计信息的观点，企业环境会计信息包括环境问题的财务影响和环境绩效两个方面。企业环境会计信息是指生产经营带来的环境问题对企业财务状况、经营成果及现金流量的影响。

根据企业环境信息和企业环境会计信息的概念可以看出，企业环境信息强调环境影响和环境行为两个方面的内容，企业环境会计信息更加强调环境问题的财务影响。由此可见，企业环境信息概念在内涵和外延上比企业环境会计信息概念宽泛，王丹（2014）也提出环境会计信息只是包含在环境信息中的一部分。

16.2.2　环境信息披露

环境信息披露也称环境信息公开，是指政府或企业将其环境影响及环境表现相关的信息向外界公开的过程。环境信息披露概念包含两种含义：一是环境信息披露行为；二是环境信息披露水平（即数量和质量的统称）。

环境信息披露按照披露时间可以分为临时性披露和定期性披露。上市公司的环境信息定期性披露通常以年报或者独立报告为载体。其中，独立报告是指企业独立于年度报告之外单独发布的社会责任报告、可持续发展报告、环境报告等。

16.3
环境信息披露的分类

16.3.1　强制性环境信息披露与自愿性环境信息披露

依据其是否属于被法规所明确要求披露的信息，环境信息披露可分为强制性环境信息披露和自愿性环境信息披露。强制性环境信息披露受法律约束，不存在选择性披露问题，受企业机会主义行为干扰较少。当前只有瑞典、挪威、荷兰、丹麦和法国等少数国家实行强制性环境报告。从全球来看，自愿性环境信息披露是常见现象。自愿性环境信息披露是企业在权衡收益与成本后自行决定披露内容与程度，具有较大的披露灵活性。

当前不少企业披露公司社会责任报告。某些公司社会责任报告属强制要求披露。例如上海证券交易所规定，在该所上市的"上证公司治理板块"样本公司、境内外同时上市的公司及金融类公司，应当在年报披露的同时，披露公司履行社会责任的报告。而公司社会责任报告中一般都包括公司的环境信息。

16.3.2　数字型环境信息披露与文字型环境信息披露

环境信息披露按是否以数据形式表现，分为数字型环境信息披露和文字型环境信息披露。环境统计数据信息展现出相关数据，包括静态数据和动态数据。静态数据反映某一时点或某一年度企业的环境信息数据，主要包括污染物的排放数据，以及绿化、循环利用等改善环境的数据。动态数据是不同时点和不同空间企业环境行为和绩效的比较数据。数字型环境信息披露比较具体，是环境信息披露的关键部分。

文字信息是企业用文字表述与环境有关的信息。例如企业对环境保护的理念、企业的环保制度和企业是否达到相关的环保标准等。文字型环境信息披露可以揭示企业对环保工作的理念和重视程度，对数字型环境信息披露具有一定的补充和佐证的作用。

16.3.3　环境的财务信息披露与非财务信息披露

按照是否用货币进行计量，企业的环境信息可以分成环境的财务信息和非财务信息。

（1）环境的财务信息

中国《企业会计准则》将会计要素界定为6个，即资产、负债、所有者权益、收入、费用和利润。按照这些会计要素的定义，对企业的环境信息进行分类，介绍如下。

① 企业环境资产信息。这些信息揭示了企业因过去的交易或者事项形成的、企业拥有或者控制的、预期会给企业带来经济利益的环境资源。

② 企业环境负债信息。环境负债是指企业过去的交易或者事项形成的、预期会导致经济利益流出企业的环境义务。

③ 企业环境权益相关信息。企业环境权益是指企业环境资产扣除环境负债后由股东享有的环境剩余权益。

④ 企业环境收入信息。环境收入是指企业在日常活动中形成的、会导致所有者环境权益增加的、与所有者投入的环境资本无关的经济利益的总流入。

⑤ 企业环境费用信息。环境费用是指企业在日常活动中发生的、与环境有关的、会导致所有者权益减少的、与向所有者分配利润无关的经济利益的总流出。

⑥ 企业环境利润信息。环境利润是指企业在一定会记期间的环境经营成果。环境利润包括环境收入减去环境费用后的净额、直接计入当期环境利润的环境利得和环境损失等。

（2）环境的非财务信息

企业环境的非财务信息，是指不以货币计量或者无法以货币计量的企业环境信息，主要可分类如下。

① 企业的污染物和废物的排放情况。包括温室气体和其他废气的排放情况，有毒物质对环境的污染情况，非有毒的其他污染源的扩散情况，废物的产生和管理情况等。

② 自然资源的消耗情况。自然资源的消耗包括能源、水和土地的消耗总量和使用效率，生态的保护和培育，企业对环境规定的遵从情况等。

③ 企业的环境理念和态度。这一部分常见的披露内容包括企业的环境政策、价值观和原则的陈述；企业高管在企业年报中对股东和其他利益相关者关于企业环境态度的报告；企业是否主动发起或参与环保活动；是否在企业内部推动环保新技术的应用等。

④ 企业环境管理制度和方法。这部分主要披露企业在组织机构中是否设置专门的环境管理岗位或部门；是否制定了环境管理制度和环境事故应急方案；是否在内部实施了环境审计或环保项目。

⑤ 来自外部的对企业环境管理情况的佐证信息。这部分主要是通过外部权威的资料和证据，支持企业披露的环境信息的可靠性，包括企业是否通过了ISO 14000系列标准验证，是否经历了外部第三方的环境审计，是否被政府环保部门查处或奖励等。

16.3.4　环境信息的硬披露和软披露

Clarkson 等（2008）将企业披露的环境信息分成"硬披露"和"软披露"两类。

硬披露是指企业披露的那些比较具体且易验证的环境信息，主要包括：a. 环境管理组织和制度；b. 环境信息审计与佐证；c. 环境绩效；d. 与环境有关的收支。

软披露是企业披露的比较空泛且难以验证的环境信息，主要包括：a. 环境目标与环境战略；b. 环保标准与企业遵从情况；c. 企业自发的环保行动。

16.4
我国企业环境信息披露要求

16.4.1　一般企业环境信息披露要求

自 2006 年《环境统计管理办法》发布以来，我国已出台了一系列法律法规以促进企业环境信息披露制度的发展。2007 年国家环境保护总局公布了《环境信息公开办法（试行）》[2019 年 8 月 22 日，生态环境部决定予以废止该办法（中华人民共和国生态环境部令　第 7 号）]，要求超标排污企业强制披露污染信息、环保设施的建设运行情况、环境污染事故应急预案等环境信息，同时鼓励其他企业自愿披露环境信息。2011 年，环境保护部发布了《企业环境报告书编制导则》（HJ 617—2011），对企业环境报告书的框架结构、编制原则、工作程序、编制内容和方法等进行了规定，以规范企业环境信息披露行为，促进企业环境管理水平提高。此外，环境保护部还于 2010 年和 2013 年针对事业单位和企业分别发布了《环境保护公共事业单位信息公开实施办法（试行）》和《国家重点监控企业自行监测及信息公开办法（试行）》《国家重点监控企业污染源监督性监测及信息公开办法（试行）》，对国家重点监控企业的自行监测信息提出了披露要求。

2014 年，全国人大对《中华人民共和国环境保护法》进行了修订，其中专章强调了环境信息公开和公众参与，要求重点排污单位如实向社会公开环境信息，以基本法的形式明确了"信息公开与公众参与"的地位。同年环境保护部出台了《企业事业单位环境信息公开办法》，规定了重点排污单位所需披露的环境信息内容、公开途径、惩罚措施，这是目前我国企业环境信息披露的最主要法律依据。2020 年 3 月，生态环境部发布的《生态环境保护综合行政执法事项指导目录（2020 年版）》中明确提出了"对重点排污单位等不公开或者不如实公开环境信息的行政处罚"的实施依据，包括《中华人民共和国环境保护法》《中华人民共和国清洁生产促进法》《企业事业单位环境信息公开办法》《排污许可管理办法（试行）》。已出台的其他有关环境信息披露的政策包括《全国污染源普查条例》《环境保护公众参与办法》《环境影响评价法》等。政策发展历程如图 16-1 所示。

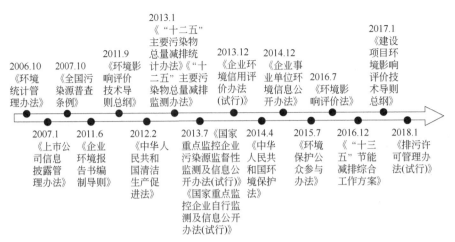

图 16-1　企业环境信息披露政策发展历程

16.4.2　上市公司环境信息披露要求

2006 年，深圳证券交易所（深交所）发布《上市公司社会责任指引》，要求上市公司采取自愿信息披露制度。2007 年证监会发布《上市公司信息披露管理办法》，规定上市公司及其子公司受到重大行政处罚（包括重大环境行政处罚）后须披露临时报告。2008 年，国家环境保护总局正式发布了以上市公司环保核查制度和环境信息披露制度为核心的《关于加强上市公司环保监管工作的指导意见》，针对上海证券交易所和深圳证券交易所 A 股市场的所有上市公司，为上市公司环境信息公开提供了法律依据和技术指南。2010 年环境保护部下发了《关于进一步严格上市环保核查管理制度加强上市公司环保核查后督察工作的通知》，同年环境保护部颁布了《上市公司环境信息披露指南（征求意见稿）》，对上市公司环境信息披露的准确性、及时性和完整性等方面都做出了明确的要求，但并未得以实施。证监会出台的《上市公司重大资产重组管理办法》《公开发行证券的公司信息披露内容与格式准则第 1 号——招股说明书（2015 年修订）》《首次公开发行股票并上市管理办法》等一系列文件中，也均有涉及上市公司环境信息公开的部分。

2015 年，中共中央和国务院印发的《生态文明体制改革总体方案》中要求"建立上市公司环保信息强制性披露机制"。2016 年，中央全面深化改革委员会会议审议通过的《关于构建绿色金融体系的指导意见》，全面部署了绿色金融的改革方向，并由我国首次倡导将绿色金融纳入 G20 议程。2017 年，中国人民银行、环境保护部等 7 部委印发《〈关于构建绿色金融体系的指导意见〉的分工方案》，要求"到 2020 年 12 月底前，证监会适时修订上市公司定期报告内容与格式准则，强制要求所有上市公司披露环境信息"。2017 年 6 月 12 日，环境保护部与证监会联合签署了《关于共同开展上市公司环境信息披露工作的合作协议》，旨在共同推动建立和完善上市公司强制性环境披露制度，督促上市公司履行环境保护的社会责任。

《公开发行证券的公司信息披露内容与格式准则第 2 号——年度报告的内容与格式》和《公开发行证券的公司信息披露内容与格式准则第 3 号——半年度报告的内容与格式》，明确规定属于环境保护部门公布的重点排污单位的上市公司在年报和半年报中需要强制性披露"主要污染物及特征污染物的名称、排放方式、排放口数量和分布情况、排放浓度和总量、超标排放情况、执行的污染物排放标准、核定的排放总量、防治污染设施的建设和运行情况"等环境信息，并要求"公司应当披露其他在报告期内发生的《证券法》《上市公司信息披露管理办法》所规定的重大事件，以及公司董事会判断为重大事件的事项。如欠款所涉重大事项已作为临时报告在指定网站披露，仅需说明信息披露指定网站的相关查询索引及披露日期"。2017 年 12 月 26 日，证监会再次对《公开发行证券的公司信息披露内容与格式准则第 2 号——年度报告的内容与格式》和《公开发行证券的公司信息披露内容与格式准则第 3 号——半年度报告的内容与格式》进行修订，在原有规定的基础上增加了 3 项上市公司应披露的环境信息，要求属于环境保护部门公布的重点排污单位的公司及其子公司在年报及半年报中披露"主要污染物及特征污染物的名称、排放方式、排放口数量和分布情况、排放浓度和总量、超标排放情况、执行的污染物排放标准、核定的排放总量、防治污染设施的建设和运行情况、建设项目环境影响评价及其他环境保护行政许可情况、突发环境事件应急预案及环境自行监测方案"等环境信息。还强调，"重点排污单位之外的公司可以参照上述要求披露其环境信息，若不披露的，应当充分说明原因"。

证券监管对于重大环境行政处罚信息披露的部分要求如表 16-1 所列。

表 16-1　证券监管对于重大环境行政处罚信息披露的部分要求

序号	文件名称	相关要求
1	《中华人民共和国证券法（2019 年修订）》（主席令　第三十七号）	第一百九十七条：信息披露义务人未按照本法规定报送有关报告或者履行信息披露义务的，责令改正，给予警告，并处以五十万元以上五百万元以下的罚款；对直接负责的主管人员和其他直接责任人员给予警告，并处以二十万元以上二百万元以下的罚款。发行人的控股股东、实际控制人组织、指使从事上述违法行为，或者隐瞒相关事项导致发生上述情形的，处以五十万元以上五百万元以下的罚款；对直接负责的主管人员和其他直接责任人员，处以二十万元以上二百万元以下的罚款。 信息披露义务人报送的报告或者披露的信息有虚假记载、误导性陈述或者重大遗漏的，责令改正，给予警告，并处以一百万元以上一千万元以下的罚款；对直接负责的主管人员和其他直接责任人员给予警告，并处以五十万元以上五百万元以下的罚款。发行人的控股股东、实际控制人组织、指使从事上述违法行为，或者隐瞒相关事项导致发生上述情形的，处以一百万元以上一千万元以下的罚款；对直接负责的主管人员和其他直接责任人员，处以五十万元以上五百万元以下的罚款
2	《上市公司信息披露管理办法》（中国证券监督管理委员会令第 40 号）	第三十条：发生可能对上市公司证券及其衍生品种交易价格产生较大影响的重大事件，投资者尚未得知时，上市公司应当立即披露，说明事件的起因、目前的状态和可能产生的影响
3	《公司债券发行与交易管理办法》（中国证券监督管理委员会令　第 113 号）	第四十五条：公开发行公司债券的发行人应当及时披露债券存续期内发生可能影响其偿债能力或债券价格的重大事项。重大事项包括：（九）发行人涉及重大诉讼、仲裁事项或受到重大行政处罚；等等。
4	《公开发行证券的公司信息披露内容与格式准则第 2 号——年度报告的内容与格式（2017 年修订）》（中国证券监督管理委员会公告〔2017〕17 号）	第四十五条和第四十六条规定：公司应当披露其他在报告期内发生的《证券法》《上市公司信息披露管理办法》所规定的重大事件，以及公司董事会判断为重大事件的事项。如前款所涉重大事项已作为临时报告在指定网站披露，仅需说明信息披露指定网站的相关查询索引及披露日期。公司的子公司发生的本节所列重大事项，应当视同公司的重大事项予以披露
5	《公开发行证券的公司信息披露内容与格式准则第 3 号——半年度报告的内容与格式（2017 年修订）》（中国证券监督管理委员会公告〔2017〕18 号）	第四十二条和第四十三条规定：公司应当披露其他在报告期内发生的《证券法》《上市公司信息披露管理办法》所规定的重大事件，以及公司董事会判断为重大事件的事项。如前款所涉重大事项已作为临时报告在指定网站披露，仅需说明信息披露指定网站的相关查询索引及披露日期。公司的子公司发生的本节所列重大事项，应当视同公司的重大事项予以披露

序号	文件名称	相关要求
6	《深圳证券交易所股票上市规则》（深证上〔2018〕556号）	11.11.3 规定：上市公司出现下列使公司面临重大风险情形之一的，应当及时向本所报告并披露：（九）公司因涉嫌违法违规被有权机关调查或者受到重大行政、刑事处罚；等等
7	《上海证券交易所股票上市规则（2019年修订）》（上证发〔2019〕52号）	上市公司出现下列使公司面临重大风险的情形之一时，应当及时向本所报告并披露：（十）公司因涉嫌违法违规被有权机关调查，或者受到重大行政、刑事处罚；等等
8	《上市公司证券发行管理办法（2020年修正）》（证监会令〔第163号〕）	公开发行证券的条件的第九条：上市公司最近三十六个月内财务会计文件无虚假记载，且不存在下列重大违法行为：（二）违反工商、税收、土地、环保、海关法律、行政法规或规章，受到行政处罚且情节严重，或者受到刑事处罚；（三）违反国家其他法律、行政法规且情节严重的行为；等等

16.4.3　香港上市公司环境信息披露要求

中国香港关于上市公司环境信息披露的主要法律法规有《主板上市规则》《创业板上市规则》。2015年12月，港交所发布了《环境、社会及管治（ESG）报告指引》修订版，对在港交所挂牌的上市公司提出 ESG 信息披露要求，将环境管治报告由原先的"建议披露"级别提高至"一般披露责任"级别，即从"自愿性发布"上升至"不遵守就解释"的半强制性规定，并明确了需要披露的"关键绩效指标"（KPI）。这也使港交所成为 ESG 信息披露全球领先的交易机构。

16.5
国外企业环境信息披露要求

16.5.1　国外一般企业环境信息披露要求

（1）美国

美国议会颁布的环境法绝大多数都包括环境信息披露的内容，例如《资源保护和恢复法》（Resource Conservation and Recovery Act，RCRA）和《综合环境反应、赔偿和责任法》（Comprehensive Environmental Response，Compensation and Liability Act，CERCLA）要求企业明确披露潜在的责任人、向外部环境排放的有害物质的种类及数量和存放地点等信息；《清洁空气法》（Clean Air Act，CAA）规定上市公司必须披露每年气体污染物的排放信息。

在美国环境信息披露制度中，最具代表性的是以《应急计划和社区知情权法》（Emergency Planning and Community Right-to-Know Act，EPCRA）为基础的《有毒化学物质排放清单》（Toxic Release Inventory，TRI）。该制度要求所有符合规定的企业必须每年向美国国家环境保护局提交有毒物质排放表，披露有关化学物质特别是有毒物质生产、运输、使用和处置等各环节的环境信息；环保局据此编制《有毒化学物质排放清单》（TRI），并通过网络发布，建立对公众开放的 TRI 数据库。

（2）日本

与美国的 TRI 制度类似，日本也实行污染物排放与转移登记（PRTR）制度。1996 年 10 月，日本环境厅成立了 PRTR 技术咨询委员会；1999 年，环境厅联合国际贸易及工业部合作编写了《化学物质排放量管理促进法》。根据该条例规定，2001 年起企业每年需对其排放的化学物质的总量进行评估，并于次年向政府相关部门申报；政府部门汇编各企业具体数据并向社会公众发布。

除 PRTR 制度外，日本还实行企业环境报告披露制度。日本的企业环境报告披露通常采用自愿模式，以政府引导为主，法律为辅；由日本环境省发布各项准则和指南，指导和规范环境报告书。1993 年，日本环境厅为了促进规范企业环境信息披露，制定了《关注环境的企业的行动指南》，第一次明确了环境报告书的法律地位。2005 年 4 月，日本政府实行的《关于通过促进提供环境信息等促进特定企（事）业者等开展环保型事业活动的法律》，要求所有国有企（事）业单位必须发布环境报告书，企（事）业若不公布或不如实公布将会面临 20 万日元以下的罚款。2000～2012 年，日本先后四次修订了《环境报告书指南》，不断补充完善报告书的内容。

（3）欧洲

欧盟的企业环境信息披露制度始于 20 世纪 70 年代。1990 年，欧盟前身的欧共体发布了《有关环境信息取得自由的指令》，该指令第一次以专门立法形式规定了环境信息披露问题。1998 年 6 月 25 日，联合国欧洲经济委员会在第四次部长级会议上通过了《在环境问题上获得信息、公众参与决策和诉诸法律的公约》（即《奥胡斯公约》），该公约是迄今为止对环境信息披露规定得最为完善的公约。2003 年 1 月，在《奥胡斯公约》的基础上，欧洲会议和理事会颁布了新的《关于公众获取环境信息的指令》（2003/4/EC 指令），对《奥胡斯公约》中的相关概念做出了具体界定。

欧盟的企业环境信息强制披露制度主要是污染物排放和转移登记（EPER）制度，其主要法律依据是《奥胡斯公约》《污染物排放和转移登记制度议定书》（也称《基辅议定书》）和《〈基辅议定书〉执行指南》。

除欧盟法规外，欧洲部分国家还制定了国内环境信息披露制度，如英国的自愿性环境报告披露制度和年度环境报告奖励制度等。

16.5.2　国外上市公司环境信息披露要求

美国是最早确立专门的上市公司环境信息披露制度的国家。20 世纪 70 年代，美国出现零星的环境信息披露，90 年代迅速增加。经过发展，在国会、美国环保局（US EPA）、证券交易委员会（SEC）、财务会计准则委员会（FASB）和学者们的共同努力下，美国的上市公司环境信息披露制度已经基本成熟。20 世纪 90 年代后期开始，EPA 对石化、钢铁、造纸等重污染行业强制实施环境信息披露，并与 SEC 建立公司环境信息协调、沟通机制，使 SEC 在监管上市公司环境信息披露方面能够发挥更好的作用。美国的环境法规分为联邦、州两级，主要由环境监测与污染防治和环境清理与复原责任两大类构成，前者包括《清洁空气法》（CAA）、《清洁水法》（CWA）和《资源保护和恢复法》（RCRA），后者主要由《综合环境反应、赔偿和责任法》（CERCLA）等组成。这些法律法规都有专门条款对环境信息披露做出规定。针对上市公司，除了遵循上述法律法规外，还必须按照 SEC 的要求披露环境信息。主要涉及的法律法规相关文件有《S-K 规则》（1934 年）、《应急计划和社区知情权法》（EPCRA）（1986 年）、《有毒化学物质排放清单》（TRI）（1986 年）、《第 92 号会计专业公报：或有损失的会计处理与披露》（1993 年）、《作为经营管理手段的环境会计：基本概念及术语》（1995 年）等。

16.6
铅蓄电池上市公司环境披露现状

本节仅以铅蓄电池国内上市公司 2019 年年度报告为素材进行论述。

2019 年铅蓄电池上市公司环境信息披露情况整体较好，但仍有提升空间，披露内容应更加详实。11 家上市公司在环保形式展望及环保战略声明方面均披露了相关信息；8 家公司及子公司属于环境保护部门公布的重点排污单位，对其排污信息进行了环境信息披露；重点排污单位之外的公司及子公司，仅有 1 家上市公司披露了其子公司的环保情况。总体来看，公司及子公司为重点排污单位的上市公司排污信息的披露情况优于公司及子公司为非重点排污单位的上市公司。重点排污单位自身由于受到的监管压力和社会舆论压力更大，其环保意识相较于非重点排污单位可能也更高；而上市公司的信息披露工作由母公司负责，若母公司所受到的外部信息披露压力较大、环保意识及信息披露意识更高，上市公司的环境信息披露水平也较高。

各项环境信息披露情况如图 16-2 所示，"自行监测""突发环境事件应急预案""建设项目环境影响评价及其他环境保护行政许可情况""防治设施的建设和运行情况""执行的

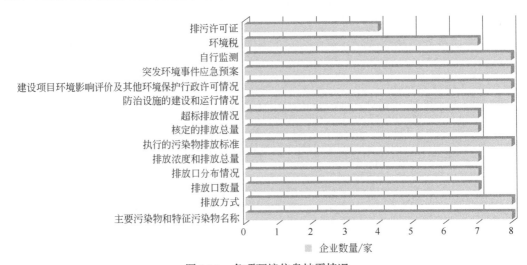

图 16-2　各项环境信息披露情况

污染物排放标准""排放方式""主要污染物和特征污染物名称"等 7 项指标披露情况较好，但环境信息披露水平的差异非常明显。例如"突发环境事件应急预案"，大部分公司只是含糊地说有备案，很少披露具体方案的情况；"自行监测"和"建设项目环境影响评价及其他环境保护行政许可情况"也面临同样的问题。"排污许可证"指标是企业披露最少的项目，且多数企业披露的是《排污许可证》申请情况，未说明《排污许可证》执行情况。在环境绩效方面，各家公司均未披露铅消耗、水资源消耗等方面内容，未体现铅蓄电池企业资源综合利用的水平，也未对强制性清洁生产审核的开展情况进行信息披露。因此铅蓄电池上市公司需要加强重视信息披露，对环境信息披露内容与形式提出更明确的要求。

16.7
铅蓄电池企业环境信息披露建议

16.7.1 企业信息披露建议

（1）树立环境信息披露意识

我国上市公司环境信息披露的主要动力来自强制性法律规定。由于有明确的内容与格式要求，上市公司定期报告环境信息披露水平较高；而规定不够明确的重大行政处罚信息披露则严重不足。上市公司应从战略角度看待企业环境信息披露，以积极的态度争取利益相关者的理解和支持，应明确环境信息披露对维护企业形象、保护投资者权益的重要性，认识到环境信息披露并非政府部门强加于上市公司的负担，而是公司向社会展示企业文化及社会责任意识的途径。上市公司应树立环境信息披露意识，主动做好环境信息披露工作，接受投资者、政府部门及社会公众的监督。

（2）规范环境信息披露行为

上市公司应依据相关法律规定，进一步规范自身环境信息披露行为。在真实、全面披露法规所规定的各项环境指标的基础上，上市公司还应重视所披露信息的完整性和有效性。目前，许多上市公司的环境信息披露都存在模糊定性描述较多、具体定量信息不足的问题，如在披露污染防治设施运行状况时仅简单概括为"正常运行"，并没有提供设备的污染物处理能力、实际处理效果等有效信息。上市公司环境信息披露的途径也应进一步规范。以重大环境行政处罚信息披露为例，上市公司在受到重大行政处罚后应披露临时报告，并在年报中再次披露临时报告索引，实际上有些公司虽然有披露重大环境行政处罚信息，但仅在定期报告中有披露或仅有临时报告披露而定期报告中无临时报告索引。

（3）提高环境信息披露质量

公司提供的环境信息应当清晰明了，便于信息使用者理解和使用。不同时期或不同企业发生的相同或相类似的环境事项，应当具有稳定一致的统计口径，相互可比。公司应该提供对外部利益相关者影响较大的所有重要环境信息，不应故意夸大或掩饰，避免误导信息使用者。对已经发生的环境事项，应当及时进行确认和报告，不能提前或延后。

（4）推动第三方鉴证

环境信息披露后，还面临着环境信息与环境绩效对应的问题。当前，每年有上百家企业自愿进行社会责任报告的第三方鉴证。第三方环保机构代表公众的诉求，发挥监督企业环境责任的履行及环境信息披露的作用。上市公司应积极推动企业环境信息披露的第三方审核制度，综合运用审查手段，进行信息披露的审核和鉴证。在环境信息与环境绩效披露内容可信性得到充分保证后，通过资本市场对企业环境信息披露所产生的反应影响企业的价值。

16.7.2　环境信息披露内容

16.7.2.1　基础信息

包括单位名称、组织机构代码、法定代表人、生产地址、联系方式，铅蓄电池的生产经营和管理服务的主要内容、生产能力及年生产时间等。

16.7.2.2　排污信息

（1）主要污染物及特征污染物的名称

明确说明污染物的产污环节和种类，不能仅公布排放因子。废气包括硫酸雾、铅及其化合物、颗粒物；废水包括 pH 值、化学需氧量、氨氮、悬浮物、总氮、总磷、总铅、总镉。

（2）排放方式

明确说明各项污染物的排放方式，披露废气中污染物有组织（无组织）排放、废水类别、废水中污染物连续（间断）排放、污染物排放去向、污染物排放口类型等。

（3）排放口数量和分布情况

明确说明污染物排放口总数量，并按照不同子公司、污染物种类、排放口类型等详细说明排放口数量，交代排放口所在地理位置。

（4）排放浓度和总量

明确说明车间或生产设施排气筒中硫酸雾、铅及其化合物的排放浓度；企业边界硫酸雾、铅及其化合物、颗粒物的排放浓度；铅及其化合物年排放量；车间或车间处理设施排放口总铅、总镉的排放浓度；企业废水总排口的 pH 值、化学需氧量、氨氮、悬浮物、总氮、总磷的排放浓度；化学需氧量、氨氮、总铅的年排放量；厂界噪声。适时披露设置单独雨水排放口企业的 pH 值、地下水监测和周边土壤环境质量情况。

明确说明生产环节产生的不含重金属的电池废零件，包装环节产生的包材，生活污水处理环节产生的污泥等一般固体废物的产生量、去向以及委托处置单位名称；说明铅蓄电池生产过程中产生的废渣、集（除）尘装置收集的粉尘、废矿物油、废酸、废弃的铅蓄电池、废胶水、含铅废气末端治理设施更换耗材产生的废物（废滤料、废滤筒、废布袋、废活性炭）、含铅废劳保和废水处理污泥，以及纯水制备或废水深度处理环节产生的废树脂等危险废物的年产生量、年贮存量、自行综合利用量、自行处置量、委托处理量，并披露资质单位名称。

（5）超标情况

明确说明企业是否存在超标排放情况，如出现污染物超标排放的，要说明排放浓度、超标原因和整改措施。

（6）执行的污染物排放标准

需公布标准名称或编号以及标准限值要求。依据《电池工业污染物排放标准》（GB 30484—2013）或地方标准确定铅蓄电池生产企业各废气排放口的排放浓度限值和水污染物日均浓度（pH 值为任何一次监测值）限值。若企业的生产设施为两种及以上工序或同时生产两种及以上电池产品，可适用不同排放控制要求或不同行业污染物排放标准时，且生产设施产生的污水混合处理排放的情况下，执行排放标准中规定的最严格的浓度限值。排污许可证中载明的铅蓄电池企业承诺的排放浓度严于标准要求的需详细说明。

（7）核定的排放总量

明确说明排污许可证中载明的铅及其化合物年许可排放量，化学需氧量、氨氮、总铅的年许可排放量，如核发环保部门将年许可排放量按月、季细化，以及许可证中还载明了除上述污染物以外的总量控制指标，必须详细披露。

16.7.2.3 防治污染设施的建设和运行情况

披露企业已建成的废气、废水和噪声源配置的相应环保设施；危险废物和一般工业固体废物暂存、处理处置设施；在线监测设备等防治污染设施的建设情况。明确说明防治污染设施是否齐备、运行维护记录是否齐全、监测设备是否稳定运行、监测数据是否有效传输。详细说明防治污染设施的处理工艺、设计处理能力、运行时间；在线监测设备监测项目、安装位置、比对试验结果；环保设施运行费用（至少包含废气污染防治设施运行费用、废水污染防治设施运行费用、固体废物处理处置费用和监测费用）。如果企业通过技术升级、生产线改造等方式减少污染物的产生和排放，则应公布投资金额、方案、绩效等内容。

16.7.2.4 建设项目环境影响评价及其他环境保护行政许可情况

明确说明是否按规定取得有审批权的环保行政主管部门的环境影响评价批复，是否按规定完成竣工环保验收或自主验收，是否公布了具体的项目名称或验收文件等，是否在全国排污许可证管理信息平台上进行排污许可证的申请、受理、审核、发放、变更、延续、注销、撤销、遗失补办。未能按期完成验收或许可证办理的，应说明原因和进展情况。

16.7.2.5 突发环境事件应急预案

明确说明是否编制环境应急预案、是否在环境保护主管部门备案、是否定期开展模拟事故应急演练，详细说明硫酸贮罐、车间、铅及其化合物防治设施、污水处理站等风险源开展环境风险隐患排查、评估和整改工作情况。

16.7.2.6 其他应当公开的环境信息。

（1）遵守环保法律法规情况

明确说明是否发生重特大环境污染事故，如有必须披露环境事件最终处理结果和环境影响、造成的经济损失和经济赔偿、采取的整改措施和效果；是否发生环保诉求、信访和上访事件、媒体报道，如有必须披露相关信息；是否受到各级环保部门处罚，如受到环保部门处罚，披露内容包括具体的时间、地点、处罚内容、处罚金额及后续整改信息等具体信息。

（2）排污许可证制度执行情况

明确说明是否落实许可证中载明的自行监测、环境管理台账的要求，是否按照排污许可证中规定的执行报告内容和频次的要求编制排污许可证执行报告，是否在全国排污许可证管理信息平台中公开了季度执行报告和年度执行报告。

（3）自行监测方案

说明自行或委托第三方监测机构开展监测工作情况，公布监测项目、监测时间、监测点位等信息。

（4）清洁生产审核实施情况

说明是否依法实施清洁生产审核，是否通过清洁生产审核验收。

（5）环境税缴纳情况

说明是否依法缴纳环境税。

（6）总量减排任务完成情况

说明各子公司、分公司减排工程实施进度和减排指标完成情况。未完成总量减排任务的，要说明原因和整改措施。

（7）环境管理情况

包括环境管理体系认证情况、与环保相关的教育及培训情况、与利益相关者进行环境信息交流情况、环境技术开发情况、获得的环境保护荣誉情况、参与标准编制或修订情况等。

（8）环境绩效情况

包括单位产品的铅消耗、水资源消耗、能耗等，水重复利用率，产品镉含量，单位产品废水产生量，单位产品废水总铅产生量，单位产品废气总铅控制量等。

（9）环保理念和目标

包括经营者的环保理念，即上市公司最高经营者对企业的经营理念和价值观；介绍环境管理组织结构图、各职能部门及其人员相关责任、环境管理组织运转现状、智慧环保应用情况、与环境保护方针相适应的中长期目标、目前目标和指标的完成情况及下一阶段的计划等。

（10）其他环境信息

包括为推进环境保护开展的环境教育、植树造林、生物多样性保护等各类环境公益项目。

第 **17** 章

企业环境管理体系

17.1
环境管理体系建设

17.1.1　环境管理机构

　　企业设置专门的内部环保管理机构，由企业领导和环保人员组成，定期召开企业环保情况报告会和专题会。

　　企业环境管理机构可在企业总经理的领导下，由副总经理分管该部门，负责全厂的环境管理工作，同时任命环保部经理一名，运行、维护、监测相关工作人员若干，并制定环保部工作职责、环保部经理工作职责和环保员岗位职责。

17.1.2　环境管理责任体系

　　根据铅蓄电池企业环境管理机构设置，明确该管理机构的职责、各组成成员职责以及涉及环境保护生产部门负责人职责，在各部门建立环境保护经验教训共享机制，将环境保护的目标责任与考核挂钩，在企业内部实行环境保护问责管理。

17.1.3　环境专业技术人员

　　根据环境保护法，企业应设置环境保护和环境监测机构，企业环保技术人员全面负责本企业环境保护工作的管理和监测任务，并协调企业与政府环保部门的工作。

企业环境技术专业人员应包括含酸及含铅废水、铅烟及铅尘废气监测人员，危险化学品及危险废物管理人员，事故排放应急管理人员等；同时设立能够监测主要污染物和特征污染物的化验室，配备化验人员。

17.2
环境管理制度建设❶

17.2.1　基本要求

企业应进行以下管理体系认证：

① ISO 9001 质量管理体系认证；

② ISO 14001 环境管理体系认证；

③ ISO 50001 能源管理体系认证；

④ OHSA 18001 职业健康安全管理体系认证；

⑤ SA 8000 社会责任标准认证等。

企业环境管理制度应包括但不限于：

① 综合环境管理制度；

② 专项环境管理制度，包括危险化学品管理制度、污染治理设施管理制度、环境风险管理制度等。

17.2.2　综合环境管理制度

综合环境管理制度是将企业内部各部门进行环境保护责任的划分，并同时确定不同环境部门责任人。

综合环境管理制度重点包括企业资源能源管理，环保设施设备检查、维修及维修后验收，企业考核，企业内部节能减排达标考核，企业环保长远规划和年度总结报告，环境宣传教育和培训等制度。

17.2.3　污染防治设施管理制度

铅蓄电池企业污染防治设施管理包括废水、废气等处理设施操作规程，环保交接班管理制度，台账制度，污染治理设施设备维护、保养、检修、操作管理规章制度。

明确含铅、含酸废水的污水处理流程及各流程的操作技术规范；现场操作和管理人员

---

❶ 企业环境管理制度范例参见附件 5。

实行岗位培训合格持证上岗制度；对污水、铅烟、铅尘处理设施进行定期检查，对生产设备年故障率、布袋除尘等环保易损设备购买情况进行记录保存。因不可抗拒原因，污染治理设施必须停止运行时，应当事先报告当地人民政府防治污染行政主管部门，说明停止运行的原因、时段、相关污染预防措施等情况，并取得环境保护行政主管部门的批准。

17.2.4　危险废物管理制度

铅蓄电池企业危险固体废物主要为含铅废物和废酸，其危险废物管理制度应包括危险废物专用场地管理制度、危险废物台账管理制度、危险废物事故报告制度及危险废物转移管理制度。

危险废物专用场地管理制度主要指排放的危险废物必须送至危险废物专用储存点，并由专人管理危险废物的入库、出库登记台账；危险废物储存点不得放置其他物品，应配备相关的消防器材及危险废物标示；危险废物堆放整洁，保持储存点场地的清洁。

危险废物台账管理制度指跟踪记录危险废物在生产单位内部运转的整个流程。应与生产记录相结合，建立危险废物台账，记载铅渣、废酸的产生数量、储存、流向等信息，提高危险废物管理水平以及危险废物申报登记数据的准确性。

危险废物事故报告制度包括速报和处理结果报告。速报的内容包括事故发生时间、地点、污染源、主要污染物质、经济损失数额、人员受害情况等初步情况；处理结果报告则在速报的基础上，报告有关确切数据，事故发生的原因、过程及采取的应急措施，处理事故的措施、过程和结果，事故潜在或间接的危害、社会影响，处理后的遗留问题，参加处理工作的有关部门和工作内容，出具有关危害与损失的证明文件等详细情况。

危险废物转移管理制度指铅蓄电池企业生产过程产生的含铅固体废物、废酸必须由具有危险废物处理资质的单位进行集中处理处置；在危险废物转移时，危险废物产生单位每转移一车、船（次）同类危险废物，应当填写一份联单；每车、船（次）有多类危险废物时，应当按每一类危险废物填写一份联单。

17.2.5　事故应急管理制度

对铅蓄电池硫酸泄漏、乙炔爆炸突发环境风险源和重金属铅累积环境风险源进行识别、筛选和评估，结合企业周边社会经济和生态环境受体特征，编制《环境污染事故应急预案》。在应急预案中，设立应急救援机构和组织体系，明确应急处理指挥部领导成员职责、应急响应程序、应急处理措施，保障应急物资，并提出企业进行事故应急预案培训、演练的具体要求。

17.2.6　企业环境监督员制度

17.2.6.1　政策要求

《国务院关于落实科学发展观加强环境保护的决定》（国发〔2005〕39号）提出：建立

企业环境监督员制度，实施职业资格管理。

《国务院关于印发〈节能减排综合性工作方案〉的通知》（国发〔2007〕15号）提出：扩大国家重点监控污染企业实行环境监督员制度试点。

《关于深化企业环境监督员制度试点工作的通知》（环发〔2008〕89号）提出：以增强企业社会环境责任意识、规范企业环境管理、改善企业环境行为为目标，坚持执法与服务相结合、引导守法和强化执法相结合、企业自律与外部监督相结合原则，继续扩大、深化企业环境监督员制度试点工作，推进企业环保工作规范化建设，争取到2010年国家重点监控污染企业基本试行企业环境监督员制度，有条件的地区可以将试点范围扩大到省级或市级重点监控污染企业。积极探索引导企业增强守法能力和强化企业污染减排主体责任的有效机制，发挥企业在微观环境管理中的主动作用。

知识要点

企业环境监督员制度，是借鉴日本公害防治管理员制度的经验而开展的。日本公害防治管理员制度是日本20世纪70年代初为有效遏制其工业污染而实施的一项企业环境管理制度。这项制度从企业生产源头着手，将污染防治从末端治理延伸到生产的全部过程，在有效防治生产污染的同时，全面推进了企业生产工艺革新与技术进步，从而解决了工业高速发展引发的一系列环境问题。

17.2.6.2 具体要求

铅蓄电池企业环境监督员制度应参照《企业环境监督员制度建设指南（暂行）》。具体要求如下所述。

（1）企业环境管理制度框架

① 建立企业环境管理组织架构；

② 提高企业环境管理与监督人员素质；

③ 建立健全企业环境管理台账和资料；

④ 建立和完善企业内部环境管理制度。

（2）企业环境监督员职责

① 负责制定并监督实施企业的环保工作计划和规章制度；

② 负责企业污染减排计划实施和工作技术支持，协助污染减排核查工作；

③ 协助组织编制企业新建、改建、扩建项目环境影响报告及"三同时"计划，并予以督促实施；

④ 负责检查企业产生污染的生产设施、污染防治设施及存在环境安全隐患设施的运转情况，监督各环保操作岗位的工作；

⑤ 负责检查并掌握企业污染物的排放情况；

⑥ 负责向环保部门报告污染物排放情况，污染防治设施运行情况，污染物削减工程进展情况以及主要污染物减排目标实现情况，报告每季度不少于一次，接受环保部门的指导和监督，并配合环保部门监督检查；

⑦ 协助开展清洁生产、节能节水等工作；

⑧ 组织编写企业环境应急预案，对企业突发性环境污染事件及时向环保部门汇报，并进行处理；

⑨ 负责环境统计工作；

⑩ 负责组织对企业职工的环保知识培训。

17.3
环境保护档案管理

企业环境保护档案是环保部门现场检查的重要内容，是企业环境管理是否规范到位的重要依据。根据相关环保要求，企业建立时必须同步建立环保档案，企业环保档案一经建立，要专人管理，动态更新，并自觉接受环保部门的检查。

企业环保档案主要包括以下内容。

（1）企业概况

① 企业简介。包括：基本情况——企业（项目）地址，占地面积，建筑面积，总投资（其中环保投资），何时开始建设，何时通过验收（如有多个项目逐个说明）；生产产品——主要生产哪几种产品；生产工艺及设备——采用何种生产工艺、有哪些生产设备和设备数量（附生产工艺流程图）；生产规模——产品年产量；污染治理设施建设情况——在企业建设同期废水、废气、噪声和固体废物等治理设施或规范存放场所建设情况；治理工艺——采取何种治理工艺；污染物削减效果——废水、废气等污染物治理后效果，分别说明三年里面每年的污染物削减效果；日常运行情况——生产情况和治理设施运行情况；环保管理制度建立情况——建立了何种环保管理制度，落实岗位责任制情况，制度执行情况；环保突发事件应急措施——有无建立应急预案和购置应急设施、物品，针对环境突发事件有何种应急机制，落实情况如何，为做好环保工作采取和落实了什么措施等。

② 企业法人营业执照复印件。

③ 厂区平面图（雨水、污水管网图）。

④ 企业用能、用水台账等资料，使用煤炭的企业应提供用煤含硫率等基础数据。

⑤ 循环经济、绿色企业、ISO 14001 等管理体系认证资料。

⑥ 企业环保培训、宣传等资料。

（2）企业（项目）环保建设资料

① 企业自建设之日起的所有建设项目环评报告书（报告表或登记表）、立项报批、评估意见和审批意见等资料。

② 环保"三同时"验收材料。包括验收申报表格、验收意见和验收监测报告等资料。

③ 治理方案、环保设施设计与施工，以及治理工艺流程图等资料。

④ 排污口规范化建设情况及自动监控系统建设情况。包括排污口设计方案、标志牌照片等资料，在线监控系统（包括在线运行状态监控系统和污水自动控制系统）安装设计方案、到货单、在线监控系统验收意见等资料。

⑤ 环境突发事件应急设施建设资料。包括应急设施设计方案、岗位责任制度、使用制度和应急设施（如应急池）、设备、应急物品的照片等资料。

⑥ 排污许可证及污染物排放总量指标文件。包括近三年的排污许可证复印件及环保部门下达给企业的排放总量指标文件等资料。

（3）企业环境管理资料

① 企业环保管理机构、环保管理制度等资料。包括成立企业内部环境管理机构的相关文件、企业环保管理制度等资料，如有环保监督员制度，则把相关文件及开展的工作报告或报表类资料归档，如无则免。

② 治理设施运行管理制度、作业指导书。包括治理设施运行管理制度（包括人员班制安排）、治理设施操作规程等资料。

③ 环境突发事件应急预案及应急演练情况。包括应急预案和近三年应急演练资料与照片，要求应急演练情况和总结以企业内部文件形式发布并归档。

④ 实施清洁生产审核相关资料。包括清洁生产审核报告，通过清洁生产审核的验收类材料或证书等资料。

（4）企业治理设施运行资料

① 治理设施日常运行记录。包括一年以上治理设施日常运行记录，自行监测数据等。

② 治理设施设备维修、维护记录。包括一年以上治理设施维修和维护记录。

③ 治理设施电耗、药耗单据。包括一年以上的单据、合同等资料。

④ 固体废物及危险废物处理情况材料。包括处置合同协议、管理计划、管理台账、统计表、转移计划、转移联单，以及自行处置设施管理制度、操作规程、运行记录、维修维护记录等资料。

⑤ 治理设施及在线监控设备数据异常情况记录。包括一年以上治理设施的异常情况和在线监控系统设备故障、数据异常等情况记录表和在线监控系统运营商的设备（数据）异常情况报告等资料。

（5）环保部门监管情况资料

① 监测报告。包括委托监测报告、监督性监测报告等资料。

② 日常巡查记录。包括近三年环保部门的现场检查表、监察记录等原始资料。

③ 限期治理整改通知、处罚通知书等。包括近三年环保部门的限期治理整改通知、处罚通知书等资料。

④ 环境税缴纳凭证等。

附件 1
含铅废水处理系统操作规程

1．污水处理需专职操作人员对处理系统进行管理，值班人员必须工作认真负责，经过培训合格后，严格按照操作流程进行操作，不得违规操作。

2．禁止无关人员进入污水处理站操作控制室及其他场所，禁止无关人员乱动污水处理设备、设施。

3．开机前准备

（1）当提升泵内废水满时，需进行废水处理。

（2）检查各泵是否处于正常状态。

4．开机运行

（1）开启污水泵出入阀门，启动对应电机，含铅废水进入污水处理池。

（2）开启污水泵时，将配好的碱液、PAM、明矾等药剂以适当流量引入，直到从取样口取出的水样 pH 值在 6～9，铅浓度符合排放标准要求时，方可排放或进行回用。

（3）值班人员应随时检查设备运行情况、药物配比及流量情况，严禁有水无药或有药无水，设备空运行。

（4）认真填好当班值班记录。

（5）系统发生故障时，应及时通知机修，不准私自乱动设备。

5．停机

（1）关闭废水进水泵。

（2）关闭电源总开关。

附件 2
废水处理设施运行记录范例

污水处理设施运行记录如附表 1 所列。

附表 1　污水处理设施运行记录

单位名称：

日期：　　年　月　日

处理设施运行情况			药品使用情况			水质处理情况及监控（自动监测、监控）			操作人员
设施名称	开闭时间	处理水量/t	加药时间	加药名称	数量/kg	项目	进水	出水	
	—								
	—								
	—								
用药量合计	药品名称					设施维修、维护记录			
	投加总量								
当日处理水量	吨	月累计处理水量			吨	污泥压滤情况	压滤时间	压滤量/(t/车)	
当日用电量	度	累计用电量			度				
交接班情况						交班人签名			
						接班人签名			

注：1. 污水处理设施运行记录是对污水处理站（厂）日常生产情况的原始记录，填写人员应认真、如实填写。

2. 本运行记录每班填写一张，运行记录中日期指工作当天日期，运行时间指该班工作时间内污水处理设施运行时间。

3. 设施运行情况指该污水处理站（厂）各工序的运转情况，如沉淀等运转状况。

4. 投药量统计指该污水处理站（厂）在不同时间内各种药品的投加情况及该班组所用各种药品的总投加量。

5. 水质处理情况指该污水处理站（厂）各工序的水质处理情况和最终外排水的水质自动监测、监控情况。

6. 用电情况指该班组工作期间，供电系统使用状况和总耗电量。

7. 处理水量指该班组工作时间内污水处理总量。

8. 设施出现故障，进行维修、维护应记录在案。

9. 交接班情况指交接班时污水处理站（厂）的现状，包括污水处理状况、设备运行情况、安全情况、环境卫生及其他事宜。

反渗透处理系统运行记录如附表 2 所列。

附表 2　反渗透处理系统运行记录

项目	开关机时间		精滤器		膜主机								除盐水池	
	开机时间	关机时间	进水压力/MPa	出水压力/MPa	进水电导率/(μS/cm)	进水温度/℃	进水压力/MPa	高压泵出口压力/MPa	一段压力/MPa	段间压力/MPa	浓水压力/MPa	淡水流量/(m³/h)	浓水流量/(m³/h)	产水电导率/(μS/cm)	产水pH值
一级膜处理														

项目	开关机时间		精滤器		膜主机									除盐水池	
	开机时间	关机时间	进水压力/MPa	出水压力/MPa	进水电导率/(μS/cm)	进水温度/℃	进水压力/MPa	高压泵出口压力/MPa	一段压力/MPa	段间压力/MPa	浓水压力/MPa	淡水流量/(m³/h)	浓水流量/(m³/h)	产水电导率/(μS/cm)	产水pH值
二级膜处理															
一级膜处理															
二级膜处理															
一级膜处理															
二级膜处理															
RO产水流量			RO供水流量			管膜产水流量				PAC用量						

管式膜系统运行记录如附表3所列。

附表3 管式膜系统运行记录

项目	开机时间	关机时间	进水压力/(kgf/cm²)	回流压力/(kgf/cm²)	精液流量/(m³/h)	产水pH值	排泥时间	反洗时间			滤芯更换时间				备注
								管式膜反洗	机械过滤器反洗	活性炭过滤器反洗	保安过滤器	超滤膜	苦咸水膜	海水淡化膜	
管式膜及其他系统															

注：1kgf/cm²=98.0665kPa。

附件 3
废气治理设施管理制度范例

3.1 铅烟处理设施操作规程

（1）开机前的准备

① 开机运行前，应将循环水箱内的水充满到溢流刻度。

② 检查各电气线路是否正常，风机、水泵、运转传动部分的润滑是否正常。

③ 关闭清水阀，开启喷淋阀，启动水泵，再开风机。

④ 开喷淋阀，以备正常运行。

（2）开机运行

① 开喷淋阀，启动水泵，合上风机开关，听水泵与风机声音是否正常平稳。

② 除尘器运行正常后，方可开铸板机进行生产。

③ 正常运行 1 周后，应对焦炭层进行清洗，清洗时关闭喷淋阀，开启清洗阀，约 10min 关闭水泵，清洗结束。

④ 每月检查加注一次传动部分的润滑油。

⑤ 每半年或根据运行除尘效果更换、检查焦炭。

⑥ 运行中如有异常情况，必须停机检查，故障排除正常后方可开机，严禁设备带病运行。

⑦ 每年或根据情况对除尘器外表涂一次防锈油漆，以防止生锈。

⑧ 每天填写设备运行记录。

（3）停机时应先停风机，再停水泵

循环水箱应根据使用情况，视水箱的清洁度进行定期清理。

3.2 铅尘处理设施（袋式除尘器）操作规程

（1）开机前的准备

① 开机前，检查各电气线路、风机、电机运转是否正常。

② 检查转动润滑部位是否正常。

（2）开机运行

① 合上风机电源，观察风机声音是否正常平稳。

② 除尘器运行正常后，方可开机进行生产。

③ 每月检查一次润滑部位，并加注适量润滑油。

④ 每天在下班后清理灰斗，灰斗不能积灰太多。

⑤ 运行中要观察排风口是否有粉尘排出，如有应检查滤袋和其他原因，并要及时排出粉尘。

⑥ 滤袋破损后，要马上停机检查滤袋，进行修补或更换。

⑦ 运行中如有异常情况，必须停机检查，故障排除正常后方可开机，严禁设备带病运行。

⑧ 每年或根据情况对除尘器外表涂一次防锈油漆，以防止生锈。

⑨ 在检查除尘器时必须关机，切断电源，注意安全，并同时要有二人操作，防止启动风机时入孔门被吸闭或误动作，造成安全事故。

（3）停机

每次停产十分钟后方可停除尘器，清理灰斗，填写设备运行记录。

附件 4
废气治理设施运行记录范例

铅尘废气处理设施运行记录如附表 4 所列。

附表 4　铅尘废气处理设施运行记录

废气排口标号	设施名称	额定排量/(m³/h)	实际排量/(m³/h)	进口温度/℃	出口温度/℃	进口负压/kPa	出口负压/kPa	清灰系统	卸排灰系统	开闭时间	排放浓度/(mg/m³)	排放速率/(kg/h)	达标情况	操作人员
										设施维修、维护记录				
交接班情况										交班人签名				
										接班人签名				
备注														

铅烟废气（水幕除尘）处理设施运行记录如附表 5 所列。

附表 5　铅烟废气（水幕除尘）处理设施运行记录

废气排口标号	设施名称	额定排量/(m³/h)	实际排量/(m³/h)	补充水量/m³	开闭时间	排放浓度/(mg/m³)	排放速率/(kg/h)	排风温度/℃	达标情况	操作人员
					设施维修、维护记录					
交接班情况					交班人签名					
					接班人签名					
备注										

硫酸雾废气处理设施运行记录如附表 6 所列。

附表6　硫酸雾废气处理设施运行记录　　　　日期：

废气处理设施运行情况								废气处理情况及监控（自动监测和监控）			操作人员
废气排口标号	设施名称	额定排量/(m³/h)	实际排量/(m³/h)	补充水量/m³	洗涤水初始pH值	加碱量/kg	运行时间	排放浓度/(mg/m³)	排放速率/(kg/h)	达标情况	
								设施维修、维护记录			
交接班情况								交班人签名			
								接班人签名			
备注											

注：1. 废气处理设施运行记录是对不同工段废气排口污染治理设施及污染物排放情况的实时原始记录，填写人员应认真、如实填写。

2. 本运行记录每班填写一张，运行记录中日期指工作当天日期，运行时间指该班工作时间内废气处理设施运行时间。

3. 废气处理设施运行情况指各工序铅烟、铅尘及硫酸雾废气排口污染治理设施运转情况。

4. 废气处理情况及监控指各工序铅烟、铅尘及硫酸雾废气处理情况和最终排放浓度、排放速率、排风温度、自动监测及监控情况。

5. 设施出现故障，进行维修、维护应记录在案。

6. 交接班情况指交接班时废气处理设施运行情况、安全情况、排放达标情况等。

7. 备注指出现污染排放超标或其他特殊事件的原因说明。尤其对铅尘处理设施清灰机构的工作情况，滤袋的工况，发生破损、糊袋、堵塞等进行详细说明。

附件5
环境管理制度范例

5.1　综合环境管理制度范例

5.1.1　环境保护管理办法

　　为落实国家和地方对铅蓄电池行业污染防治工作的要求，加强企业的环境保护工作，促进企业清洁生产并有序运作，依据环境保护有关法律法规，结合企业实际，特制定本办法。

　　（1）工作目标

　　以"预防为主""以人为本"为指导思想，以"清污分流、稳定达标排放"为目标，确保环保工作长期稳定达标，实现企业可持续发展。

　　（2）工作原则

　　按照"谁污染，谁治理，谁管理，谁负责"的工作原则，执行"环保一票否决权"。

（3）适用范围

适用于铅蓄电池企业的环保工作。

（4）责任体系

① 总经理主管；

② 常务副总经理、副总经理贯彻实施；

③ 各车间、部门主管具体落实；

④ 企业环境监督员督促、检查。

（5）工作内容

① 企业内严禁跑、冒、滴、漏，各车间应加大巡查力度，及时采取有效措施。

② 制粉、铸板、和膏、涂板、分片、化成等所有铅烟、铅尘、酸雾产生工序必须与处理设施连接，确保污染物处理设施有效运行，保证污染物达标排放。

③ 生产环节严格执行定量用水，控制用水量，严禁长流水。

④ 生产环节产生的含铅废水以及工作服清洗水等含铅废水必须全部送进含铅废水处理设施进行处理，严格按操作规程进行操作，确保污水经处理后稳定达标，出现有不合格的应马上抽回污水站进行处理。

⑤ 各车间、部门的卫生每天必须打扫一次，保持干净。

⑥ 雨水经雨水沟进入初期雨水收集池，澄清后排放，严禁直接排放。

⑦ 废水在线监控系统必须运行正常，以备环境保护部门检查。

（6）目标考核

① 各种污染治理设施正常运行，污染物"总铅、总镉、化学需氧量、氨氮、悬浮物、pH值"排放达标率100%。

② 在线监控系统正常运行，监控资料上传至环境保护部门备查。

（7）实施责任制

1）执行环境保护负责制

① 各车间、各部门主管为环保第一责任人，对本车间、部门的环境保护工作负责，并将环境保护纳入日常管理之中，以签订责任书形式将环境保护的目标、任务和措施进行分解，逐一落实并考核，与薪酬挂钩，落实到位。

② 层层签订责任书，将环保指标分解到车间、班组、个人。

2）执行环境保护工作报告制

① 每月召开一次环保专题会议，并形成会议纪要，下发至各车间、各部门。

② 污染源治理、环境污染事故需写出书面报告并上报环境保护部门，新改扩项目环境管理与建设项目"三同时"进行。

3）执行环境保护工作检查制

每季度进行一次环境保护责任制落实情况检查，并进行评定考核。

4）执行环境保护追究制

对在环境保护工作中出现的环境污染事故，进行从重处罚，严重的追究其刑事责任。

（8）考核与奖励

① 每季度对各车间、部门环境保护工作进行考核，考核分为优秀、良好、合格、不合格，作为奖惩的依据。

② 环保科负责对环境保护目标责任制单位进行监督，促使其认真落实环境保护目标责任制的各项工作。

③ 鼓励员工积极参与环境保护工作，企业加强环保宣传力度，制作环保宣传标语和专栏。

④ 执行"环保一票否决权"，对执行环境保护目标责任制工作成绩突出的，给予通报表彰，对成绩较差的给予通报批评，并限期整改到位。

5.1.2 主要岗位环境管理职责

（1）厂长/总经理环保责任制

① 全面协调环保系统的各项工作。

② 深入学习领会国家环境保护相关法律、法规、政策、标准等文件，并及时地反馈到企业生产及环保工作中。

③ 根据国家有关规定指导企业的环保系统运行。

④ 定期组织有关环保会议，根据反馈的信息总结经验，并对下期环保工作提出要求和部署。

⑤ 结合国家有关规定与企业现行环保运行状态，提出相关整改计划与措施，上报董事会，并请示做出指示。

（2）环保负责人责任制

① 全面主持环境保护工作，负责抓好环保人员业务知识的学习、运用，定期进行业务技能考核、指导。

② 随时检查检验器具设备完好情况，发现问题及时解决处理，保证仪器、设备正常运行。

③ 合理安排和适应调整本系统的工作任务，检查各项检验分析指标记录和工作完成情况。

④ 负责妥善、安全地保管好各种试剂、仪器、设备。

⑤ 努力钻研业务技能，不断提高自身业务水平，对本系统分析检验方法进行总结和改进。

⑥ 负责对各个工艺流程管理人员的环保实施情况的监督。

⑦ 对发生的重大环保事故必须及时采取应急措施，并对相关责任人进行处罚，同时本身也承担一定的责任。

⑧ 定期开展工作会议，收集有关资料反馈到经理委员会，并对下期工作提出要求和需要整改项目的方案。

（3）环保专职管理人员岗位职责

① 在主管环保领导的指导下，组织开展环境治理专项工作，环保专职管理人员必须达到高中及以上文化程度，具备环保、生产及相关业务知识。

② 负责督导生产车间搞好清污分流、污源分流和干渣排放工作，对违反环境治理要求操作的车间或个人有权提出或做出处理。

③ 巡查厂内所有含铅废水及循环水管道、阀门及池类是否有跑、冒、滴、漏现象，巡查化成工序硫酸溶液跑失情况，确认其已进入废水处理系统。

④ 督导生产车间节约用水，减少废水处理费用。

⑤ 负责对环保治理设施的巡回检查，确保其正常运转。

⑥ 负责做好环保治理设施维护、保养工作，延长其使用寿命。

⑦ 负责环保治理设施的日常运转操作，确保各项污染物达标排放。

⑧ 及时观察自动监测站数据，若出现报警，应及时把未达标废水排入应急池内。

⑨ 完成主管领导交付的与环保有关的工作任务。

5.1.3 环保设施有效运行管理制度

（1）目的

进一步明确环保设施的运行、维修、运行监督管理，以最大程度符合环保和员工健康的要求。

（2）适用范围

适用于所有环保设施的管理。

（3）管理职责

① 安节办是公司环保设施有效运行的管理部门，对公司环保设施的有效运行负总责。有权利和责任对公司环保设施运行、维修提出要求和整改意见，有义务对环保设施的运行进行有效监督管理，以符合环保和员工健康的要求。

② 各相关车间和制造部门负责指定专人负责环保设施运行的开关，负责设施运行点检，负责向工程部和安节办反馈运行和点检中发现的问题，负责环保场所的卫生。

③ 工程部负责指定专人负责环保设施的维修和保养，保证环保设施有效功能和有效运行。

（4）管理细则

① 安节办负责按照车间、制造部和工程部指定的相关运行责任人编制《环保设施运行管理卡》，并在各相应环保设施上挂牌。

② 安节办环保员负责对环保设施的日常运行进行监督管理，并将检查结果记入《公司环保、安全运行日报表》，每天 17:00 前负责将当日运行结果上报公司局域网，接受公司各级领导督查。

③ 安节办经理每周三下午组织人力资源部经理、工程部经理、各制造部经理、综合办主任、本部门环保员、安全员对全公司的环保、安全进行系统性督查，并形成报告，提出整改项目清单，由具体责任部门整改。

④ 工程部负责按照各环保设施说明书编制《××环保设备点检卡》和《××环保设备操作规程》，确保环保设备的有效管理状态。

⑤ 工程部负责及时处理车间、制造部在环保设备点检中发现的问题；负责及时处理安节办环保员日常检查发现的设备问题；负责及时处理安节办组织的公司级督查发现的设备问题；负责维修后场地清洁，确保无垃圾、无油污。

⑥ 各车间、制造部负责生产时环保设备的开启与关闭；负责环保设施运行点检与记录；负责环保设施场地清洁。

（5）绩效考核原则

① 针对环保设施的重要性和环境敏感性，所有检查出的整改项目责任单位都要以公司大局为重全力以赴，彻底整改；对不能按时整改或整改没有达到安节办要求的必须有书面说明，并抄送公司总经理室领导；对不能按期整改且没有书面说明的给予 2～5 分/项的

绩效考核扣分；情节严重的拖延和应付安节办有权向总经理直接提出额外的处罚。

② 对于重大的环保运行设施运行失效处罚环保员、安节办经理 5 分/项；分管领导由总经理处罚。

③ 人力资源部和安节办负责对整改不力的行为进行监督，记入绩效考核。

5.1.4 危险化学品管理办法

（1）目的

预防或减少化学品在各流转过程以及贮存、使用过程中造成环境污染或发生紧急事故。

（2）适用范围

适用于公司从采购到使用的全过程。

（3）管理职责

① 质管部、供应部、出口部负责供货厂家的确定和物资采购；

② 质管部负责化学品硫酸的进货检验；

③ 储运部负责对化学品的使用情况进行考核。

（4）工作程序

1）化学品的采购及验收

① 储运部根据生产计划及库存情况，制定采购计划，供应部实行定额采购。对超量物资，仓库不予入库。

② 质管部按检验标准对化学品硫酸进行进货检验。

③ 仓库保管员对 A 类化学品监装监卸，防止在装卸过程中对其造成破损。

④ 化学品入库时保管员应检查材料包装；跑、冒、漏、密封不良的物资，用棉纱或胶带封堵，优先入车间使用或退回厂家。

2）分类与贮存

① 常用化工材料分类

类别	性质	品名
A 类	有毒、有害、易燃、易爆	汽油、柴油、硫酸、煤油、黄油、液压油、齿轮油、真空泵油、压缩机油、氧气、乙炔气、液化气、丙烷、氮气、酒精、硼酸

② 化学品应按照其需要的贮存条件保存，保管员和化验室使用人员应对化学品分类存放，并做到"先进先出"。对易相互抵触的化学品，保管员和化验员应使其保持距离。

③ 化学品应存放在不渗水水泥地面库房，库房应具有良好的通风性和消防设施。化学品库应当远离火源。

3）保管员职责

① 必须了解所管理的化学品的各种信息，如化学性能、危害性、保质期、贮存条件、注意事项等。仓库针对化学品的有害信息对保管员进行培训，并将有害信息标注在库房醒目的地方，同时通报制造部。

② 保管员保证化学品在贮存过程中处于监控状态，发现问题及时处理。

③ 化学品保证"先进先出"。对到保质期的材料，保管员及时申请质管部复检，复检不合格材料应通知供应处联系外协厂家处理。

④ 保管员应熟悉各类化学品的 MSDS。

4）应急处理

① 成立储运部以部门负责人、工段长，制造部以车间主任、工段长为主的应急组织。

② 火灾应急处理按《应急准备和响应方案》执行。

③ 硫酸存放处配置固定的水源，有硫酸泄漏时打开阀门，立即用水冲洗。按《应急准备和响应方案》执行。

5）化学品的领用

① 车间领用 A 类化学品，对开封的原料应一次性用完，如使用不完应重新密封保存。

② 保管员对车间使用后发现有质量问题的原料，应申请质管部对该批次化学品进行复检，复检不合格的用《不合格品通知单》通知仓库，仓库保管员必须及时封存并联系供应处退货，避免长期存放发生泄漏。

6）安全生产节能减排办公室应监督考核车间硫酸、液化气、氮气、氧气、乙炔气等的使用情况。

7）替代

技术部、质管部应努力使有毒或有其他环境影响的化学品为无毒无害、环保型的原料替代，国家禁止使用的化学品严禁使用。

8）废料的处理

车间保管员对废极板、含铅污泥等废物应妥善保存，及时缴库，由供应部负责给取得固体废物处理处置资质的单位进行处理处置。

5.2 职业卫生管理制度

5.2.1 职业病防护设施维护管理制度

① 依据《中华人民共和国职业病防治法》和国家《安全生产法》，公司对职业病防护设施进行定期维护，确保其正常运行。

② 工程部负责对防护设施维护进行监督管理。

③ 办公室、车间负责对防护设施维护进行检查、督促。

④ 设备科负责对防护设施进行定期维护。

⑤ 采供部负责对防护设施中出现的问题与供方联系，落实到位。

⑥ 对职业病危害因素监测的效果不理想时，各部门科室、车间应进行分析，查找原因，制订改进措施，并同时报告职业病防治领导小组。

⑦ 各相关部门应对防护设施维护管理提出建设性建议，使维护设施发挥最大作用，确保职工安全健康。

5.2.2 职业卫生管理制度

① 严格贯彻、执行《中华人民共和国职业病防治法》及有关法律、法规和规章，切实保障职工的身体健康和生命安全，防止职业病的发生。

② 职业病防治领导小组负责公司的职业病防治工作，职防科负责职业病防治的日常工作。

③ 根据本单位的实际情况，定期邀请职业卫生服务机构进行职业病危害因素监测评价。

④ 严格执行接触职业病危害因素劳动者的健康检查制度，对每一位新招的作业工人严格执行上岗前健康检查，在岗职工每年定期组织职业健康检查，工人离岗前必须先经健康检查后方可解除劳动关系。体检结果及时向劳动者公布。对职业健康检查中发现异常的

职工及时安排诊断和治疗。

⑤ 定期开展职业病防治宣传和培训，包括上岗前和在岗期间的培训，以提高职工的自我保护能力和防范意识。

⑥ 为每位接触职业病危害因素的职工配备个人防护用品，劳动的个人防护用品必须符合国家职业卫生标准并督促职工正确使用，发现未按规定佩戴的职工要按规定进行处理。

⑦ 定期对防护设施进行检查、维护，确保其正常运行。如有故障应及时维修排除。

⑧ 在醒目位置设置"职业卫生公告栏"，公布职业病防治的规章制度、操作规程、检测结果等内容，产生严重职业病危害因素的作业岗位设置警示标识和中文警示说明，车间内职业卫生管理制度和操作规程要上墙。

⑨ 严禁使用童工，不得安排未成年人从事有职业病危害的作业，严禁孕妇、哺乳期妇女从事蓄电池制造工作。

⑩ 发现职业病病人、疑似职业病病人以及职业危害事故应立即向上级卫生部门报告。

5.2.3 职工健康检查与诊疗制度

① 职防科按行政科提供的职工名单编制职工健康监护档案。

② 职防科按市卫生部门的要求，组织上岗前、在岗期间和离岗时职工的健康检查，并做好健康检查前的准备工作。

③ 各车间及职工应配合健康检查工作，杜绝代检、漏检等事项的发生。

④ 职防科应及时、客观、真实地向职工提供体检、治疗及健康状况等信息。

⑤ 上岗前健康检查的职工，如发现职业禁忌症则不能准予上岗。

⑥ 在健康检查中，如发现职工患非职业性疾患，应通知本人做进一步检查或治疗。

⑦ 对确诊或疑似患有职业病的职工应立即停止工作，按市卫生部门的要求，进行及时治疗，不得擅自离开公司。在治疗期间，职防科负责对患者进行查看，做好职工治疗及康复工作。

⑧ 在工作期间，如发现职工有疑似职业病症状，应立即进行应急健康检查。

⑨ 职防科应妥善保管好职工健康档案，包括职业史、职业病危害接触史、职业健康检查结果和职业病诊疗有关个人健康资料。

⑩ 确诊职业病或疑似职业病病人，应当及时向市卫生行政部门、市劳动保障行政部门报告。

5.2.4 个人防护及保健措施

个人防护及保健措施包括有害作业过程中的个人防护措施、作业结束后的防护措施以及个人生活中的保健措施。

（1）有害作业过程中的个人防护措施

作业过程中的个人防护措施主要是头面部护具、全身工作服、手足护具的规范使用以及禁止在工作场所吸烟和进食。在配发防护用品时应针对有害物质特征和防护要求按需、按时发放。生产作业过程中，硫酸雾、炭黑粉尘等有害物质由于具有强烈的刺激性或显著的形态特征，操作人员在工作中不做好有效的防护会自觉地感到无法承受，因而能够做到规范地使用个人劳动防护用品。但铅作业场所则不同，由于含铅烟尘没有明显的刺激性，并且较少发生急性中毒现象，操作者容易忽视个人防护用品的使用，尤其容易忽视呼吸防护用具的使用。

（2）作业结束后的防护措施

作业结束后要做到：

① 及时用含 3% 的醋酸溶液洗手，消除黏附在手上的铅粉；

② 及时更换或清洗防护用品，可以多次使用的防护用品尽量缩短洗涤周期；

③ 离开厂区前淋浴洗涤全身，尤其夏季穿着较薄的工作服时更要注意对全身的清洗；

④ 淋浴后更衣，将工作服存放在单独分隔的衣柜内，不要与日常服饰混放，禁止将受到污染的工作服带回家中或宿舍存放或洗涤。

（3）个人生活中的保健措施

有害作业人员作息时间要规律化，适当参加体育锻炼，提高身体素质。在饮食上适当增加蛋白质、含钙食品及维生素 C 的摄入量，控制不良嗜好。酒精能破坏人体血液中的铅含量与骨骼中的铅含量的平衡，酗酒后人体骨骼中的铅将加速向血液中迁移，会造成急性中毒症状发生。因此，应劝阻铅作业人员饮酒。

（4）有害作业人员自主健康监护

当感觉身体发生异常现象时，如口内金属味，食欲不振，上腹部胀闷、不适，腹隐痛和便秘，记忆力减退，牙齿过敏性酸疼，长期咳嗽等，应及时到职业病医疗机构进行诊治。

5.2.5 着装、就餐、洗浴流程

（1）职工上下班着装、就餐、洗浴流程

① 职工上班流程见附图 1。

附图 1 职工上班流程

② 职工就餐流程见附图 2。

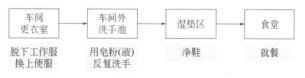

附图 2 职工就餐流程

③ 职工下班流程见附图 3。

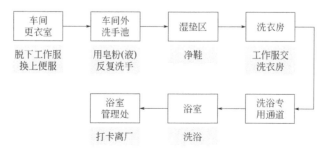

附图 3 职工下班流程

（2）铅作业职工上下班着装、就餐、洗浴流程

① 铅作业职工上班流程见附图4。

附图4　铅作业职工上班流程

② 铅作业职工就餐流程见附图5。

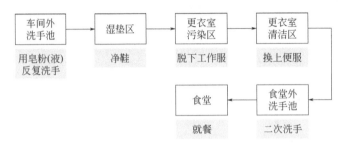

附图5　铅作业职工就餐流程

③ 铅作业职工下班流程见附图6。

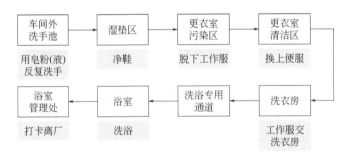

附图6　铅作业职工下班流程

5.3　环境应急管理制度范例

5.3.1　铅尘回收（除尘）设备事故应急预案

5.3.1.1　适用范围

适用于铅蓄电池生产企业发生的铅回收（除尘）设备事故，用于指导设备事故的报警、处理、抢修、恢复等全过程。

5.3.1.2　危险分析

除尘装置突发故障，收尘能力降低，造成环境污染事故。

5.3.1.3　应急机构与职责

① 领导机构。由企业法定代表人和环保安全负责部门组成，负责指挥事故应急处置工作，制订工作方案。

② 工程部/环保部应急职责。负责设备事故抢修过程中的技术支持，加强与设备制造厂家的联系和沟通。

③ 办公室应急职责。负责设备事故应急救援现场的安全监察，确保抢险过程中的人身安全。

5.3.1.4 应急人员培训

（1）专业知识培训

加强业务知识和理论培训，通过培训进一步提高抢修人员的理论知识，提高其设备事故应急处理能力。

（2）抢修能力培训

开展事故预想，掌握事故发生的征兆、原因、后果和应急处理的方法、步骤，以及在抢修过程中应采取的防护措施、安全措施、技术措施，确保抢修工作安全顺利进行。

5.3.1.5 预案演练

本预案每两年进行一次全面演练，每年至少进行一次演练，检验设备抢修快速反应能力，以进一步提高全公司设备抢修应急水平。演练结束后，要对设备抢修工作进行评价，并对演练情况进行通报，预案在演练过程中暴露出的问题和不足应及时予以解决。

5.3.1.6 接警与通知

（1）报警时应提供的信息

① 事故发生的类型；

② 事故发生的原因、性质、范围、严重程度；

③ 已采取的控制措施及其他应对措施。

（2）报警注意事项

接到事故报警后，必须对报警情况进行核实，并向公司应急指挥机构汇报，通知相关人员到场到位，并组织协调有关抢修前的准备工作。

5.3.1.7 指挥与控制

接到事故报告信息后，应立即安排人员对设备事故情况进行检查确认，确认事故报告信息的所有内容，在确认事故信息的情况下，迅速下达应急处理命令，采取临时应急措施对事故情况加以控制，并迅速报告办公室。

5.3.1.8 现场恢复

设备事故抢修结束后，应对抢修后的设备进行试验，确定抢修的质量和效果，并将试验情况向应急指挥部进行汇报，由指挥部统一研究后，对下一步工作进行部署。指挥部认为抢修工作已经结束，抢险工作小组应对抢险队员人数、工器具进行清点，撤离现场。运行人员对系统进行恢复工作，对抢修后的设备进行启动运行，观察运行工况。

5.3.1.9 设备事故应急响应程序

应急响应程序包括接警、响应级别确定、应急启动、救援行动、应急恢复和应急结束等几个过程。

① 接警。应急指挥部门接到突发事件报警时，应做好突发事件的详细情况和联系方式等方面的记录。

② 应急启动。应急响应级别确定后，相应的应急指挥部门按所确定的响应级别启动应急程序，如通知应急指挥部门有关人员到位、启用信息与通信网络、调配救援所需的应

急资源（包括应急队伍和物资、装备等）、派出现场指挥协调人员和专家组等。

③ 应急行动。应急队伍进入突发事件现场，积极开展人员救助、抢险等有关应急救援工作，专家组为救援决策提供建议和技术支持。当事态仍无法得到有效控制时，应向上级应急机构请求实施更高级别的应急响应。

④ 应急恢复。救援行动结束后，进入应急恢复阶段，包括现场清理、人员清点撤离和受影响区域的连续监测等。

⑤ 应急结束。由相关的应急指挥部门按照程序宣布应急结束。

5.3.2　固体废物管理要求

5.3.2.1　适用范围

适用于铅蓄电池生产企业对固体废物的收集、运输、贮存、综合利用或处置管理。

5.3.2.2　工作职责

① 环保设备部负责公司固体废物处置的归口管理。

② 相关部门负责本部门固体废物的收集、贮存与管理。

5.3.2.3　工作程序

（1）固体废物分类

① 可回收利用类包括金属类、废纸类、废油品及其他废物。

② 有害不可回收利用的固体废物包括各种危险废物，如废电池、铅渣、废铅膏、含铅污泥、废极板、废荧光灯管等。

③ 无害不可回收利用的固体废物包括生活垃圾、残剩食物、建筑垃圾及其他不可回收的一般工业固体废物等。

（2）固体废物申报

① 按照环境保护主管部门有关规定和要求申报固体废物产生量、流向、贮存和处置方法等。

② 按环境保护主管部门有关规定和要求申报危险废物产生量、流向、贮存和处置方法等。

（3）废物标识、收集与内部运输

① 相关部门负责设置本部门废物临时放置点，并配备带有标识的废物收集容器、场地。

② 产生部门按要求将废物放置到相应场所，并在《固体废物处置记录》上登记，禁止将固体废物排入水体污染环境。对场所和设施应加强管理和维护，保证其正常使用。

③ 废物临时存放点由其设置部门管理，并分类放置废物，禁止混合收集、贮存。运输负责人在将废物从临时放置点运输到固定存放场所时，应确保不遗撒、不混放、不泄漏。禁止运输不相融且未经安全处理的危险废物，运输中一旦发生泄漏按《应急准备与响应控制程序》进行处理。

④ 收集、贮存、运输危险废物的场所、设施、设备、容器和包装物不得转作他用。

（4）废物存放场所管理

① 环保设备部根据公司实际情况设置废物贮存场，并根据固体废物分类设置不同贮存区域。

② 废物存放场所应设有防雨、防晒、防渗漏、防飞扬等设施，并应有安全应急防范设施及醒目标识。

③ 存放场所设专人管理。

（5）固体废物最终处置

① 公司所产生的生产、生活固体废物，由环保设备部委托有资质的协议方处置。

② 环保设备部应对协议方处理或处置危险废物的能力予以确认，选择具有相应资质的协议方进行固体废物处理。负责处置公司生活垃圾和有害固体废物的承包方，必须向公司提供营业许可证和当地（县级以上）环保部门签发的经营许可证。

③ 环保设备部与选定的废物处理方签订环境协议，向其提出公司对一般废物及危险废物的处置要求。

④ 环保设备部对固体废物的处理方法进行跟踪检查，督促协议方按要求运输、利用和处置固体废物。

（6）环保设备部负责有关管理规定的内、外部传递。

（7）环保设备部负责统计固体废物种类、数量，并记录在固体废物统计表上。

5.4 铅蓄电池企业自行监测方案模板

5.4.1 企业概况

（1）基本情况

××××有限公司位于××××，全厂共建设两期工程：××××，分别于××××和××××建成投产。根据《排污单位自行监测技术指南　总则》（HJ 819—2017）及《排污许可证申请与核发技术规范　电池工业》（HJ 967—2018）相关要求，公司根据实际生产情况，查清本公司的污染源、污染物指标及潜在的环境影响，制定了本公司环境自行监测方案。

（2）排污情况

本公司生产工艺为××××。

废气源、废水源、噪声源与治理措施描述。

5.4.2 企业自行监测开展情况说明

公司自行监测采用手工监测+自动监测相结合方式，开展自动监测的点位和项目有××××，其他未开展自动监测的项目均采用手工监测。

公司自动监测项目委托××××有限公司实现24h运维。

手工监测项目××××，委托有CMA资质的××××有限公司进行委外检测。

5.4.3 监测方案

（1）废气有组织排放监测方案

1）废气有组织排放监测点位、监测项目及监测频次如附表7所列。

附表7　废气有组织排放监测点位、监测项目及监测频次

类型	排放源	监测项目	监测点位	监测频次	监测方式
废气有组织排放	熔铅锅	铅及其化合物	排气筒	月	手工监测
		颗粒物	排气筒	半年	手工监测
	球磨机	铅及其化合物	排气筒	月	手工监测
		颗粒物	排气筒	半年	手工监测
	……				

注：同步监测废气参数。

2）废气有组织排放监测分析方法

① 手工监测主要依据《固定污染源废气 低浓度颗粒物的测定 重量法》（HJ 836—2017）、《固定源废气监测技术规范》（HJ/T 397—2007）；

② 各监测项目具体监测方法如附表 8 所列。

附表 8　废气有组织排放监测分析方法

序号	监测项目	监测方法	备注
1	铅及其化合物	《固定污染源废气 铅的测定 火焰原子吸收分光光度法》（HJ 685—2014）	手工
2	硫酸雾	《固定污染源废气 硫酸雾的测定 离子色谱法》（HJ 544—2016）	手工
3	颗粒物	《固定污染源废气 低浓度颗粒物的测定 重量法》（HJ 836—2017）	手工
……			

3）废气有组织排放监测结果评价标准如附表 9 所列。

附表 9　废气有组织排放监测结果评价标准

类型	序号	监测项目	执行限值	执行标准名称
废气有组织排放	1	铅及其化合物	0.5mg/m³	《电池工业污染物排放标准》（GB 30484—2013）
	2	硫酸雾	5mg/m³	
	3	颗粒物	30mg/m³	
	……			

（2）废气无组织排放监测方案

① 废气无组织排放监测点位、监测项目及监测频次如附表 10 所列。

附表 10　废气无组织排放监测点位、监测项目及监测频次

类型	监测项目	监测点位	监测频次	监测方式
废气无组织排放	铅及其化合物	厂界下风向 3 个监控点	半年	手工监测
	硫酸雾	厂界下风向 3 个监控点	半年	手工监测
	颗粒物	厂区下风向 3 个监控点	半年	手工监测
	……			

② 废气无组织排放监测方法。废气无组织排放监测点位布设按照《大气污染物综合排放标准》（GB 16297—1996）附录 C、《大气污染物无组织排放监测技术导则》（HJ/T 55—2000）进行，监测项目具体监测分析方法如附表 11 所列。

附表 11　废气无组织排放监测分析方法

序号	监测项目	监测方法
1	铅及其化合物	《环境空气 铅的测定 石墨炉原子吸收分光光度法》（HJ 539—2015）
2	颗粒物	《环境空气总悬浮颗粒物的测定 重量法》（GB/T 15432—1995）
……		

③ 废气无组织排放监测结果评价标准如附表 12 所列。

附表 12　废气无组织排放监测结果评价标准

类别	序号	监测项目	执行标准限值	执行标准
废气无组织排放	1	铅及其化合物	0.001mg/m³	《电池工业污染物排放标准》（GB 30484—2013）
	2	硫酸雾	0.3mg/m³	
	3	颗粒物	0.3mg/m³	

（3）废水监测方案

① 废水监测点位、监测项目及监测频次如附表 13 所列。

附表 13　废水监测点位、监测项目及监测频次

类型	废水类型	监测项目	监测点位	监测频次	监测方式
废水	综合废水	流量	废水总排放口	自动监测	自动监测
		pH 值		自动监测	自动监测
		COD$_{Cr}$		自动监测	自动监测
		氨氮		自动监测	自动监测
		悬浮物		季度	手工监测
		总氮		季度	手工监测
		总磷		季度	手工监测
	车间废水	流量	车间处理设施排放口	自动监测	自动监测
		总铅		日	手工监测
		……			
	……				

② 废水污染物监测分析方法。依据《污水监测技术规范》（HJ 91.1—2019）开展废水污染物监测，监测项目具体监测分析方法如附表 14 所列。

附表 14　废水污染物监测分析方法

序号	废水类型	监测点位	监测项目	监测方法
1	综合废水	废水总排放口	流量	—
2			pH 值	《水质　pH 值的测定　玻璃电极法》（GB 6920—1986）
3			COD$_{Cr}$	《水质　化学需氧量的测定　重铬酸盐法》（HJ 828—2017）
4			氨氮	《水质　氨氮的测定　气相分子吸收光谱法》（HJ/T 195—2005）
5			悬浮物	《水质　悬浮物的测定　重量法》（GB 11901—1989）
6			总氮	《水质　总氮的测定　碱性过硫酸钾消解紫外分光光度法》（HJ 636—2012）
7			总磷	《水质　磷酸盐和总磷的测定　连续流动-钼酸铵分光光度法》（HJ 670—2013）
8	车间废水	车间处理设施排放口	流量	—
9			总铅	《水质　铅的测定　双硫腙分光光度法》（GB 7470—1987）
10			……	
……				

③ 废水污染物监测结果评价标准如附表 15 所列。

附表 15 废水污染物排放评价标准

排放口名称	监测项目	执行限值	执行标准
废水总排放口	pH 值	6~9	《电池工业污染物排放标准》（GB 30484—2013）
	COD_{Cr}	150mg/L	
	氨氮	30mg/L	
	悬浮物	140mg/L	
	总氮	40mg/L	
	总磷	2.0mg/L	
车间处理设施排放口	总铅	0.5mg/L	
	......		
......			

（4）厂界噪声监测方案

① 厂界噪声监测点位、监测项目及监测频次如附表 16 所列。

附表 16 厂界噪声监测点位、监测项目及监测频次

类型	监测项目	监测点位	监测频次	监测方式
厂界噪声	L_{eq}	厂东界外 1m	季，昼、夜各一次	手工监测
	L_{eq}	厂西界外 1m	季，昼、夜各一次	手工监测
	L_{eq}	厂南界外 1m	季，昼、夜各一次	手工监测
	L_{eq}	厂北界外 1m	季，昼、夜各一次	手工监测
......				

② 厂界噪声监测方法如附表 17 所列。

附表 17 厂界噪声监测方法

监测项目	监测方法	备注
厂界噪声 L_{eq}	《工业企业厂界环境噪声排放标准》（GB 12348—2008）	厂界噪声分白天（6:00~22:00）、夜晚（22:00~06:00）各测一次

③ 厂界噪声评价标准。厂界东、西、北侧噪声执行《工业企业厂界环境噪声排放标准》（GB 12348—2008）3 类标准，昼间 65dB（A），夜间 55dB（A）；厂界南侧为交通干道，南侧噪声执行《工业企业厂界环境噪声排放标准》（GB 12348—2008）4 类标准，昼间 70dB（A），夜间 55dB（A）。厂界噪声评价标准如附表 18 所列。

附表 18 厂界噪声评价标准

监测点位	监测项目	执行限值	执行标准
厂东界外 1m	L_{eq}	昼间：65dB（A），夜间 55dB（A）	《工业企业厂界环境噪声排放标准》（GB 12348—2008）
厂西界外 1m	L_{eq}	昼间：65dB（A），夜间 55dB（A）	
厂南界外 1m	L_{eq}	昼间：70dB（A），夜间 55dB（A）	
厂北界外 1m	L_{eq}	昼间：65dB（A），夜间 55dB（A）	

5.4.4 监测点位示意图

公司自行监测采用自动监测和手工监测相结合的技术手段。公司自行监测点位见附图7。

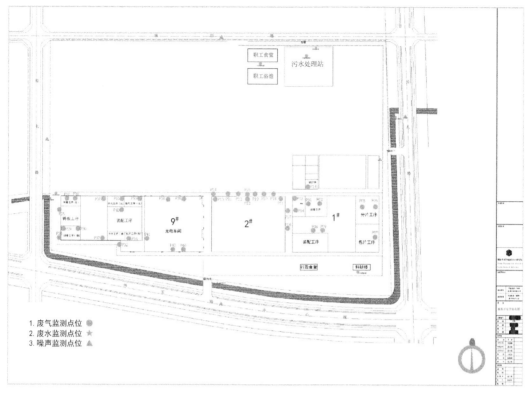

附图 7 监测点位示意图

5.4.5 质量控制措施

公司自行监测遵守国家环境监测技术规范和方法。

（1）人员持证上岗

公司有×人参加了××××培训，并取得证书。委托运维的××××有限公司，具有
××××资质证书，且运维人员持有××××合格证书。

（2）实验室能力认定

委托有资质的环境监测机构——××××公司开展手工监测项目。

（3）监测技术规范性

废气监测平台、监测断面和监测孔的设置均符合××××等的要求，同时按照×××
×对自动监测设备进行校准与维护。监测技术方法首先采用国家标准方法，在没有国标方
法时，采用行业标准方法。

（4）仪器要求

仪器设备档案齐全，且所有监测仪器、量具均经过质检部门检定合格并在有效期内使用。

（5）记录要求

监测数据严格实行三级审核制度。

废水自动监测数据严格按照《水污染源在线监测系统（COD_{Cr}、NH_3-N 等）运行技术

规范》（HJ 355—2019）执行。自动监测设备保存仪器校验记录。校验记录必须根据市生态环境局在线监测科要求，按照规范进行，记录内容需完整准确，各类原始记录内容应完整，不得随意涂改，有相关人员签字。

手工监测记录必须提供原始采样记录，采样记录的内容应准确完整，至少2人共同采样和签字，不得随意涂改；样品采集和分析严格按照《固定源废气监测技术规范》（HJ/T 397—2007）、《固定污染源废气　低浓度颗粒物的测定　重量法》（HJ 836—2017）、《污水监测技术规范》（HJ 91.1—2019）和《固定污染源监测质量保证与质量控制技术规范》（HJ/T 373—2007）等标准中的要求进行；样品交接记录内容需完整、规范。

（6）环境管理体系

公司成立环保技术监督领导小组，公司各相关专业负责人为工作小组成员，负责对公司环保设施运行、维护和技术改造的管理。环保设施与主设备同等管理，发电部负责生产与环保设施的安全、环保运行管理；技术支持部负责环保设施的维护和技改管理，确保公司环保设施正常达标运行。公司环保归口于××××部，负责公司环保管理工作，建立环保指标体系，对公司环保工作进行月度绩效考核管理，确保环保体系运行正常。

5.4.6　信息记录和报告

（1）信息记录

① 监测和运维记录

手工监测和自动监测的记录均按照《排污单位自行监测技术指南　总则》（HJ 819—2017）执行。自动监测结果的电子版和手工监测结果纸质版台账均保存三年。

② 生产和污染治理设施运行状况记录

按日记录各生产单元主要生产设施的累计生产时间、生产负荷；新鲜水取水量；主要原辅料使用量；能源消耗（煤、电、天然气等）；产品产量等。

按日记录废水处理量、废水排放量、废水回用量及回用去向、污泥产生量（记录含水率）、废水处理使用的药剂名称及用量、电耗等；记录废水处理设施运行、故障及维护情况等。

按日记录废气处理使用的吸附剂、过滤材料等耗材的名称和用量；记录废气处理设施运行参数、故障及维护情况等。

及时记录一般工业固体废物和危险废物产生、贮存、转移、利用和处置情况。

（2）信息报告

每年年底编写年度自行监测报告，应包含以下内容：

① 监测方案的调整变化情况及变更原因；

② 企业及各主要生产设施全年运行天数，各监测点、各监测指标全年监测次数、超标情况、浓度分布情况；

③ 自行监测开展的其他情况说明；

④ 实现达标排放所采取的主要措施。

（3）应急报告

① 当监测结果出现超标情况时，公司对超标的项目增加监测频次，并检查超标原因。

② 若短期内无法实现稳定达标排放的，公司应向生态环境局提交事故分析报告，说明事故发生的原因，采取减轻或防止污染的措施，以及今后的预防及改进措施。

5.4.7 自行监测信息公布

（1）公布方式

自动监测和手工监测信息分别在××××和××××（网址：××××）进行信息公开。

（2）公布内容

① 基础信息：单位名称、组织机构代码、法定代表人、生产地址、联系方式，以及生产经营和管理服务的主要内容、产品及规模。

② 排污信息：主要污染物及特征污染物的名称、排放方式、排放口数量和分布情况、排放浓度和总量、超标情况，以及执行的污染物排放标准、核定的排放总量。

③ 防治污染设施的建设和运行情况。

④ 建设项目环境影响评价及其他环境保护行政许可情况。

⑤ 自行监测方案。

⑥ 未开展自行监测的原因。

⑦ 自行监测年度报告。

⑧ 突发环境事件应急预案。

（3）公布时限

① 企业基础信息随监测数据一并公布，基础信息、自行监测方案一经审核备案，一年内不得更改；

② 手工监测数据根据监测频次按时公布；

③ 自动监测数据实时公布；

④ 每年元月底前公布上年度自行监测年度报告。

附件 6
铅蓄电池企业环境保护检查清单

铅蓄电池企业规范性检查清单如附表 19 所列。

附表 19　铅蓄电池企业规范性检查清单

类别	内容	序号	检查要点	A	B	C
重大问题	一票否决条件	1	卫生防护距离内是否有环境敏感点	有	无	
		2	近三年是否发生过重大或特大突发环境事件	有	无	
		3	近三年是否存在未完成主要污染物总量减排任务的情况	有	无	
		4	近三年是否存在被责令限期治理、限产限排的情况	有	无	
		5	近三年是否存在受到环境保护部或省级环保部门处罚的情况	有	无	
		6	近三年是否存在受到环保部门 10 万元以上罚款的情况	有	无	

类别	内容	序号	检查要点	A	B	C
重大问题	一票否决条件	7	是否违反建设项目环境影响评价和建设项目竣工环境保护验收制度	有	无	
		8	是否违反饮用水水源保护区制度有关规定	有	无	
		9	是否未完成因重金属、危险化学品、危险废物污染或因引发群体性环境事件而必须实施搬迁的任务	有	无	
		10	是否存在开口式普通铅蓄电池生产能力	有	无	
		11	有无新建、改扩建商品极板生产项目	有	无	
		12	有无新建、改扩建外购商品极板进行组装的铅蓄电池生产项目	有	无	
		13	有无新建、改扩建干式荷电铅蓄电池生产项目	有	无	
		14	有无含有镉含量高于 0.002%（质量百分比）或砷含量高于 0.1%（质量百分比）的铅蓄电池生产能力（产品中含电动助力车电池或电动三轮车电池的，需附极板或板栅合金镉含量现场随机抽检报告）	有	无	
行政许可制度执行情况	环评审批手续	15	是否取得有审批权的环保行政主管部门的环境影响评价批复	全部执行	部分执行	未执行
	职业病危害预评价	16	项目是否进行职业病危害预评价	全部执行	部分执行	未执行
	"三同时"竣工验收手续	17	是否取得有审批权的环保、安监、职业卫生行政主管部门的竣工验收批复	全部执行	部分执行（具体说明情况）	未执行
	行政许可批复文件中各项要求执行情况	18	环保、安监、职业卫生批复中的整改要求是否逐一获得落实	已落实	部分执行（具体说明情况）	未落实
污染物总量控制情况	总量控制指标完成情况	19	企业排污量是否符合所在地环保行政主管部门分配给该企业的总量控制指标（包括废水和废气中重金属许可排放总量）要求	符合	部分符合（具体说明情况）	不符合
	总量减排任务完成情况	20	是否完成主要污染物总量减排任务	无减排	已完成减排	未完成减排
主要污染物和特征污染物达标情况	监测频次和点位情况	21	是否按排污许可和自行监测的要求对污染物进行定期监测	按要求进行监测	部分监测（具体说明情况）	无监测
	污染物稳定达标排放情况	22	重金属废水是否实现车间或车间处理设施排放口达标排放	能稳定达标	基本达标，偶有超标	经常超标
		23	其他水污染物是否实现总排口的稳定达标排放	稳定达标	偶有超标	经常超标
		24	各排气筒大气污染物是否实现稳定达标排放	稳定达标	偶有超标	经常超标
		25	厂界噪声是否达到相关的标准要求	稳定达标	偶有超标	经常超标
		26	固体废物是否按规范处理处置	规范处置	偶有不规范处置	不规范处置
		27	职业病危害控制效果评价是否合格	稳定达标	偶有超标	经常超标
排污申报登记、排污许可证和环境税缴纳执行情况	排污申报登记	28	是否依法进行排污申报登记	有申报	无申报	
	排污许可证	29	是否依法领取排污许可证	有申领	无申领	
		30	废水、废气（含酸雾）污染物的排放是否达到排污许可证的要求	符合	部分符合	不符合
	缴纳环境税	31	是否按规定足额缴纳环境税	按时、足额缴纳	未能按时、足额缴纳	未缴纳

类别	内容	序号	检查要点	A	B	C
环境监测设施运行	自动在线监控设备运行情况	32	是否安装废水重金属污染物在线监测装置并与环保部门联网	有在线，并联网	有在线，未联网	无在线
		33	是否安装废气重金属污染物在线监测装置并与环保部门联网	有在线，并联网	有在线，未联网	无在线
清洁生产实施情况	清洁生产审核情况	34	是否已实施清洁生产审核并通过评估验收	已通过，并验收	已通过，未验收	未通过
		35	是否每两年完成一轮清洁生产审核	已执行两年一轮审核	已完成第一轮，未进行第二轮	未进行审核
	清洁生产水平	36	是否达到清洁生产二级及以上水平，或同等水平	一级水平	二级水平	三级水平
		37	清洁生产评估验收报告、评估验收意见及中高费方案是否落实	已全部落实	部分落实	未落实
ESH管理制度及环境风险预案落实情况	EHS管理情况	38	是否有健全的环境健康安全（EHS）管理机构	有专门的EHS机构及人员	EHS机构不健全或未配备专职人员	无ESH机构
		39	环境健康安全相关档案管理情况良好，建立职业健康监护档案	规范齐全	基本规范	管理混乱
		40	是否制定有效的企业环境管理制度并有序运转	有健全的环境管理制度	有环境管理制度，但不全	无环境管理制度
		41	废水、废气处理设施运行、加药及维修记录是否完备	有完备的运行记录	有记录，但不全	无记录
		42	是否通过ISO 18001环境管理体系和OHSAS 18001职业健康安全管理体系	全部通过且在有效期内	部分通过或失效（具体说明）	未通过
	环境风险应急情况	43	是否进行了企业环境风险评估	已进行环境风险评估	正在进行环境风险评估	未进行环境风险评估
		44	是否按照企业环境风险评估结果进行了环境安全隐患排查	已进行环境安全隐患排查	正在进行环境安全隐患排查	未进行环境安全隐患排查
		45	是否制定企业环境风险应急预案并通过专家评审和备案	有预案并符合要求	有预案，程序未到位	无预案
		46	预案中所要求的应急设施、物资是否齐备	全部齐备	部分不全	缺口较大
		47	是否定期培训和演练	定期培训和演练	不定期培训和演练	无培训和演练
环境信息披露情况	定期公布环境信息的情况	48	是否建立环境信息披露制度，定期公开环境信息	已建立，较完善	已建立，不完善	未建立
		49	是否每年向社会发布企业年度环境报告书，公布含重金属污染物排放和环境管理等情况	已编制并公布	已编制未公布	未编制
		50	附近居民是否有环境问题投诉，投诉问题是否得到解决	无投诉	有投诉，已解决	有投诉，未解决
社会责任情况	切实落实劳动者权益保护	51	劳动合同中是否将工作过程中可能产生的职业病危害及其后果、职业病防护措施、待遇等写明	全面、明确	不够全面	没有内容
		52	是否建立职业健康监护档案	有且完整	不完整	未建立
		53	是否组织员工进行上岗前、在岗期间、离岗时职业健康检查	有且全面	上岗前、在岗有	没有
		54	是否对涉铅岗位员工定期进行体检	每年一次以上	两年一次	两年以上一次或无

铅蓄电池企业清洁生产和环境健康安全防治检查清单如附表 20 所列。

附表 20　铅蓄电池企业清洁生产和环境健康安全防治检查清单

类别	序号	检查要点	A	B	C	D
工艺和装备	1	减少铅烟铅渣产生的清洁生产工艺情况	采用冶炼厂直供铅粒	机械冷加工造粒	集中供铅铸粒	单炉单机铸粒
	2	熔铅炉封闭情况（铅粒冷加工不填）	封闭，加料口不加料时关闭	除加料口外封闭，加料口基本不关闭	部分封闭	不封闭
	3	铅粉制造系统（包括熔铅、造粒、制粉、贮粉、输粉等）是否全程自动化	全程自动化	部分自动化（说明未实现的工序）	未自动化	
	4	温度控制情况	自动控温500℃以下，在线显示	自动控温500℃以下，超温报警	自动控温，500℃以上	无自动控温
	5	球磨机、铅粉机排放口、集气罩与废气处理设施连接，收集口负压，抽力大	全封闭收集，负压合理，有检测并合理调整	集气效果较好，无检测调整	集气效果一般	集气效果差
	6	铅粉制造、贮存及输送系统是否完全密封	全程封闭，包括造粒	除造粒外密闭	基本封闭，有漏风	不封闭
	7	熔铅锅采用减渣剂，设置存放浮渣的容器	使用减渣剂	部分使用	不使用	
	8	铅粉制造车间负压状态运行，控制无组织排放	负压	常压		
	9	是否设置警示标识和中文警示说明	设置	未设置		
	10	是否为每个固定工位配备集中通风系统	全部配备	部分配备	未配备	
	11	是否使用工业电风扇	未使用	使用		
	12	电池含镉量低于 0.002%	全部低于0.002%	部分高于0.002%	高于 0.002%	
	13	电池含砷量低于 0.1%	全部低于0.1%	部分高于0.1%	高于 0.1%	
	14	铸板工艺	采用拉网或冲孔工艺	连铸连轧工艺	重力浇铸铸板机，集中供铅	重力浇铸铸板机，单炉单机
	15	供铅方式	一锅多机	一锅二机	一锅一机	
	16	车间独立封闭	封闭	局部封闭	不封闭	
	17	温度控制情况	自动控温500℃以下，在线显示	自动控温500℃以下，超温报警	自动控温，500℃以上	无自动控温
	18	熔铅炉封闭情况	封闭，加料口不加料时关闭	除加料口外封闭，加料口基本不关闭	部分封闭	不封闭
	19	集气罩与废气处理设施连接，收集口负压，抽力大	全封闭收集，负压合理，有检测并合理调整	集气效果较好，无检测调整	集气效果一般	集气效果差
	20	熔铅锅采用减渣剂，设置存放浮渣的容器	使用减渣剂	部分使用	不使用	

注：铅粉制造工段（包括板栅和铅零件制造）对应序号 1~11；合金配制及板栅制造工段对应序号 12~20。

类别	序号		检查要点	A	B	C	D
工艺和装备	21	合金配制及板栅制造工段	板栅制造设备铅烟源部分集气罩抽风口负压运行	封闭	部分封闭	不封闭	
	22		是否设置警示标识和中文警示说明	设置	未设置		
	23		是否为每个固定工位配备集中通风系统	全部配备	部分配备	未配备	
	24		是否使用工业电风扇	未使用	使用		
	25	和膏工段	自动称重计量加料	自动	半自动	手工	
	26		进粉和膏尽在封闭环境下进行	全封闭和膏机	半封闭和膏机	开口式和膏机	
	27		自动机械化和膏（进料、加酸与搅拌）	连续式和膏机	自动化和膏机	半自动化	手工
	28		和膏外泄与回收	不外泄	外泄及时回收	外泄回收不及时	
	29		是否使用工业电风扇	未使用	使用		
	30		系统排放口是否与废气处理设施连接	连接	不连接		
	31	涂板淋酸工段	涂板设备	无带涂板机	双面涂板机	单面涂板机	
	32		自动机械化涂板	自动化	半自动化	手工	
	33		固化设备	高温增压固化设备	自动控制常压固化设备	常压固化设备或装置	
	34		铅膏不外泄，与冲洗水一起进入废水处理站	不外泄	外泄及时回收，并进入污水站	外泄部分回收，不进入污水站	
	35		车间地面基础浇筑承重牢固，地面无裂纹	承重牢固，无裂纹	有少量裂纹	地面裂纹严重	
	36		地面进行防酸、防渗处理	地面有防酸、防渗处理	部分地面有防酸、防渗处理	地面无防酸、防渗处理	
	37		废铅膏妥善回收处置	回收	部分回收	不回收，进入污水	
	38		淋酸废水进行收集，回收处理循环使用，或进入废水处理站	操作区有收集沟槽，并回收循环使用	部分收集，回收循环使用	收集，不循环	不收集
	39		是否为每个固定工位配备集中通风系统	每个固定工位配备	部分配备	不配备	
	40		是否使用工业电风扇	未使用	使用		
	41	管式电极工段	对于挤膏工艺，造粒机与挤膏机封闭，废气与环保处理设施连接	设备封闭，废气收集处理	有集气罩收集废气并处理	有收集，不处理直接排放	不封闭，不收集
	42		对于挤膏工序，有单独铅膏沉淀池	有单独铅膏沉淀池	无单独铅膏沉淀池		
	43		对于灌粉工艺，在独立、封闭、带有负压和通风系统的工作间中负压操作，消除无组织铅尘排放	独立全封闭负压空间操作	半封闭负压空间操作	全封闭常压空间操作	普通常压环境操作
	44	极板分板刷板（耳）工段	采用自动机械化分片机，配有集气罩，负压运行，与废气处理设施连接	自动分片	半自动分片	手工分片	
	45		采用自动机械化极耳打磨机	自动打磨	半自动打磨	手工打磨	

类别	序号	检查要点	A	B	C	D
工艺和装备	46	设备均配有集气罩，负压运行，与废气处理设施连接	全部有负压集气处理，吸风罩下吸风或侧吸风合理	有负压集气处理，但吸风罩方式不合理	部分有负压集气处理	未集气
	47	设备是否整体封闭	全部整体封闭	部分整体封闭，部分半封闭	都是半封闭	都未封闭
	48	维护入口是否保持常闭	始终保持封闭	多数时间封闭	常开	
	49	产生的废极板、废极耳、粉尘及时回收	有回收	部分回收	不回收	
	50	是否设置警示标识和中文警示说明	设置	未设置		
	51	是否为每个固定工位配备集中通风系统	全部配备	部分配备	未配备	
	52	是否使用工业电风扇	未使用	使用		
	53	称片工序采用极板自动分拣设备	自动称片	半自动称片	手工称片	
	54	称片机（工位）配有集气罩，与处理设施连接	有集气，并处理	有集气，不处理	未集气	
	55	（叠片机工位）包片工序采用半自动或自动包片机（异型规格电池除外）	自动包片	半自动包片	手工包片	
	56	包片机配有集气罩，与处理设施连接	有集气，并处理	有集气，不处理	未集气	
	57	负压抽风装置吸气类型	上吸风	测吸风	下吸风	无吸风
	58	负压吸风装置的运行控制	日常进行检测和控制	偶尔检测和调试	日常无控制	
	59	是否设置警示标识和中文警示说明	设置	未设置		
	60	是否为每个固定工位配备集中通风系统	全部配备	部分配备	未配备	
	61	是否使用工业电风扇	未使用	使用		
	62	焊接工序采用自动铸焊机	自动铸焊	半自动铸焊	手工铸焊	
	63	熔铅过程温度控制情况	自动控温500℃以下，在线显示	自动控温500℃以下，超温报警	自动控温，500℃以上	无自动控温
	64	铸焊机（工位）有集气罩，与处理设施连接	有收集，并处理	有收集，不处理	不收集	
	65	跨桥焊是否自动化，是否在固定工位操作	自动化	未自动化，固定工位	未自动化，未固定工位	
	66	负压抽风装置吸气类型	上吸风	测吸风	下吸风	无吸风
	67	负压吸风装置的运行控制	日常进行检测和控制	偶尔检测和调试	日常无控制	
	68	电池槽盖（外壳）冲洗采用封闭式水洗真空干燥设备	封闭式水洗真空干燥	其他类别		
	69	废极板集中收集处置	收集处理	部分收集	不收集	
	70	封盖工序采用自动固化干燥设备	自动	半自动	手工	
	71	封装胶挥发性溶剂符合环保要求	符合	不符合		
	72	是否设置警示标识和中文警示说明	设置	未设置		
	73	是否为每个固定工位配备集中通风系统	全部配备	部分配备	未配备	
	74	是否使用工业电风扇	未使用	使用		

极板分板刷板（耳）工段：46–52
极板称片、叠片及包板工段：53–61
组装工段：62–74

类别	序号		检查要点	A	B	C	D
工艺和装备	75	注酸工段	注酸工序采用量杯式智能定量真空灌酸机（或自动灌装胶体电解液）	用量杯式智能定量真空灌酸机（或自动灌装胶体电解液）	半自动	手工	
	76		密封的酸液配制、贮存、输送系统	全密封	部分密封	未密封	
	77		车间地面基础浇筑承重牢固，无裂纹	承重牢固，地面无裂纹	地面有少量裂纹	地面裂纹严重	
	78		地面与水槽防酸、防渗处理情况	地面有防酸、防渗处理	部分地面有防酸、防渗处理	地面无防酸、防渗处理	
	79	化成工段	是否采用电池内化成	内化成	部分内化成	外化成	
	80		采用加酸杯回收酸雾	内化成有加酸杯回收酸雾	内化成无加酸杯回收酸雾	外化成	
	81		充放电设备情况	智能共母线、去谐波、快速充电机	快速充电机	常规充电机	
	82		对于外化成，化成槽列是否有盖，并在工作中保持封闭	有盖且保持负压	有盖但未保持负压	无盖	
	83		对于外化成，化成槽内是否保持局部负压环境	是	否		
	84		化成工序是否位于封闭的车间内	是	否		
	85		车间配有集气罩，抽力合理，与酸雾处理设施连接	有集气和酸雾处理	有集气，未处理	未收集	
	86	电池清洗	是否采用电池自动清洗装置	是	否		
	87		操作区域周围是否设置废水沟槽并与废水管道连通	是	否		
	88		地面是否有防腐蚀措施	是	否		
	89		电池清洗废水有专门管道收集并送往污水处理站	清洗废水收集进入污水处理站	清洗废水收集未进入污水处理站	未收集	
	90		电池清洗水是否循环利用	是	否		
环保工程	91	废水处理工段	建有与生产能力配套的含铅废水处理与回用设施	废水经处理后全回用	废水经处理后部分回用	废水经处理后不回用	
	92		排放工段就地处理，就地回用，循环使用，少排放	有就地处理循环	部分就地处理，就地回用	无就地处理和回用	
	93		中水回用是否配备双膜处理	是	否		
	94		洗衣废水、洗浴废水应作为含铅废水进行处理	都作为含铅废水进行处理	部分废水作为含铅废水进行处理	都不作为含铅废水处理	
	95		废水处理使用的构筑物浇筑牢固，无裂缝	无裂缝	有少量裂缝	裂缝较多	
	96		进行防渗、防腐处理	所有构筑物都有防渗、防腐处理	部分构筑物有防渗、防腐处理	无防渗、防腐处理	
	97		废气处理设施中废水循环回用	有	无		

类别	序号	检查要点		A	B	C	D
环保工程	98		企业建有事故应急池	有事故池，并满足要求	有事故池，不能满足要求	无事故池	
	99	废水处理工段	厂区内淋浴水和洗衣废水作为含铅废水单独处理，达到《电池工业污染物排放标准》（GB 30484—2013）规定的排放限值，有条件的可再进入污水处理厂集中处理	含铅生活污水单独处理并纳管排放	含铅生活污水单独处理后达标直接排放	含铅生活污水未单独处理	
	100		废水总排口规范化	排放口按规范设置，标志、标设全面	排放口按规范设置，但未做标志标设	排放口设置不规范	
	101		处理设施运行正常，实现稳定达标排放	能稳定达标排放	基本稳定，偶有超标	超标较多	
	102		总排放口在线监测	有在线，并联网	有在线，未联网	无在线	
	103		车间排放口在线监测	有在线，并联网	有在线，未联网	无在线	
	104	废气处理工段	铅粉制造、合金配制、板栅制造、铅零件浇铸、称片打磨、包片、焊接组装等产生铅烟、铅尘的工位必须配备二级（或二级以上）高效处理设施，并达到排放控制要求	全部布袋/滤筒+高效过滤处理	布袋/滤筒+湿法	布袋/滤筒（或静电）	湿法
	105		化成工序、硫酸配制工序安装硫酸雾净化装置，集气罩负压收集酸雾，装置中有碱液中和系统，经吸收设备处理后达标排放	有收集，并经酸雾回收+碱中和处理酸雾	有收集，碱中和处理酸雾	有收集，水吸收处理酸雾	不收集
	106		废气实现稳定达标排放，包括熔铅炉、铅零件加工熔铅炉，其他相关工序铅烟铅尘浓度符合《大气污染物综合排放标准》（GB 16297—1996）二级标准	能稳定达标	基本能达标，偶有超标	超标较多	
	107		现状是否达到《电池工业污染物排放标准》（GB 30484—2013）的要求	能稳定达标	基本达标，偶有超标	经常超标	
	108		排气筒高度不低于15m	都高于15m	部分未到15m	都低于15m	
	109		主要废气排放口鼓励安装铅污染因子在线监测装置	有在线，并联网	有在线，未联网	无在线	
	110	固体废物处理工段	生产过程中产生的废渣及污泥等危险废物委托持有危险废物经营许可证的单位进行安全处置	送有资质单位安全处置	回收单位有能力处理，无资质	危险废物违法处置	
	111		危险废物分类收集贮存（如铅渣、铅泥、废电池、废劳保用品等）	是	否		
	112		履行废电池回收责任，废电池回收率执行情况	等量回收>30%	部分回收10%～30%	不回收0%～10%	0%
	113		铅蓄电池破碎产生的废酸液妥善处理	按危险废物处置	按废水处置	未处置	
	114		含铅废包装物（如极板包装袋、包装箱等）妥善处理	按危险废物处置	按一般工业固体废物处置	未处置	

类别	序号		检查要点	A	B	C	D
环保工程	115	固体废物处理工段	严格执行危险废物转移联单制度，并有延续转移记录	执行转移联单制度	部分执行转移联单制度	未执行转移联单制度	
	116		接触铅烟、铅尘的废劳动保护用品应按照危险废物进行管理	按危险废物管理	按一般工业固体废物管理	按生活垃圾管理	
	117		固体废物暂存设施规范	防雨防风防渗漏	棚式，可防雨防渗漏	不防雨，可防风防渗漏	均不规范
职业卫生	118	职业卫生防护	生活区与生产区域是否严格分开	是	否		
	119		倒班宿舍是否有非本厂人员及儿童居住	是	否		
	120		是否设置专门的车间内休息室或室外休息区	是	否		
	121		休息室或休息区是否设置洗手池并提供肥皂等清洁用品	是	否		
	122		是否设置警示标识提醒员工喝水前洗手、漱口	是	否		
	123		是否设置专门的更衣室、淋浴房、洗衣房等辅助用房	是	否		
	124		洗衣房、更衣室、淋浴室是否设置在劳动者进出生产区的出入口	是	否		
	125		是否为员工提供有效的口罩、手套、帽子等个人防护用品及工作服、鞋等劳保用品	是	否		
	126		是否禁止员工将个人防护用品及劳保用品带离生产区域	是	否		
	127		是否对每班次使用过的工作服等进行回收并统一清洗	是	否		
	128		通风系统进风口是否设在室外空气洁净处	是	否		
	129		是否有制度并严格落实车间保洁	是	否		
	130		是否定期开展职业卫生培训	是	否		
	131		是否开展职业健康监护（按岗前、在岗、离岗、医学观察、医学随访分类）	是	否		
	132		是否定期开展职业病危害因素检测与评价	是	否		
	133		是否建立完善的职业病防护设施保管制度及台账	是	否		
能源管理	134	能源管理	是否有能源管理部门和岗位	是	否		
	135		是否建立能源管理制度（包括考核制度）	是	否		
	136		是否使用国家明令淘汰的高能耗落后机电设备	是	否		
	137		能源计量是否符合国家规定	是	否		

参考文献

[1] 刘广林. 铅酸蓄电池工艺学概论[M]. 北京: 机械工业出版社, 2011.

[2] 陈红雨. 电池工业节能减排技术[M]. 北京: 化学工业出版社, 2008.

[3] 顾永生, 姜荣明. 铅酸蓄电池厂职业危害及控制措施调查[J]. 职业与健康, 2012, 28(12): 1439-1441.

[4] 张晗, 王红梅, 马聪丽, 等. 铅蓄电池生命周期评价[J]. 中国环境管理, 2013, 5(3): 39-48.

[5] 赵阳, 沈洪涛, 周艳坤. 环境信息不对称、机构投资者实地调研与企业环境治理[J]. 统计研究, 2019, 036(007): 104-118.

[6] 金玫华. 铅酸蓄电池企业的职业性铅危害与防治[M]. 上海: 复旦大学出版社, 2011.

[7] 陈扬, 张正洁, 刘莉媛. 废铅蓄电池资源化与污染控制技术[M]. 北京: 化学工业出版社, 2013.

[8] 李军, 孙春宝, 李云, 等. 我国大气铅浓度水平与污染源排放特征[J]. 化工环保, 2009, 29(4): 376-380.

[9] 王金良, 胡信国, 等. 铅蓄电池行业准入实施技术指南[M]. 北京: 中国轻工业出版社, 2012.

[10] 舒月红, 陈红雨. 铅酸蓄电池污染防治与职业卫生防护[M]. 北京: 化学工业出版社, 2011.

[11] 王金良, 孟良荣, 胡信国. 铅蓄电池产业链铅污染和铅资源分析——铅蓄电池用于电动汽车的可行性分析[J]. 电池工业, 2011(4): 242-245.

[12] 陈红雨, 熊正林, 李中奇. 先进铅酸蓄电池制造工艺[M]. 北京: 化学工业出版社, 2010.

[13] 郑则光, 张惠玲, 林晓丹. 某蓄电池厂铅污染状况调查[J]. 卫生与健康, 2010, 7: 143-145.

[14] 蒋克彬, 彭松, 张小海. 铅酸蓄电池厂含铅废水处理工程实例[J]. 蓄电池, 2008(2): 84-86.

[15] 简华丹, 郭明战. 蓄电池生产中含铅废水一体化处理工艺[J]. 广西轻工业, 2009, 11: 93-94.

[16] 金玫华, 刘弢, 张鹏, 等. 铅酸蓄电池制造行业职业性铅危害文献分析[J]. 环境与职业医学, 2010, 27(10): 641-644.

[17] 张鹏, 刘弢, 金玫华, 等. 蓄电池组装企业铅作业劳动者职业健康状况调查[J]. 卫生研究, 2011, 40(2): 242.

[18] 张鹏, 刘弢, 金玫华, 等. 蓄电池企业工人健康教育效果评价[J]. 浙江预防医学, 2011, 23(8): 72-74.

[19] 刘弢, 金玫华, 张鹏, 等. 某蓄电池企业铅危害情况调查[J]. 中国公共卫生, 2010, 26(10): 1308-1309.

[20] 周子学. EuP 指令解读与生态设计[M]. 北京: 电子工业出版社, 2009.

[21] 马璟珺, 左航, 白明. 水中重金属在线监测技术发展概述[J]. 环境科学与管理, 2011, 36(8): 130-132.

[22] 高文谦, 陈玉福. 铅污染土壤修复技术研究进展及发展趋势[J]. 有色金属, 2011, 63(1): l31-135.

[23] 孙英杰, 宋菁, 何亚红, 等. 重金属污染土壤修复清洗剂的研究进展[J]. 青岛理工大学学报, 2009, 5(30): 75-78.

[24] 任贝, 苗明升, 黄锦楼. 铅蓄电池厂铅污染土壤清洗剂的筛选及清洗结果研究[J]. 四川环境, 2012, 31(6): 32-37.

[25] 林保红, 魏立安, 肖颂娜. 铅酸蓄电池行业清洁生产管理之探讨[J]. 科技广场, 2012(6): 110-112.

[26] 马国正, 董李, 熊正林, 等. 铅酸蓄电池生产中的节能减排新工艺[J]. 材料研究与应用, 2010(4): 264-267.

[27] 蒋海云. 重金属污染防治之政府责任研究[D]. 杭州: 浙江农林大学, 2013.

[28] 安桂荣. 我国重金属污染防治立法研究[D]. 哈尔滨: 东北林业大学, 2013.

[29] 国冬梅, 张立, 周国梅. 重金属污染防治的国际经验与政策建议[J]. 环境保护, 2010(1): 74-76.

[30] 邱广涛, 潘继先, 黄伟昌, 等. 铅酸蓄电池极板清洁生产的研究[J]. 蓄电池, 2011(5): 195-199.

[31] 张学伟, 安大力, 张正洁, 等. 我国废铅酸蓄电池铅回收节能减排技术分析[J]. 环境保护科学, 2011(3): 44-47.

[32] 刘佳鸿, 杨继东. 铅蓄电池生产企业污染防治[J]. 无机盐工业, 2014(5): 62-65.

[33] 柴树松. 铅酸蓄电池节铅技术[J]. 蓄电池, 2009(1): 37-41.

[34] 胡运清, 陈海鸥, 彭柳明, 等. 蓄电池企业铅污染现状调查及尿铅影响因素分析[J]. 环境卫生学杂志, 2012(5): 204-207.

[35] 靖丽丽. 国内外废铅酸蓄电池回收利用技术与污染防治[J]. 蓄电池, 2012(1): 38-40, 47.

[36] 孙晓峰. 铅蓄电池行业重金属污染防治研究[J]. 中国环保产业, 2012(11): 8-11, 15.

[37] 张保国. 如何看待铅污染和铅酸蓄电池产业的发展[J]. 电动自行车, 2011(10): 5-8, 12.

[38] 王金良, 孟良荣, 胡信国. 我国铅蓄电池产业现状与发展趋势——铅蓄电池用于电动汽车的可行性分析[J]. 电池工业,

2011, 4: 57-29.

[39] 杨乔, 朱忠军, 张正洁, 等. 铅蓄电池生产污染防治技术政策研究[J]. 资源再生, 2014(3): 58-61.

[40] 杨继东, 刘佳泓, 徐建京, 等. 铅蓄电池生产企业的清洁生产审核[J]. 化工环保, 2012(3): 264-268.

[41] 孙晓峰, 李键, 郭逸飞, 等. 铅蓄电池行业清洁生产审核方法分析[J]. 中国环保产业, 2013(11): 44-47.

[42] 江彩兰. 浅谈铅酸蓄电池行业的污染与防治对策[J]. 化学工程与装备, 2012(11): 197-198.

[43] 何艺, 靳晓勤, 金晶, 等. 废铅蓄电池收集利用污染防治主要问题分析和对策[J]. 环境保护科学, 2017, 43(3): 75-79.

[44] 黄慧. 佛山市某企业铅蓄电池生产项目职业病危害控制效果评价[J]. 广东化工, 2018, 45(5): 72-74.

[45] 沈旭培, 熊正林, 方明学, 等. 极板分切与清洁化生产[J]. 蓄电池, 2018, 2(55): 91-94.

[46] 曹武军, 黄开华, 李超雄. 普通和膏机除尘和冷却系统的改造[J]. 蓄电池, 2019, 1(56): 12-14.

[47] 吴爱政, 席暄, 宋强, 等. 基于生产者责任延伸制的"互联网＋"铅酸蓄电池回收商业模式与平台构建[J]. 大众科技, 2017(3): 109-112.

[48] 王红梅, 夏月富, 席春青, 等. 铅酸蓄电池企业生产者责任延伸制度实施"瓶颈"分析[J]. 环境保护, 2018(3-4): 56-59.

[49] 宋文玲, 张宁, 赵洁, 等. 重金属重点防控区综合整治研究[J]. 江苏科技信息, 2018(33): 78-80.

[50] 魏建宇, 李婷, 傅金祥. 铅蓄电池污染场地的污染特征与风险评价[J]. 化工技术与开发, 2020, 49(5): 60-63.

[51] 杨世利, 常家华, 邢智, 等. 铅蓄电池工业场地铅污染分布特征及风险分析[J]. 深圳大学学报(理工版), 2019, 36(6): 649-655.

[52] 孙荣基, 陈志莉, 盛利伟. 铅蓄电池厂遗留场地污染分析与风险评价[J]. 西南大学学报(自然科学版), 2017, 39(8): 149.

[53] 刘宏立, 付永川, 钱炜, 等. 基于实例的铅蓄电池生产环境风险及防控措施探讨[J]. 环境影响评价, 2020, 42(2): 79-86.

[54] 黄勇, 杨忠芳, 张连志, 等. 基于重金属的区域健康风险评价——以成都经济区为例[J]. 环境科学, 2010: 75-81.

[55] 兰冬东, 刘仁志, 曾维华. 区域环境污染事件风险分区技术及其应用[J]. 应用基础与工程科学学报, 2009, 11(17): 82-90.

[56] 吴舜泽, 孙宁, 卢然, 等. 重金属污染综合防治实施进展与经验分析[J]. 中国环境管理, 2015, 1: 21-28.

[57] 黄相国, 陈刚. 环境风险预警方法与应急成套装备的应用展望[J]. 环境保护科学, 2015, 41(01): 12-17.

[58] 曲常胜, 毕军, 黄蕾, 等. 我国区域环境风险动态综合评价研究[J]. 北京大学学报(自然科学版), 2010, 46(3): 477-481.

[59] 薛鹏丽, 曾维华. 上海市污染事故环境风险受体脆弱性研究[J]. 环境科学学报, 2011, 31(11): 2556-2561.

[60] 边归国, 肖毓铨. 化工园区突发环境事件应急预案编制的研究[J]. 中国环境管理, 2016, 2: 126-122.

[61] 李德军. 涉铅企业环境风险辨识技术研究[J]. 北方环境, 2015, 25(12): 86-91.

[62] 王焕松, 柴西龙, 姚懿函. 排污许可制度基层实践与顶层设计优化探索[J]. 环境保护, 2018, 46(8): 24-26.

[63] 国务院办公厅. 关于印发控制污染物排放许可制实施方案的通知[EB/OL]. (2016-11-21)[2018-05-10]. http://www. gov. cn/zhengce/content/2016-11/21/content_5135510.

[64] 汪键. 实施排污许可落实治污主体责任[N]. 中国环境报, 2018-2-25(003).

[65] 陈业强, 徐欣颖. 排污许可证申请与核发实践中常见问题的探讨——以湖南省为例[J]. 环境保护科学, 2018, 44(6): 1-6.

[66] 吕晓君, 吴铁, 程曦, 等. 排污许可制技术支撑体系研究[J]. 环境保护, 2018, 46(8): 27 -30.

[67] 李文佳, 吴晓冰. 环境影响评价和排污许可制度衔接存在的现实问题及对策研究[J]. 环境与发展, 2019, 31(06): 16-18.

[68] 卫小平. 环境影响评价与排污许可制的衔接对策研究[J]. 环境保护, 2019, 47(11): 33-36.

[69] 黄昌吉. 环境影响评价与排污许可制度衔接分析[J]. 环境与发展, 2019, 31(05): 22-24.

[70] 冯叶, 雷雷. 环境影响评价与排污许可制度的有效结合研究[J]. 资源节约与环保, 2019(05): 97-98.

[71] 唐建, 彭珏, 周阳. 我国企业环境信息披露制度演变与运行状况——以重污染行业上市公司为例[J]. 财会月刊, 2012(36): 37-40.

[72] 周融. 美国企业环境会计信息披露对我国的启示[J]. 现代经济信息, 2012(05): 207.

[73] 王丹. 环境会计信息与环境信息、环境绩效信息的概念区分[J]. 经济技术协作信息, 2014(4): 72.

[74] 李晓亮, 张炳, 葛察忠, 等. 2017年度上市公司环境信息披露评估报告[M]. 武汉: 中国环境出版集团, 2019.

[75] 曹国志, 蒋洪强, 曹东. 上市公司环境信息披露的机制研究[J]. 价值工程, 2010(02): 66-68.

[76] 杨为程. 基于绿色证券的环境信息披露: 海外经验与启示——从上市公司环境事故说起[J]. 新疆大学学报(哲学人文社会科学版), 2014, 42(2): 43-47.

[77] 吴红军. 企业环境信息披露研究[M]. 厦门: 厦门大学出版社, 2016.

[78] 沈洪涛. 企业环境信息披露[M]. 北京: 科学出版社, 2011.

[79] 孟凡利. 论环境会计信息披露及其相关的理论问题[J]. 会计研究, 1999(04): 16-25.

[80] 谢科范, 康丽文, 宋钰. 安全氛围对人群应急疏散行为的影响机制研究[J]. 中国安全生产科学技术, 2020, 16(03): 145-150.

[81] 薛纪渝. 生态环境综合整治与恢复技术研究[M]. 北京: 北京科学技术出版社, 1995.

[82] 蒋勇军, 章程, 袁道先. 岩溶区土壤肥力的时空变异及影响因素——以云南小江流域为例[J]. 生态学报, 2008, 28(05): 2288-2299.

[83] 李辉霞, 陈国阶. 可拓方法在区域易损性评判中的应用[J]. 地理科学, 2003, 23(3): 335-341.

[84] Lange H J, Sala S, Vighi M, et al. Ecological vulnerability in risk assessment- A review and perspectives[J]. Science of the total environment, 2009, 408(18): 3871-3879.

[85] National Research Council, Committee on Global Change Research. Global Environmental Change[M]. 1999.

[86] Adger W N. Vulnerability Glob. Environ[J]. Change-Human Policy Dimensions, 2006 (16): 268-281.

[87] Vogel V, Sheetz M. Local force and geometry sensing regulate cell functions[J]. Nature Reviews Molecular Cell Biology, 2006(7): 265-275.

[88] Smit B, Wandel J. Adaptation, adaptive capacity and vulnerability Glob. Environ[J]. Change, 2006(16): 282-292.